高等院校系列教材

AutoCAD 2014 工程绘图教程

主　编　曾令宜　赵建国
副主编　吴　坤　王艳丽

机 械 工 业 出 版 社

本书按“工程制图”课程的教学思路和教学单元编写，全书共10章，主要包括：AutoCAD的入门知识、工程绘图环境的基本设置、绘制组合体视图和剖视图的方法和技巧、绘制零件图和装配图的相关技术、创建三维实体的相关技术、由三维实体生成视图和轴测图的相关技术等。每章后都有相应的上机练习，并有详细的上机练习指导。

本书在AutoCAD工程绘图的关键技能点、技巧处以及读图分析处增加了二维码小视频，视频是多年教学经验的结晶，是教材文字内容的补充和提升，可使读者能高效和扎实地掌握在AutoCAD中规范和快速绘制工程图的精髓，使教与学更精彩。

本书可作为工科类高等院校机械类和近机类各专业“计算机绘图”课程的教材，也可作为工程技术人员的参考书和“计算机绘图”培训课程的速成教材。

本书提供配套的电子课件，需要的教师可登录 www. cmpedu. com 进行免费注册，审核通过后即可下载；或者联系编辑索取（QQ：1239258369，电话：010-88379739）。

图书在版编目(CIP)数据

AutoCAD 2014 工程绘图教程／曾令宜，赵建国主编．—北京：机械工业出版社，2017.5(2023.8 重印)
高等院校系列教材
ISBN 978-7-111-56512-3

Ⅰ．①A…　Ⅱ．①曾…　②赵…　Ⅲ．①工程制图-AutoCAD 软件-高等学校-教材　Ⅳ．①TB237

中国版本图书馆 CIP 数据核字(2017)第 069748 号

机械工业出版社(北京市百万庄大街22号　邮政编码100037)
策划编辑：李文轶　　责任编辑：李文轶
责任校对：张艳霞　　责任印制：李　昂
北京捷迅佳彩印刷有限公司印刷

2023年8月第1版·第5次印刷
184mm×260mm·15.75印张·376千字
标准书号：ISBN 978-7-111-56512-3
定价：45.00元

电话服务
客服电话：010-88361066
010-88379833
010-68326294

网络服务
机　工　官　网：www. cmpbook. com
机　工　官　博：weibo. com/cmp1952
金　书　网：www. golden-book. com
机工教育服务网：www. cmpedu. com

前　　言

本书是一本讲述如何使用 AutoCAD 2014（本书简称为 AutoCAD）绘制工程图样和创建三维实体的基础教材。本书以绘制工程图样为主线，采用“工程制图”课程的教学框架讲述 AutoCAD 2014 绘制工程图样的常用功能及相关技术。

本书的主要特点如下。

1. 实用易学的工程图绘制方法

本书按工程绘图环境的设置、绘制组合体视图、绘制剖视图、绘制零件图、绘制装配图的思路，环环相扣地讲述了一种实用并容易掌握的绘制工程图的方法。

本书按创建基本体、创建组合体、创建零件三维实体、创建装配体三维实体的思路，由浅入深地讲述了一种快速、准确创建工程中三维实体的方法。本书还介绍了由三维实体生成三视图和轴测图的相关技术。

2. 注重规范和技巧的讲述

本书在讲述工程绘图的各个环节时都注重传授规范绘图和快速绘图的技巧。本书重点讲述以下 8 个方面的相关技术和技巧：

① 如何依据现行的国家和行业的制图标准，设置绘图环境中的各项参数。

② 如何针对不同的视图形状，采用恰当的绘图和编辑命令来实现快速绘图。

③ 如何对不同的尺寸数值，能够不经计算，实现精确绘图。

④ 如何按制图标准正确注写工程图样中的各类文字。

⑤ 如何按制图标准快速标注工程图样中的各类尺寸。

⑥ 如何按制图标准正确绘制剖面线和常用符号。

⑦ 如何按形体的真实大小快速绘制专业图。

⑧ 如何用形体分析的方法准确快速创建三维实体。

本书插图均以工程图样的内容为实例，插图中的各项内容（如表达方法、图线的粗细、虚线与点画线的长短和间隔、字体、剖面符号和尺寸标注等）均符合最新制图标准。

3. 按教学单元编写

本书按教学单元组织内容，既便于教，又便于练。

本书将每章内容设计为一个教学单元。每个教学单元后都有精心设计的“上机练习与指导”，通过练习可全面地掌握所学内容并将其融会贯通到绘制工程图的实际应用之中。

4. 配有精彩的小视频

本书在 AutoCAD 工程绘图的关键技能点、技巧处以及读图分析处增加了二维码小视频，视频是作者多年教学经验的结晶，是教材文字内容的补充和提升，可使读者能高效和扎实地掌握在 AutoCAD 中规范和快速绘制工程图的精髓，使教与学更精彩。

本书是机械工业出版社组织出版的“高等职业教育系列教材”之一，由郑州工商学院曾令宜、郑州大学赵建国任主编，郑州工商学院吴坤、王艳丽任副主编，郑州工商学院吕青青、王好平、李慧娟、李志森参与编写。其中第1章和第2章由吴坤编写，第3章由吕青青编写，第4章由李志森编写，第5章由李慧娟编写，第6章由王艳丽编写，第7章和第8章由赵建国编写，第9章由王好平编写，第10章由曾令宜编写。本书二维码小视频全部由曾令宜设计和录制。

本课程的教学安排建议如下表所列：

表 教学安排建议

教学内容	讲练结合（无实训周）		讲练结合（有实训周）	
	讲/练学时	课外上机	讲/练学时	课外上机
第1章	1/1		1/1	
第2章	1/3		1/3	
第3章	1/1		1/1	
第4章	1/3		1/3	
第5章	2/4	2	2/4	2
第6章	1.5/2.5	2	1.5/2.5	2
第7章	1/1	2	1/1	2
第8章	2/4	2	2/4	2
第9章	2/8	4	实训1周	
第10章	2/6	4		
合计	48		(30+1)周	

注：第10章也可在第6章后进行

由于编写人员水平有限，书中难免存在疏漏和不妥之处，恳请读者批评指正。

编 者

目　　录

第 1 章　AutoCAD 的入门知识

AutoCAD 是美国 Autodesk 公司创建的专业绘图程序，CAD 代表计算机辅助设计，也代表计算机辅助绘图。AutoCAD 从 1982 年问世至今的 30 多年中，版本在不断更新，AutoCAD 2014 是第 24 个发行版。AutoCAD 是当今 PC 上运行的 CAD 软件产品中最强有力的软件，它体现了世界 CAD 技术的发展趋势。它以更高质量与更高速度的绘制和编辑图形的功能、超强的三维功能和共享功能，而广泛流行。

使用 AutoCAD，首先应了解 AutoCAD 的工作界面，掌握 AutoCAD 的命令输入及终止方式、新建图、保存图、打开图等入门知识。本章介绍使用 AutoCAD 的入门知识。

1.1　AutoCAD 的工作界面

双击桌面上 AutoCAD 图标，或执行“开始”菜单中的 AutoCAD 命令就可以启动 AutoCAD（注：本书中“单击鼠标左键”与“双击鼠标左键”分别被称为“单击”与“双击”）。

AutoCAD 提供了“草图与注释”“三维基础”“三维建模”“AutoCAD 经典”4 种工作界面。初次打开时，默认显示的是“草图与注释”工作界面。这 4 种工作界面可在“工作空间”列表（见图 1.1）中进行切换。用户可以根据需要安排适合自己的工作界面。

在任意工作界面中，单击界面最上方“快速访问”工具栏上“切换工作空间”下拉列表按钮，可显示“工作空间”下拉列表，如图 1.1 所示。

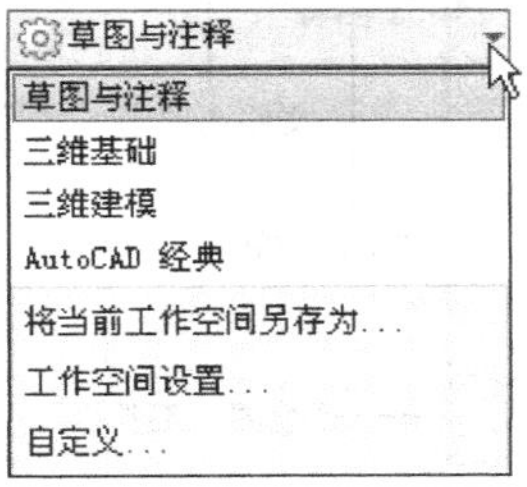

图 1.1　单击“切换工作空间”按钮显示“工作空间”列表

1.1.1　“草图与注释”工作界面

图 1.2 所示是“草图与注释”工作界面，其上主要显示在安装 AutoCAD 时用户所选择的一些常用工具和命令。

1.1.2　“AutoCAD 经典”工作界面

图 1.3 所示是“AutoCAD 经典”工作界面，是 AutoCAD 二维绘图常用的基础工作界面。

“AutoCAD 经典”工作界面主要包括：“应用程序”按钮、“快速访问”工具栏、标题栏、“信息中心”工具栏、菜单栏、文件选项卡，还有“标准”等 8 个工具栏、绘图区、命令提示区和状态栏。

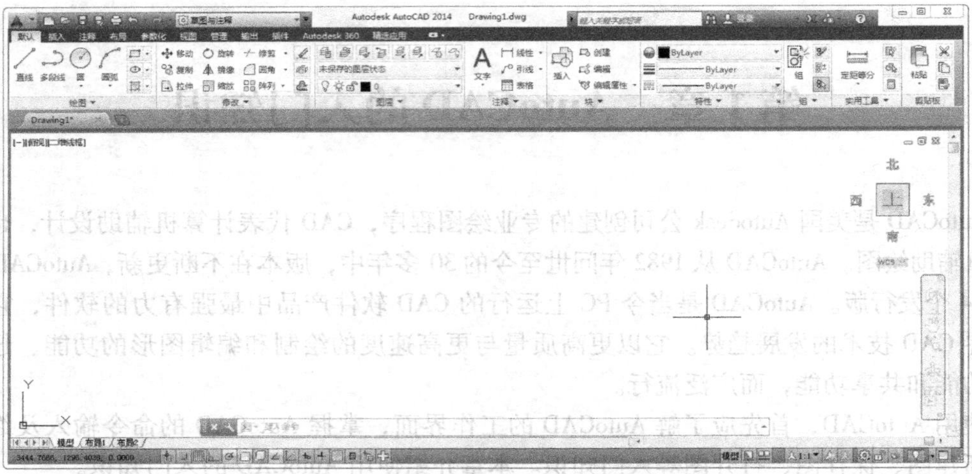

图 1.2 AutoCAD“草图与注释”工作界面

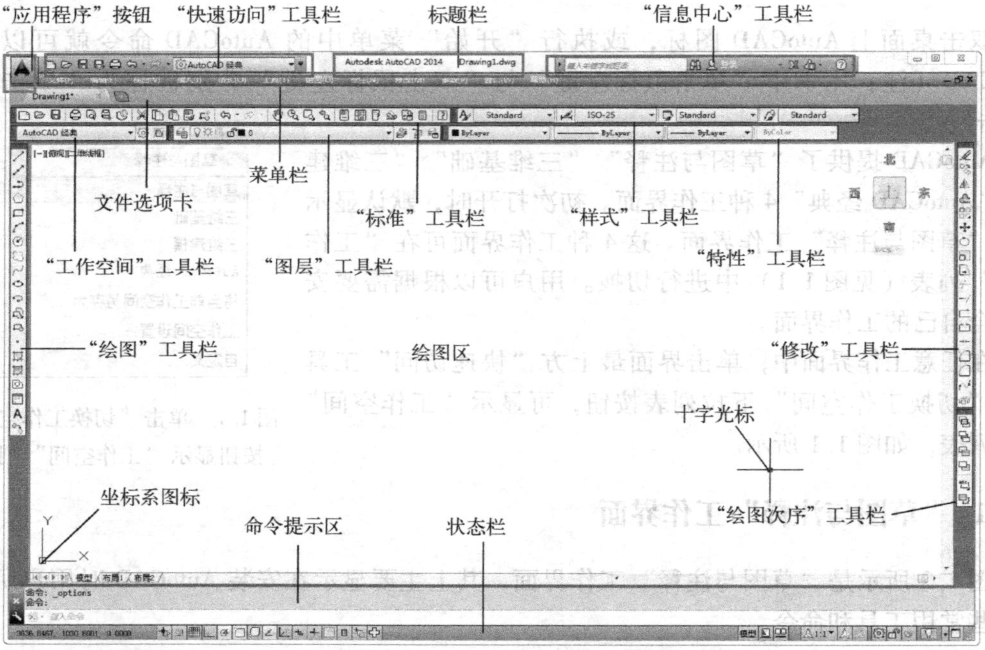

图 1.3 AutoCAD“AutoCAD 经典”工作界面

1. “应用程序”按钮

单击“应用程序”按钮可显示“新建”“打开”“保存”“另存为”“输出”“发布”“打印”“图形实用工具”“选项”“退出 AutoCAD”等常用的命令或命令组。

2. “快速访问”工具栏

“快速访问”工具栏包含“新建”“打开”“保存”“另存为”“放弃”“重做”“打印”

7 个常用的命令和“切换工作空间”下拉列表按钮，单击它们可方便地进行命令操作和工作空间切换。

AutoCAD 还允许在“快速访问”工具栏中存储常用的命令，方法是：单击“快速访问”工具栏最右端的“▼”按钮，弹出“自定义快速访问”工具栏列表，然后再单击相应的命令名称，即可在快速访问工具栏中添加或者删除相应的命令（命令名称前有“√”符号的表示已经显示在快速访问工具栏中）。

3. 标题栏

AutoCAD 标题栏显示软件的名称与当前图形的文件名，其右侧还有用来控制窗口关闭、最小化、最大化和还原的按钮。

4. “信息中心”工具栏

利用“信息中心”工具栏可快速搜索各种信息来源、访问产品更新和通告，以及在信息中心中保存主题。

5. “标准”等 8 个工具栏

工具栏由一系列图标按钮构成，每一个图标按钮形象化地表示了一条 AutoCAD 命令。单击某一个按钮，即可调用相应的命令。如果把光标移到某个按钮上并停顿一下，屏幕上就会显示出该工具按钮的名称，并会随后弹出该命令的简要说明（称为工具提示）。

“AutoCAD 经典”工作界面显示的 8 个工具栏的默认布置是：“标准”工具栏和“样式”工具栏布置在绘图区上方的上行；“工作空间”工具栏、“图层”工具栏和“特性”工具栏布置在绘图区上方的末行；“绘图”工具栏布置在绘图区的左方，“修改”工具栏与“绘图次序”工具栏布置在绘图区的右方。

> 提示：应记住工作界面上这些工具栏的名称，以便不小心关闭了这些工具栏时再将它打开。

AutoCAD 中有很多工具栏，所有工具栏均可打开或关闭。其最快键的方法是：将光标指向工具栏的某凸起条处（即工具栏上无图标的空白处），再右击，弹出如图 1.4 所示的右键菜单，该右键菜单中列出了 AutoCAD 中所有的工具栏名称，工具栏名称前面有“√”符号的，表示已打开。单击工具栏名称即可以打开或关闭相应的工具栏。

若要移动某工具栏，可以将光标指向工具栏的凸起条处（或标题行处），按住鼠标左键并拖动，即可将工具栏移动到绘图区外的其他地方，也可拖动到绘图区中形成浮动工具栏。

6. 菜单栏

菜单栏里的内容是 Windows 窗口特性功能与 AutoCAD 功能的综合体现。AutoCAD 绝大多数命令都可以在此找到。

图 1.5 所示是一个典型的菜单，单击菜单栏中的“绘图”菜单时，会立即弹出其菜单项。要选取某个菜单项，应将光标移到该菜单项上，使之醒目显示，然后单击。有时，某些菜单项是暗灰色，表明在当前特定的条件下，这些功能不能使用。菜单项后面有“…”符号，表示选中该菜单项后将会弹出一个对话框。菜单项右边有一个黑色小三角符号“▶”，表示该菜单项有一个子菜单，将光标指向该菜单项上，就可引出子菜单。

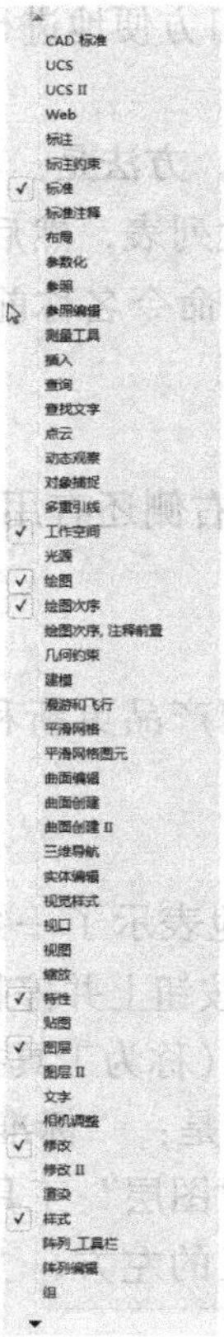

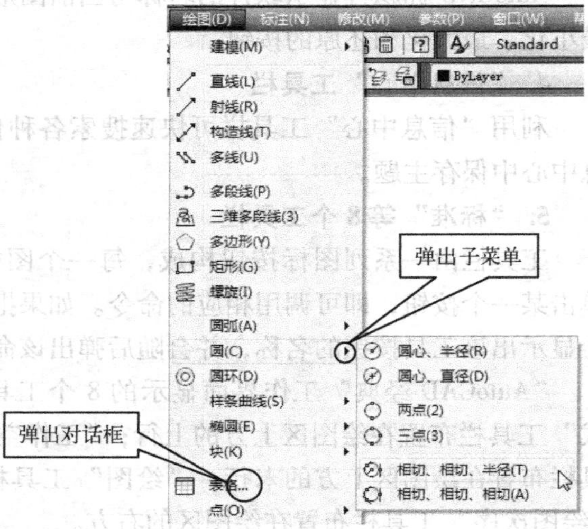

图 1.4　显示“工具栏选项”的右键菜单　　　　图 1.5　菜单与子菜单

> 提示：如果不小心中“丢失”了菜单，可在“命令：”状态下，在命令提示区从键盘输入 MENU 命令，在弹出的对话框中打开 acad 菜单文件即可恢复。

7. 文件选项卡

文件选项卡是 AutoCAD 新增的实用功能。AutoCAD 在文件选项卡上按文件打开的先后顺序依次显示打开的图形文件名称，使用它可方便地进行图形文件之间的切换，单击文件选项卡上的图形文件名称就显示该图形，即设为当前显示。

单击文件选项卡上图形文件名称右边的图标按钮 ✕ 将关闭该图形。

如果文件选项卡上图形文件名称的右上角显示有“*”号，表明该图形文件有新绘制的内容但没有保存，应注意保存；如果图形文件名称前面有一个锁定的图标按钮 🔒，表明该文件是以只读方式打开（即重复打开），应关闭该图形。

说明：

① 单击文件选项卡右边的图标按钮 ⊕，相当于执行“新建”命令（该命令详见 1.3 节）。

② 通过“选项”对话框（见 2.1 小节的第二段）中的“显示”选项卡可以控制文件选项卡的打开或关闭。

8. 绘图区

绘图区是显示所绘制图形的区域。初进入绘图状态时，光标在绘图区显示为十字形式，当光标移出绘图区指向命令图标按钮、菜单等项时，光标显示为箭头形式。在绘图区左下角显示有坐标系图标，该图标左下角为坐标系原点(0,0)。需要时，坐标系可由用户自定义改变。

AutoCAD 在绘图区左上角显示有“[一]”（视口控件）、“[俯视]”（视图控件）、“[二维线框]”（视觉样式控件）菜单，在绘图区右上角显示有 ViewCube 导航工具，它们主要用于三维绘图。

> 提示：在二维绘图时，绘图区的控件和导航工具一般都使用默认状态。

“AutoCAD 经典”工作界面绘图区的底部有“模型”“布局 1”“布局 2”3 个选项卡，用来控制绘图工作是在模型空间还是在图纸空间进行。AutoCAD 的默认状态是在模型空间，一般的绘图工作都是在模型空间进行，单击“布局 1”或“布局 2”选项卡可进入图纸空间，图纸空间主要用以完成打印输出图形的最终布局。如进入了图纸空间，单击“模型”选项卡即可返回模型空间。如果将光标指向任意一个选项卡右击，使用弹出的右键菜单中的命令，可以进行新建布局、删除、重命名、移动或复制布局等操作。

9. 命令提示区

命令提示区也称为命令窗口，是显示用户与 AutoCAD 对话信息的地方。它以窗口的形式放置在绘图区的下方。命令窗口默认状态是显示 3 行，绘图时应时刻注意这个区的提示信息，便于避免错误操作。

> 提示：如果不小心丢失了命令提示区，可按【Ctrl +9】组合键恢复。

10. 状态栏

AutoCAD 的状态栏在工作界面的最下面，用来显示和控制当前的操作状态。AutoCAD 默认状态栏最左端的数字是光标的坐标位置；中间是 15 种绘图模式的图标按钮，这些图标按钮显示蓝色表示打开，显示灰色表示关闭，单击某图标按钮即可打开或关闭该模式；右端依次显示“模型”与“布局”图标按钮、“注释”与“比例”图标按钮（应用于布局）、“切换工作空间”图标按钮、“窗口锁定”图标按钮、“硬件加速”图标按钮、“隔离/隐藏”图标按钮、“清除屏幕全屏显示”图标按钮。另外还有“应用程序状态栏菜单”图标按钮，单击该图标按钮将弹出下拉列表，可在此重新设置状态栏上显示的绘图模式。

1.1.3 “三维基础”和“三维建模”工作界面

AutoCAD“三维基础”和“三维建模”工作界面，是进行三维建模时所用的工作界面，将在第 10 章中详述。

1.1.4 个性化工作界面

在 AutoCAD 中绘制工程图时，应安排适合自己的工作界面，最简单的方法是：在 Auto-

CAD 原有工作界面的基础上，增加自己常用的工具栏并安排在合适的位置，然后在“工作空间”工具栏下拉列表中选择“将当前工作空间另存为”选项，在弹出的“保存工作空间”对话框中输入新建工作界面的名称，单击“保存”按钮，AutoCAD 将保存该工作界面并将其置为当前。

提示：在“AutoCAD 经典”工作界面基础上，增加常用的“对象捕捉”“标注”“测量工具”“文字”等工具栏，是一种非常实用的二维工程绘图工作界面，如图 1.6 所示。

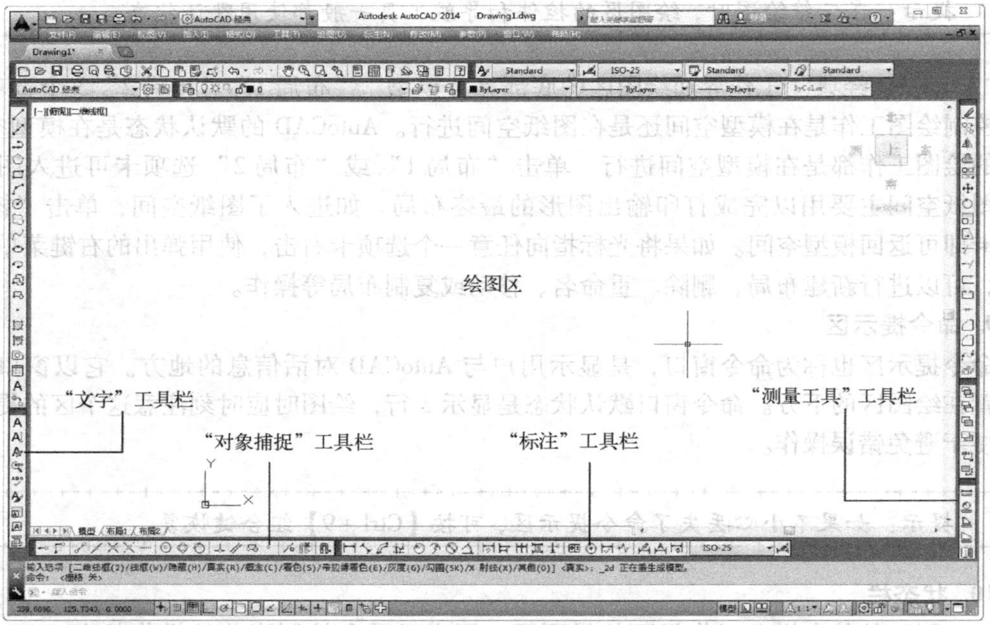

图 1.6　以“AutoCAD 经典”工作界面为基础自定义的二维工程绘图工作界面

说明：

① 本书将以图 1.6 所示的自定义工程绘图工作界面为基础介绍 AutoCAD。

② 要自定义工作界面中的工具栏，可从菜单栏选择：“工具”⇨“自定义”⇨“界面”，将弹出“自定义用户界面”对话框。在该对话框中，可先选择一种工具栏或其他项，然后可使用右键菜单命令进行“新建”“复制”“粘贴”“删除”等操作，也可从命令列表中选择命令后将其直接拖入工作界面中。

1.2　AutoCAD 输入和终止命令的方式

1. 输入命令的方式

AutoCAD 的大多数命令都有多种输入方式，输入命令的主要方式有：菜单命令、图标按钮命令、在命令行输入命令、右键菜单命令和快捷键命令。每一种方式都各有特色，工作效率各有高低。其中图标命令速度快、直观明了，但占用屏幕空间；菜单命令最为完整和清晰，但输入速度慢；命令行命令较难记忆。因此，对于初学者来说，输入命令的最好方法是以使用图标命令和快捷键为主，并结合其他方式。

各种命令的操作方法如下。

- 图标命令：单击工具栏上代表相应命令的图标按钮。
- 菜单命令：从菜单中单击要输入的命令项。
- 命令行命令：在命令提示区中，在“命令:”状态下即待命状态下，从键盘键入英文命令名，随后按【Enter】键或空格键；或者在待命状态下输入命令名的首字母，然后选择命令行，即可弹出列表中的相应命令。
- 右键菜单命令：右击，然后从右键菜单中选择要输入的命令项或重复上一次命令。
- 快捷键命令：按下相应的快捷键。

2. 终止命令的方式

AutoCAD 终止命令的主要方式如下。

- 正常完成一条命令后自动终止。
- 在执行命令过程中按【Esc】键终止。
- 在执行命令过程中，从菜单或工具栏中调用另一命令，绝大部分命令可终止。

1.3 新建图

启动 AutoCAD 时，AutoCAD 会自动新建一张图形文件名为“Drawing1. dwg”的图。

在非启动状态下新建图，应用“新建”（NEW）命令。该命令可在 AutoCAD 工作界面下建立一个新的图形文件，即开始一张新工程图的绘制。

1. 输入命令

- 从“快速访问”工具栏单击：“新建”图标按钮 。
- 从菜单栏选取：“文件”⇨“新建”。
- 从键盘键入：<u>NEW</u>。*
- 用快捷键输入：按下【Ctrl + N】组合键。

2. 命令的相关操作

输入“新建”命令之后，AutoCAD 将弹出“选择样板”对话框，如图 1.7 所示。

在“选择样板”对话框中选择“acadiso. dwt”样板，即可新建一张默认单位为毫米、图幅为 A3、图形文件名为“Drawing2. dwg”（依次将为 Drawing3. dwg、Drawing4. dwg……）的图。

也可单击“选择样板”对话框中“打开”按钮右侧的下拉按钮（小黑三角），弹出图 1.8 所示的下拉列表，从中选择“无样板打开 - 公制”选项，将新建一张与上相同的以 acadiso 为样板的图。

---

* 本书中“从键盘键入”表示用“命令行命令”（即“1.2　AutoCAD 输入和终止命令的方式”中“1. 输入命令的方式”）的操作来实现。

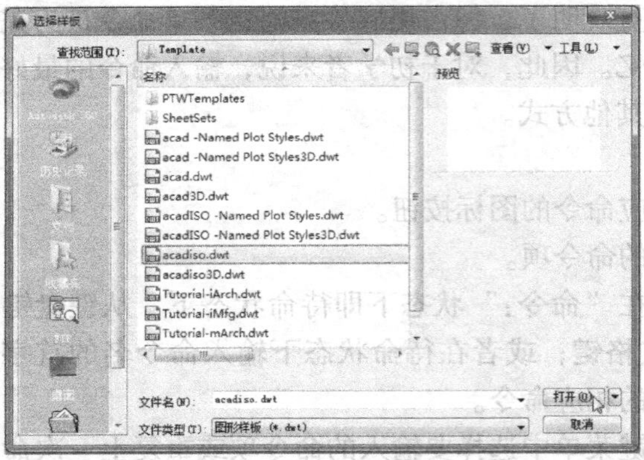

图 1.7 “选择样板”对话框

图 1.8 “打开”下拉列表

图 1.7 所示“选择样板”对话框左侧的一列图标按钮统称为“位置列”，各项含义如下。

①“Autodesk 360”：用以显示 Autodesk Cloud 文档和文件夹。

②“历史记录”：用以显示最近保存过的若干个图形文件。

③“文档”：用以显示在“我的文档”文件夹中的图形文件名和子文件夹。

④“收藏夹”：用以显示在 C:\Windows\Favorites 目录下的图形文件和文件夹。

⑤“FTP”：用以让用户看到所列的 FTP 站点，FTP 站点是互联网用来传送文件的地方。

⑥“桌面”：用以显示在桌面上的图形文件和文件夹。

⑦“Buzzsaw”：用以进入 http://www.Buzzsaw.com。这是一个 AutoCAD 在建筑设计及建筑制造业领域的 B2B 模式电子商务网站的入口，用户可以申请账号或直接进入。

说明：在“位置列”上的任何图标按钮，均可以通过鼠标拖动重新排列。

1.4 保存图

保存图形应用“保存”（QSAVE）命令，该命令将所绘工程图以文件的形式存入磁盘并且不退出绘图状态。

1. 输入命令

- 从“快速访问”工具栏单击：“保存”图标按钮 🖫。
- 从菜单栏选取：“文件”⇨“保存”。
- 从键盘键入：QSAVE。
- 用快捷键输入：按下【Ctrl + S】组合键。

2. 命令的相关操作

输入“保存”命令之后，如果图形文件还没有被用户保存过，AutoCAD 将弹出“图形另存为”对话框，如图 1.9 所示。

（1）“图形另存为”对话框的常规操作步骤

① 在“文件类型”下拉列表中选择所希望保存的文件类型，默认的文件类型是“AutoCAD 2013 图形（*.dwg）”（一般不使用默认的文件类型）。

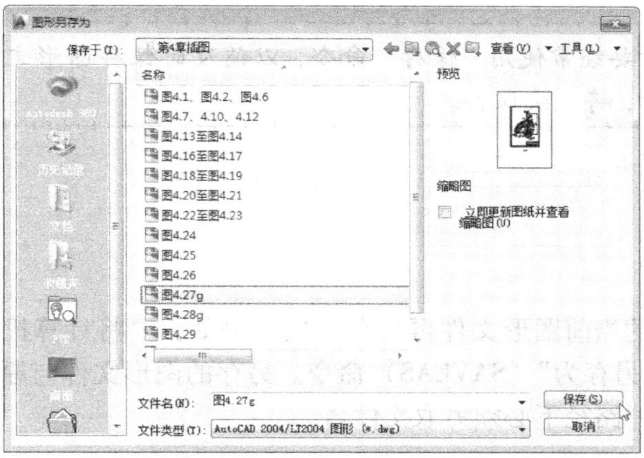

图 1.9 “图形另存为”对话框

② 在“保存于”下拉列表中选择文件存放的磁盘目录。

③ 可单击“创建新文件夹”图标按钮，创建自己的文件夹。创建后，双击该文件夹使其显示在“保存于”下拉列表的当前窗口中。

④ 在“文件名”文字编辑框中重新输入图形文件名（不要使用 AutoCAD 默认的图形文件名 Drawing1、Drawing2……）。

⑤ 单击“保存”按钮即保存当前图形。

（2）“图形另存为”对话框右上侧各按钮的含义

“保存于”下拉列表窗口右边 7 个图标按钮的含义从左到右分别如下。

①“返回”图标按钮：用以返回上一次使用的目录。

②“上一级”图标按钮：用以将当前搜寻目录定位在上一级。

③“搜索”图标按钮：用以在 Web 中搜索。

④“删除”图标按钮：用以可删除在中间的列表框中选中的图形文件。

⑤“创建新文件夹”图标按钮：用以可建立新的文件夹。

⑥“查看”下拉按钮：用以显示“列表”、“详细资料”、“缩略图”、“预览”4 个选项。如选择“列表”选项，可使中间的列表框中以列表形式显示当前目录下的各文件名；如选择“详细资料”选项，可使中间的列表框中显示所列文件的建立时间及类型等信息；如选择“缩略图”选项，可使当前目录下的各文件在中间的列表框中以小图的形式显示；“预览”选项用以控制中间的列表框右侧预览框的打开与关闭。

⑦“工具”下拉按钮：用以显示“添加/修改 FTP 位置”、“将当前文件夹添加到位置列表中”、“添加到收藏夹”、“选项”和“安全选项”5 个选项，可以选择进行相关操作。

说明：

① 如果当前图形不是第一次使用 QSAVE 命令，输入该命令后将直接按第一次操作时指定的路径和名称保存，不再出现对话框。

②“图形另存为”对话框左侧位置列各图标按钮与图 1.7 所示“选择样板”对话框中位置列的图标按钮完全相同，用来提示图形存放的位置。

提示：绘图时要经常使用“保存”命令，以便及时保存图形文件。否则，当遇到突然退出或死机时，将无法保存。

1.5 另存图

当需要将已命名的当前图形文件再另存一处（例如：要将计算机中的当前图形文件另存到U盘上）应用“另存为”（SAVEAS）命令。另存的图形文件与原图形文件不在同一路径下可以同名，在同一路径下必须另取文件名。

1. 输入命令

- 从“快速访问”工具栏单击：“另存为”图标按钮。
- 从菜单栏选取：“文件”⇨“另存为”。
- 从键盘输入：SAVEAS。
- 用快捷键输入：按下【Ctrl + Shift + S】组合键。

2. 命令的相关操作

输入“另存为”命令之后，AutoCAD将弹出图1.9所示的“图形另存为”对话框，重新指定目录及文件名，然后单击“保存”按钮即完成操作。

提示：执行“另存为”命令后，AutoCAD将会自动关闭当前图，将另存的图形文件打开并置为当前图。

1.6 打开图

用“打开”（OPEN）命令可在AutoCAD工作界面下，打开一张或多张已有的图形文件。

1. 输入命令

- 从“快速访问”工具栏单击：“打开”图标按钮。
- 从菜单栏选取：“文件”⇨“打开”。
- 从键盘键入：OPEN。
- 用快捷键输入：按下【Ctrl + O】组合键。

2. 命令的相关操作

输入“打开”（OPEN）命令之后，AutoCAD将显示“选择文件”对话框，如图1.10所示。

（1）“选择文件”对话框的常规操作步骤

① 在“文件类型”下拉列表中选择所需文件的类型，默认项为“图形（*.dwg）”。

② 在“查找范围”下拉列表中指定磁盘目录。

③ 在“名称”下的列表框中选择要打开的图形文件名，若要打开多个图形文件，应先

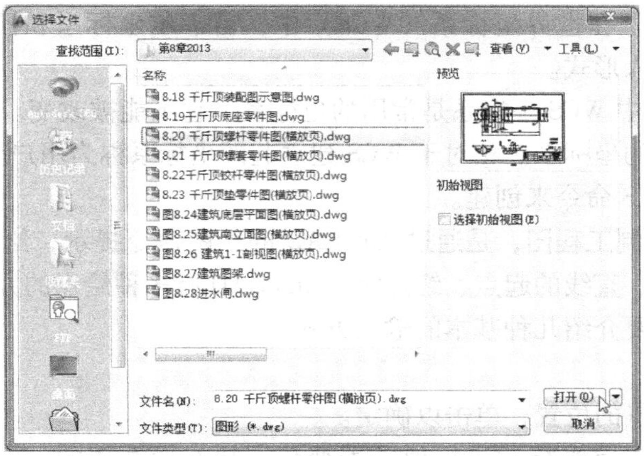

图 1.10 “选择文件”对话框

按住【Ctrl】键，再逐一选择文件名。若图形文件在某文件夹中，应先双击打开该文件夹。

④ 单击“打开”按钮即可打开图形文件。

(2)“选择文件”对话框中各项的含义

① 该对话框左侧一列图标按钮，与图 1.9 所示的“图形另存为”对话框相同位置处的图标按钮完全相同，用来提示图形存放的位置。

②“查找范围”下拉列表框右边 7 个图标按钮的含义与图 1.9 所示的“图形另存为”对话框中的 7 个图标按钮相同。

③“预览”框：用于显示所选择的图形。

提示：AutoCAD 支持多窗口显示。使用组合键【Ctrl + Tab】可在多个图形文件之间快速进行切换。使用工作界面菜单栏中的“窗口”菜单可控制多个图形文件的显示方式（层叠、垂直平铺、水平平铺）。

1.7 坐标系和点的基本输入方式

AutoCAD 在绘制工程图中使用笛卡尔坐标系统和极坐标来确定“点”的位置。

笛卡尔坐标系有 X、Y、Z 共 3 个坐标轴。坐标值的输入方式是“X,Y,Z”，二维坐标值的输入方式是“X,Y”，其中 X 值表示水平距离，Y 值表示垂直距离。笛卡儿坐标系统的三维坐标原点为“0,0,0”，二维坐标原点为“0,0”。坐标值可以加正负号表示方向。

极坐标系使用距离和角度来定位点。极坐标系通常用于二维绘图。极坐标值的输入方式是“距离 < 角度”，其中距离是指从原点（或从上一点）到该点的距离，角度是连接原点（或从上一点）到该点的直线与 X 轴所成的角度。距离和角度也可以加正负号表示方向。

AutoCAD 默认的坐标系为世界坐标系（缩写为 WCS）。世界坐标系的坐标原点位于图纸左下角；X 轴为水平轴，向右为正；Y 轴为垂直轴，向上为正；Z 轴方向垂直于 XY 平面，以指向绘图者为正向。在世界坐标系（WCS）中，笛卡尔坐标系和极坐标系都可以使用，这取决于坐标值的输入形式。

在 AutoCAD 绘图中 WCS 坐标系是常用的坐标系，它不能被改变。在特殊需要时，也可以相对于它建立其他的坐标系。相对于 WCS 建立起的坐标系称为用户坐标系，缩写为 UCS。用户坐标系可以用 UCS 命令来创建。

在 AutoCAD 中绘制工程图，是通过 AutoCAD 的绘图命令提示，给出一个一个点的位置来实现，如圆的圆心、直线的起点、终点等。AutoCAD 有多种给点的方式，在第 5 章将进行详细介绍，本节只简要介绍几种基本的输入方式。

1. 移动光标给点

移动光标至所需点的位置，单击以确定。

当移动光标时，十字光标和坐标值随着变化，状态栏左边的坐标显示区将显示当前位置，如图 1.11 所示。在 AutoCAD 中显示的是动态直角坐标，即显示的是光标的绝对直角坐标值（指相对于当前坐标系原点的直角坐标）。随着光标的移动，坐标的显示连续更新，随时指示当前光标位置的坐标值。

图 1.11　坐标显示

2. 输入点的绝对直角坐标给点

在命令提示区输入点的绝对直角坐标“*X*,*Y*”，从原点 *X* 向右为正，*Y* 向上为正，反之为负，输入后按【Enter】键即确定点的位置。

3. 输入点的相对直角坐标给点

在命令提示区输入点的相对直角坐标（指相对于前一点的直角坐标）“@*X*,*Y*”，相对于前一点 *X* 向右为正，*Y* 向上为正，反之为负，输入后按【Enter】键即确定点的位置。

4. 输入直接距离给点

移动光标确定起点和方向，在命令提示区从键盘直接输入相对前一点的距离，按【Enter】键即确定点的位置。

【例 1.1】 用“直线”（LINE）命令绘制图 1.12 和图 1.13 所示图形。

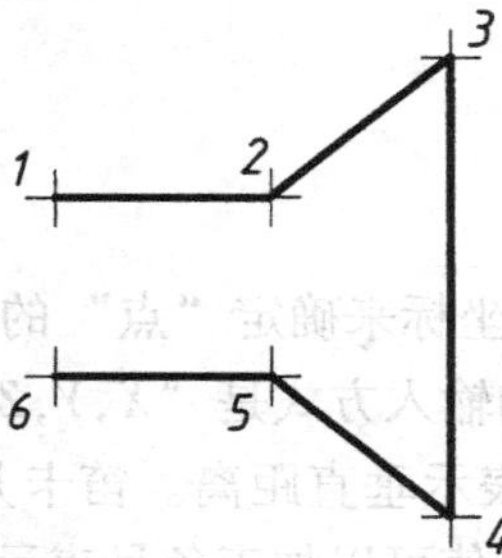

图 1.12　用“直线”命令画直线

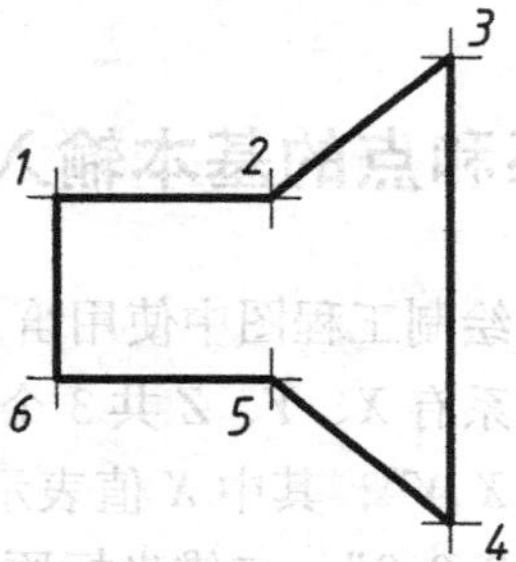

图 1.13　选择“闭合”选项画线

（1）输入命令

- 从“绘图”工具栏单击：“直线”图标按钮 ╱。
- 从菜单栏选取：“绘图” ⇨“直线”。
- 从键盘键入：L（LINE 命令可简化输入）。

（2）命令的操作过程

命令:(输入命令)
指定第一点:(单击以确定起始点即第“1”点)
指定下一点或[放弃(U)]:24↙——用直接给距离方式给第“2”点
指定下一点或[放弃(U)]:@20,16↙——用相对直角坐标给第“3”点
指定下一点或[闭合(C)/放弃(U)]:52↙——用直接给距离方式给第“4”点
指定下一点或[闭合(C)/放弃(U)]:@-20,16↙——用相对直角坐标给第“5”点
指定下一点或[闭合(C)/放弃(U)]:24↙——用直接给距离方式给第“6”点
指定下一点或[闭合(C)/放弃(U)]:↙——表示按【Enter】键或空格健
命令:——表示该命令结束,处于接受新命令状态

用“直线”命令画直线的效果如图1.12所示。

若在最后一个提示行“指定下一点或[闭合(C)/放弃(U)]:”中单击“闭合(C)”选项，图形将首尾封闭并结束命令（也可在命令行输入C↙或从右键菜单中选择“闭合”），其效果如图1.13所示。

说明：

① 在“指定下一点或[放弃(U)]:”或“指定下一点或[闭合(C)/放弃(U)]:”提示下单击“放弃(U)”选项（也可在命令行输入u↙或从右键菜单中选择“放弃”），将擦去最后画出的一条线，并继续提示“指定下一点或[放弃(U)]:”或“指定下一点或[闭合(C)/放弃(U)]:”。

② 用LINE命令绘制的每条直线都是一个独立的对象。

提示：AutoCAD所有命令操作中选项的输入方法有如下3种。

① 从命令行输入选项：当命令行中出现多个选项时，直接单击命令行方括弧中所需的选项。这是AutoCAD的新功能，是最方便的选项方法。

② 用键盘输入选项：当命令行中出现多个选项时，可用键盘输入选项后提示的大写字母来选择需要的选项。

③ 用右键菜单输入选项：当命令行中出现多个选项时，在绘图区右击，弹出的右键菜单中将显示与当前提示行相同的内容。可从右键菜单中选择所需的选项。

1.8 按指定方式显示图形

用“缩放”(ZOOM)命令可按指定方式显示图形，该命令如同一个缩放镜，它可以按所指定的范围显示图形，而不改变图形的真实大小。ZOOM是一个透明的命令（透明的命令是可以插入到另一条命令的执行期间执行的命令）。

1. 输入命令

- 从菜单栏选择：“视图” ⇨“缩放”。
- 从键盘键入：Z。

2. 命令的操作

命令:(输入命令)
指定窗口角点,输入比例因子(nX or nXP),或者

[全部(A)/中心(C)/动态(D)/范围(E)/上一个(P)/比例(S)/窗口(W)/对象(O)]<实时>:(选项)

各选项含义如下。

①“全部(A)”：当图幅外无对象时，绘图界限内的整张图将充满绘图区显示；若图幅外有对象，则包括图幅外的对象全部显示（称全屏显示）。

②“中心(C)”：按给定的显示中心点及屏高（显示屏的高度）显示图形。

③“动态(D)”：可动态地确定缩放图形的大小和位置。

④“范围(E)”：当前所绘图形（与图形界限无关）充满绘图区显示。

⑤“上一个(P)”：返回显示的前一屏。

⑥“比例(S)”（默认项）：给缩放系数，按比例缩放显示图形（称比例显示缩放）。如给值“0.9”，表示按0.9倍对图形界限作缩放；给值“0.9X”，表示按0.9倍对当前屏幕作缩放。

⑦“窗口(W)”（默认项）：直接指定窗口大小，AutoCAD把指定窗口内的图形部分充满绘图区显示（称窗选）。

⑧“对象(O)”：选择一个或多个对象，AutoCAD将把所选择的对象充满绘图区显示。

⑨“<实时>”（即直接按【Enter】键）：用光标移动放大镜符号，可在0.5~2倍确定缩放的大小来显示图形（称实时缩放）。

常用选项相应的操作方法如下。

（1）全屏显示

命令：Z↙，然后选A↙。

提示：全屏显示的快捷操作方式是双击滚轮。

（2）比例缩放显示

命令：Z↙，然后输入数值，如：0.8↙。

（3）窗选显示

从“标准”工具栏中单击“窗口缩放”图标按钮，给窗口矩形的两对角点。

（4）前一屏显示

从“标准”工具栏中单击“缩放上一个”图标按钮，单击后即返回前一屏。

（5）实时缩放显示

从“标准”工具栏中单击“实时缩放”图标按钮，屏幕上光标变为放大镜形状，按住鼠标左键并向上移动可放大显示，向下移动可缩小显示。

提示：实时缩放的快捷操作方式是滚动鼠标滚轮。

3. 关于移动图纸

在绘图中不仅经常要用“缩放”命令来变换图形的显示方式，有时还需要移动整张图纸来观察图形，如要移动图纸，应用“平移”（PAN）命令。“平移”命令的输入可从工具栏单击“实时平移”图标按钮，输入命令后AutoCAD进入实时平移，屏幕上光标变成一只小手形状✋，按住鼠标左键并移动光标，图纸将随之移动，确定位置后按【Esc】键结束命令。也可右击，在弹出的右键菜单中选择“退出”选项退出。

提示：平移图纸的快捷方式是按下鼠标滚轮并移动鼠标。

1.9 删除对象

用“删除”（ERASE）命令可从已有的图形中删除指定的对象，但只能删除完整的对象。

1. 输入命令

- 从“修改”工具栏单击：“删除”图标按钮。
- 从菜单栏选取：“修改”⇨“删除”。
- 从键盘键入：E 。

2. 命令的操作

命令：(输入命令)
选择对象：(选择需擦除的对象)
选择对象：(继续选择需擦除的对象或按【Enter】结束)
命令：

当提示行出现“选择对象：”时，AutoCAD 处于让用户选择对象的状态，此时屏幕上的十字光标就变成了一个活动的小方框，这个小方框叫“对象拾取框”。

选择对象的 3 种方式如下。

① 直接点取方式：该方式一次只选一个对象。在出现“选择对象：”提示时，直接移动光标，让对象拾取框移到所选择的对象上并单击，该对象变成虚像显示即被选中。

② 窗口 W 方式：该方式选中完全在窗口内的对象。在出现“选择对象：”提示时，先给出窗口左角点，再给出窗口右角点，完全处于窗口内的对象变成虚像显示即被选中。

③ 交叉窗口 C 方式：该方式选中完全和部分在窗口内的所有对象。在出现“选择对象：”提示时，先给出窗口右角点，再给出窗口左角点，完全和部分处于窗口内的对象都变成虚像显示即被选中。

说明：各种选取对象的方式可在同一命令中交叉使用。

1.10 撤消和恢复操作

当进行完一次操作后，如发现操作失误，则可单击“标准”工具栏中的“放弃”图标按钮↶（或从键盘键入U↙命令），AutoCAD 立即撤消上一个命令的操作，如连续单击该命令图标按钮，将依次向前撤消命令，直至起始状态。如果多撤消了，可单击“标准”工具栏中“重做”图标按钮↷（或从键盘键入REDO↙命令）来恢复撤消的命令，如连续单击该命令图标，将依次恢复撤消的命令。

上机练习与指导

练习1：设置 AutoCAD 工作界面。

练习1 指导：

（1）启动 AutoCAD。

（2）单击界面上方"快速访问"工具栏中"切换工作空间"下拉列表按钮，打开"工作空间"列表选择"AutoCAD 经典"工作界面为当前；熟悉"AutoCAD 经典"工作界面的各项内容。

（3）在"AutoCAD 经典"工作界面基础上，用右键菜单方式弹出"标注"、"对象捕捉"工具栏并移动它们至绘图区外的下方，弹出"文字"工具栏并移动它至绘图区外的左方，弹出"测量工具"工具栏并移动它至绘图区外的右方，然后从"工作空间"工具栏下拉列表中选择"将当前工作空间另存为"选项，将其另存为自己的二维绘图工作界面。

练习2：绘制图 1.13 所示图形。

练习2 指导：

按 1.7 节所述，用"直线"命令绘制图 1.13 所示图形，并保存图形为"入门练习"。

注意：绘图过程中应根据需要，实时滚动滚轮缩放图形或按住滚轮平移图形。

练习3：掌握选择对象、删除对象、撤消和重做命令的操作。

练习3 指导：

（1）在"入门练习"图形中，用"直线"命令再任意绘制一些图线或简单的图形，然后双击滚轮全屏显示。

（2）操作几次"删除"命令，应用"直接点取方式""W 窗口方式""C 交叉窗口方式"随意选择对象来擦除图线或图形。通过练习要熟练掌握 3 种选择对象的默认方式。

（3）用"放弃"命令 撤消前面删除命令的操作，再用"重做"命令 返回。

练习4：掌握另存图、打开图与多个图形文件间切换的操作。

练习4 指导：

（1）用"另存为"命令，将"入门练习"图形文件改为"入门练习备份"并保存（此时"入门练习"图形文件自动关闭）。

（2）单击"文件"选项卡上该图形文件名称右边的"关闭"图标按钮 或单击绘图界面右上角的"关闭"图标按钮，关闭"入门练习备份"当前图形。

（3）再用"打开"命令 打开图形文件"入门练习""入门练习备份"。

（4）用组合键【Ctrl + Tab】切换打开的 2 个图形文件，也可单击"文件"选项卡上的图形文件名称进行切换。

（5）使用"窗口"菜单，使打开的 2 张图分别以"层叠""垂直平铺""水平平铺"方式显示。

（6）练习结束时，单击工作界面标题行右边的"关闭"图标按钮，退出 AutoCAD。

第 2 章　工程绘图环境的基本设置

要绘制出符合制图标准的工程图样，必须学会设置所需要的绘图环境，然后可设置成样图。设置样图包括的内容很多，这将在后续章节逐渐介绍。本章介绍工程绘图环境的 7 项基本设置：修改系统配置、设置辅助绘图工具模式、选择线型并设线型比例、创建图层以管理线型、画图幅、图框和标题栏、创建文字样式、填写标题栏。

2.1　修改系统配置

绘图时，用户可根据需要修改 AutoCAD 所提供的默认系统配置内容，以确定一个最佳的、最适合自己习惯的系统配置，从而提高绘图的速度和质量。修改系统配置是通过操作“选项”（OPTIONS）命令所弹出的“选项”对话框来实现的。

单击工作界面左上角“应用程序”按钮，从弹出的下拉列表中选择“选项”命令（也可从键盘键入“OPTIONS”命令，或从菜单栏中选取“工具”⇨“选项”命令），即可打开“选项”对话框。在“选项”对话框中有“文件”“显示”“打开和保存”“打印和发布”“系统”“用户系统配置”“绘图”“三维建模”“选择集”“配置”“联机”11 个选项卡。以下介绍对系统配置进行常用的 4 项修改。

1. 将绘图区背景色修改为白色

AutoCAD 绘图区背景颜色的默认设置为黑色，但用户一般习惯在白纸上绘制工程图，可用“选项”命令改变绘图区的背景颜色。

将绘图区背景色修改为白色的操作步骤如下：

① 单击“选项”对话框中的“显示”选项卡，然后单击“窗口元素”选项区域中的“颜色”按钮，弹出“图形窗口颜色”对话框，如图 2.1 所示。

② 在“图形窗口颜色”对话框的“上下文”列表框中选择“二维模型空间”项，在“界面元素”列表框中选择“统一背景”项，在“颜色”下拉列表中选择“白”项，然后单击“应用并关闭”按钮，返回“选项”对话框。

修改完成后单击“选项”对话框中的“确定”按钮，退出“选项”对话框，完成修改。

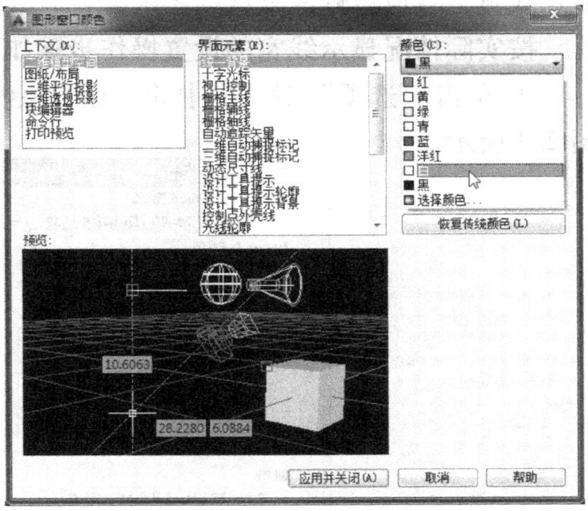

图 2.1　“图形窗口颜色”对话框

说明：绘图区背景色也可用默认的黑色。本书将按绘图区设为白色背景讲述。

2. 使图形文件在 AutoCAD 老版本中可打开

AutoCAD 所保存图形的文件类型默认设置是“AutoCAD 2013 图形（＊.dwg）”，若使用默认设置，在 AutoCAD 中绘制的图形只能在 AutoCAD 2013 及其以上的版本中打开。要使 AutoCAD 中绘制的图形能在 AutoCAD 老版本中打开，应修改默认设置。其操作步骤如下：

① 单击“选项”对话框中的“打开和保存”选项卡，显示打开和保存的选项内容，如图 2.2 所示。

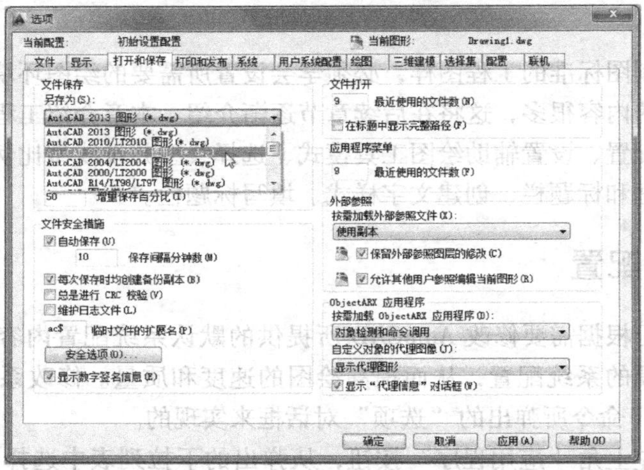

图 2.2　显示“打开和保存”选项卡内容的“选项”对话框

② 打开“文件保存”选项区域的“另存为”下拉列表，从中选择所希望的选项，图 2.2 选择的是“AutoCAD 2007/LT2007 图形（*.dwg）”文件类型，则在 AutoCAD 中绘制的图形可以在 AutoCAD 2007 及其以上的版本中打开。

3. 按实际情况显示线宽

AutoCAD 默认的系统配置是不显示线宽，而且线宽的显示比例也很大。要按实际情况显示线宽，就应该修改默认的系统配置。

按实际情况显示线宽的设置操作步骤如下：

① 单击“选项”对话框中的“用户系统配置”选项卡，显示用户系统配置的内容，如图 2.3 所示。

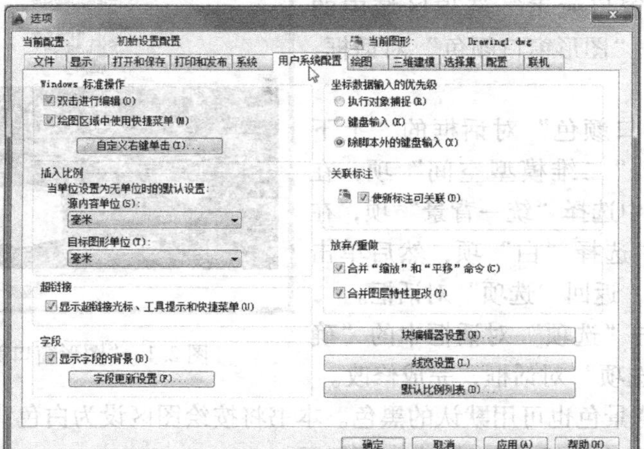

图 2.3　显示“用户系统配置”选项卡内容的“选项”对话框

② 单击该选项卡右下角“线宽设置(L)”按钮，弹出“线宽设置”对话框，如图2.4所示。

③ 在其中选中“显示线宽”复选框，选中复选框为打开开关，取消选中复选框为关闭开关，拖动“调整显示比例”滑块到距左边一格处（否则显示的线宽与实际情况不符）。其他选项按默认的系统配置。

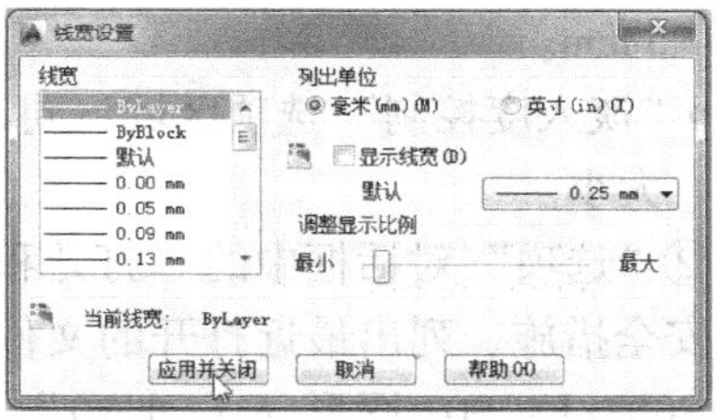

图2.4 “线宽设置”对话框

> 提示：在“线宽”下拉列表框中一定不要改变默认的Bylayer（随图层）选项。

④ 单击“应用与关闭”按钮，返回“选项”对话框。

4. 待命状态时右击表示重复上一次命令

AutoCAD提供了所有相关的右键菜单的支持。默认的系统配置是右击可弹出右键菜单。操作状态不同（没有选定对象时、选定对象时、正在执行命令时）和右击时光标的位置不同（绘图区、命令行、对话框、工具栏、状态栏、模型选项卡和布局选项卡处等），弹出的右键菜单内容就不同。AutoCAD把常用功能集中到右键菜单中，可有效地提高了工作效率，使绘图和编辑工作完成得更快。若AutoCAD在没有选定对象，即待命的操作状态（待命即命令区最下行仅显示“命令:”提示）时，将其右键功能设置成“重复上一个命令”将进一步提高绘图速度。

自定义右键功能的方法是：单击“选项”对话框中的“用户系统配置”选项卡，然后单击“Windows标准操作”选项区域中的“自定义右键单击(I)”按钮，弹出“自定义右键单击”对话框，如图2.5所示。

将“自定义右键单击”对话框“默认模式”选项区域中的选项改为“重复上一个命令”，然后单击“应用并关闭”按钮返回“选项”对话框。这将导致：在未选择对象，即待命状态时右击，AutoCAD将输入上一次执行的命令而不显示右键菜单。

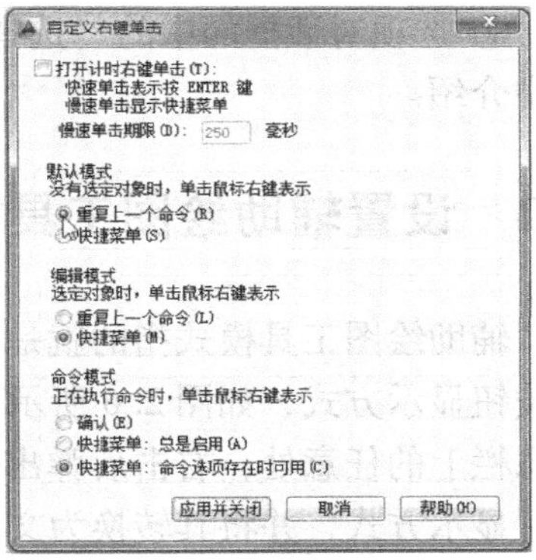

图2.5 “自定义右键单击”对话框

说明：

①“选项”对话框中的“显示”选项卡用于设置AutoCAD的显示。各选项区域含义如下。

- “窗口元素”选项区域：主要用于控制窗口显示的内容、颜色及字体。
- “显示精度”选项区域：用于控制所绘对象的显示精度。其值越小，运行性能越好，但显示精度下降。一般可用默认设置。如果希望所画圆或圆弧显示得比较光滑，可增大“圆弧和圆的平滑度”值。
- “布局元素”选项区域：用于控制有关布局显示的项目。一般按默认设置全部打开。
- “显示性能”选项区域：主要用于控制对象的显示性能。一般按默认设置打开2项。
- “十字光标大小”选项区域：按住鼠标左键拖动滑块，可改变绘图区中十字光标的大小；也可直接在其文本框中修改数值，以确定十字光标的大小。一般按默认设置取

5 mm。

- “淡入度控制”选项区域：同“十字光标大小”的操作可改变“参照”编辑的淡入度大小。

②“选项”对话框中的“打开和保存”选项卡用于设置 AutoCAD 打开和保存文件的格式、安全措施、列出最近打开的文件数量、外部参照、应用程序等。这里，除选择“AutoCAD 2007/LT2007 图形（ *. dwg）”文件保存类型外，其他选项一般使用默认设置。

③“选项”对话框中的“系统”选项卡主要用于设置三维性能、当前定点设备、数据库连接选项、常规选项等。对该选项卡一般使用默认设置。

④“选项”对话框中的“用户系统配置”选项卡主要用于设置线宽显示的方式，让用户按习惯自定义右键单击功能。它还可以修改 Windows 标准操作、坐标数据输入的优先级、插入比例、关联标注和字段设置等。

⑤“选项”对话框中的“三维建模”选项卡用于设置和修改三维绘图的系统配置。该选项卡中可选择三维十字光标、设置三维对象和三维导航常用的相关参数等。对该选项卡的设置一般使用默认。

⑥“选项”对话框中的“文件”选项卡用于设置 AutoCAD 查找支持文件时的搜索路径。

⑦“选项”对话框中的“打印和发布”选项卡用于设置和修改打印和发布的系统配置，可将要用的绘图仪或打印机设置为默认的输出设备。

⑧“选项”对话框中的“配置”选项卡用于创建新的配置。

⑨“选项”对话框中的“联机”选项卡用于与 Autodesk 360 账户同步图形或设置。

⑩ 选项对话框的中的“选择集”选项卡将在 4. 14 节中介绍，“绘图”选项卡在 5. 3. 2 节中介绍。

2. 2 设置辅助绘图工具模式

辅助绘图工具模式指的就是命令提示区下边状态栏中的 15 个图标按钮，默认状态是图标按钮显示方式，如图 2. 6 所示（蓝色为打开的模式，灰色为关闭的模式）。可将光标移至状态栏上的任意处，右击后弹出右键菜单，单击其中的“使用图标”命令，即可关闭图标按钮显示方式，并将其转换为文字显示方式，如图 2. 7 所示。

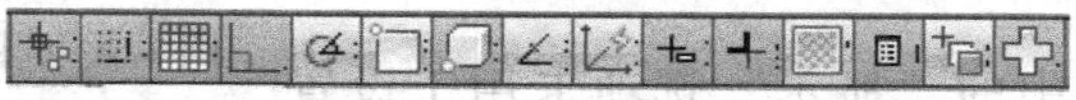

图 2. 6 状态栏中的 15 个辅助绘图工具模式——图标按钮显示方式

图 2. 7 状态栏中的 15 个辅助绘图工具模式——文字显示方式

绘制工程图，应首先按需要设置状态栏上的模式，常用的设置是：打开“极轴”“对象捕捉”“对象追踪”“线宽” 4 项模式，其他全部关闭，如图 2. 8 所示。单击状态栏中的模式图标按钮，可方便地打开或关闭它们。

图 2.8　工程绘图状态栏常用的设置——4 项模式的打开

> 提示：将状态栏中的辅助绘图工具模式转换为文字显示方式比较直观实用。
>
> 绘制工程图时，图 2.8 所示的 4 种模式一般都处于打开状态，其他模式全部关闭（特殊需要时才临时打开）。

1. “对象捕捉”模式

打开“对象捕捉”（即固定对象捕捉）模式可把点精确地定位到可见图形的某特征点上，其默认的定位点有“端点”“圆心”“交点”“延长线”4 种。“对象捕捉”模式中有 13 种定位点，可以根据需要设置固定定位点，具体将在 5.3 节中介绍。本节只应用默认的固定对象捕捉模式。

2. “极轴”模式

打开“极轴”（即极轴追踪）模式可方便地捕捉到水平和竖直及所设角度线上的任意点。“极轴”模式可以根据需要设置角度和测量角度的方式，具体将在 5.4.1 小节中介绍。本节只应用默认模式。

3. “对象追踪”模式

打开“对象追踪”（即对象捕捉追踪）模式可方便地捕捉到通过指定点延长线上的任意点。要实现对象追踪，就要与“极轴”和“对象捕捉”模式同时打开配合使用，其更多的应用将在 5.4.2 小节中介绍。

4. “线宽”模式

线宽就是图线的粗细。打开“线宽”（显示/隐藏透明度）模式可粗细分明地显示所绘制的图形，关闭“线宽”模式所有图线均显示为细线。如果需要重新设置显示线宽的方式，可使用如下方法：将光标指向状态栏中的“线宽”按钮右击，从弹出的右键菜单中选择“设置”命令，在打开的“线宽设置”对话框进行操作即可重新设置。

5. 其他模式

状态栏中其他模式的功能如下：

① INFER（推断约束）模式相当于“对象捕捉”模式的高级应用，打开它，在绘制和编辑图形对象时，AutoCAD 将自动应用几何约束（即软件针对一些特定情况设定的对象捕捉）。

②“栅格”模式相当于坐标纸，打开它将显示像坐标纸一样的线网格（默认显示方式）。在世界坐标系中，栅格默认显示是布满绘图区域。用“草图设置”命令可选择栅格的显示方式，并能修改栅格间距。

③“捕捉”模式即为栅格捕捉模式，栅格捕捉与栅格显示是配合使用的，打开栅格捕捉将使光标沿栅格点跳跃式移动，即所给的点都落在捕捉间距所定的点上。用“草图设置”命令可以重新设置捕捉的间距和捕捉的类型。

④“正交”模式不需要设置。打开“正交”模式可迫使所画的线平行于 X 轴或 Y 轴，即画正交的线。

⑤ AM 模式是 AutoCAD 里的注释监视器，它与尺寸标注同时使用。在模型空间中绘图时，打开注释监视器，如果标注的尺寸有问题，则在所标注尺寸数字后会出现一个!符号，用于提醒。

⑥“3DOSNAP”（三维对象捕捉）模式是捕捉三维实体上特征点的控制开关，打开“3DOSNAP”模式可把点精确的定位到所设置的三维实体的某些特征点上，可以在“草图设置”对话框中进行设置。

⑦“TPY”（显示/隐藏透明度）模式是显示透明度的开关，图层或对象的透明度需要在相关的命令中设置。

“DUCS”“DYN”“QP”“SC”模式将在第 5.2 节中介绍。

说明：

可以在状态栏中隐藏不常用的辅助绘图工具模式，方法是：在辅助绘图工具模式的图标按钮上右击，在弹出的右键菜单中选择“显示”命令，在其子菜单中单击以关闭要隐藏的辅助绘图工具模式即可。

2.3 按技术制图标准选择线型并设线型比例

AutoCAD 提供了标准线型库，相应库的文件名为“acadiso.lin”，标准线型库提供了多种线型，如图 2.9 所示。

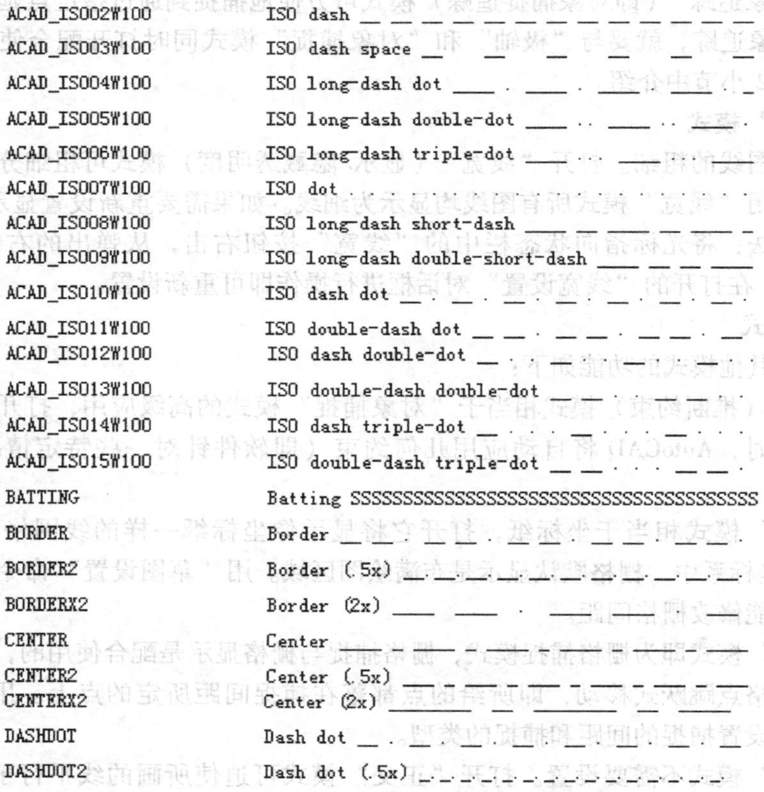
ACAD_ISO02W100 ISO dash
ACAD_ISO03W100 ISO dash space
ACAD_ISO04W100 ISO long-dash dot
ACAD_ISO05W100 ISO long-dash double-dot
ACAD_ISO06W100 ISO long-dash triple-dot
ACAD_ISO07W100 ISO dot
ACAD_ISO08W100 ISO long-dash short-dash
ACAD_ISO09W100 ISO long-dash double-short-dash
ACAD_ISO10W100 ISO dash dot
ACAD_ISO11W100 ISO double-dash dot
ACAD_ISO12W100 ISO dash double-dot
ACAD_ISO13W100 ISO double-dash double-dot
ACAD_ISO14W100 ISO dash triple-dot
ACAD_ISO15W100 ISO double-dash triple-dot
BATTING Batting SSSSSSSSSSSSSSSSSSSSSSSSSSSSSSSSSSSSSSSSS
BORDER Border
BORDER2 Border (.5x)
BORDERX2 Border (2x)
CENTER Center
CENTER2 Center (.5x)
CENTERX2 Center (2x)
DASHDOT Dash dot
DASHDOT2 Dash dot (.5x)

图 2.9 acadiso.lin 线型库文件

DASHDOTX2	Dash dot (2x) ____ . ____ . ____ . ___
DASHED	Dashed __ __ __ __ __ __ __ __ __ __ __ __ __ _
DASHED2	Dashed (.5x) _ _ _ _ _ _ _ _ _ _ _ _ _ _ _ _ _ _
DASHEDX2	Dashed (2x) ____ ____ ____ ____ ____ ___
DIVIDE	Divide ____ . . ____ . . ____ . . ____ . . ____
DIVIDE2	Divide (.5x) __..__..__..__..__..__..__.._
DIVIDEX2	Divide (2x) ________ . . ________ . . _
DOT	Dot . . . .
DOT2	Dot (.5x) ....
DOTX2	Dot (2x) . . . .
FENCELINE1	Fenceline circle ----0-----0----0-----0----0---
FENCELINE2	Fenceline square ----[]-----[]----[]-----[]----
GAS_LINE	Gas line ----GAS----GAS----GAS----GAS----GAS---
HIDDEN	Hidden __ __ __ __ __ __ __ __ __ __ __ __ __ __
HIDDEN2	Hidden (.5x) _ _ _ _ _ _ _ _ _ _ _ _ _ _ _ _ _ _
HIDDENX2	Hidden (2x) ____ ____ ____ ____ ____ ____ ____
HOT_WATER_SUPPLY	Hot water supply ---- HW ---- HW ---- HW ----
JIS_02_0.7	HIDDEN0.75 _ _ _ _ _ _ _ _ _ _ _ _ _ _ _ _ _ _
JIS_02_1.0	HIDDEN01 _ _ _ _ _ _ _ _ _ _ _ _ _ _ _ _ _ _
JIS_02_1.2	HIDDEN01.25 _ _ _ _ _ _ _ _ _ _ _ _ _ _ _ _ _
JIS_02_2.0	HIDDEN02 __ __ __ __ __ __ __ __ __ __ __ __
JIS_02_4.0	HIDDEN04 ____ ____ ____ ____ ____ ____ ____
JIS_08_11	1SASEN11 ___ _ ___ _ ___ _ ___ _ ___ _ ___
JIS_08_15	1SASEN15 ____ _ ____ _ ____ _ ____ _ ____
JIS_08_25	1SASEN25 _______ __ _______ __ _____
JIS_08_37	1SASEN37 _______ __ _______ __ _____
JIS_08_50	1SASEN50 ____________ __ __________
JIS_09_08	2SASEN8 __ _ _ __ _ _ __ _ _ __ _ _ __ _ _
JIS_09_15	2SASEN15 ___ _ _ ___ _ _ ___ _ _ ___ _ _ ___
JIS_09_29	2SASEN29 _____ __ __ _____ __ __ ___
JIS_09_50	2SASEN50 __________ __ __ ___________
PHANTOM	Phantom _____ __ __ _____ __ __ _____
PHANTOM2	Phantom (.5x) ___ _ _ ___ _ _ ___ _ _ ___ _ _
PHANTOMX2	Phantom (2x) __________ ____ ____ _
TRACKS	Tracks -|-|-|-|-|-|-|-|-|-|-|-|-|-|-|-|-|-|-|
ZIGZAG	Zig zag /\/

图 2.9　acadiso. lin 线型库文件（续）

1. 按技术制图标准选择线型

AutoCAD 标准线型库提供的 59 种线型中包含有多个长短、间隔不同的虚线和点画线，只有适当地搭配它们，在同一线型比例下，才能绘制出符合技术制图标准的图线。下面推荐一组绘制工程图时常用的线型：

- 实线——CONTINUOUS；
- 虚线——ACAD_ISO02W100；

- 点画线——ACAD_ISO04W100；
- 双点画线——ACAD_ISO05W100。

2. 装入线型

AutoCAD 在“线型管理器”对话框仅列出已装入当前图形中的线型。初次使用时线型若不够，应根据需要在当前图形中装入新的线型。具体操作方法如下。

① 从菜单栏选取：“格式” ⇨“线型”，输入命令后，AutoCAD 弹出“线型管理器”对话框，如图 2.10 所示。

② 单击“线型管理器”对话框上部“加载(L)”按钮，AutoCAD 将弹出“加载或重载线型”对话框，如图 2.11 所示。

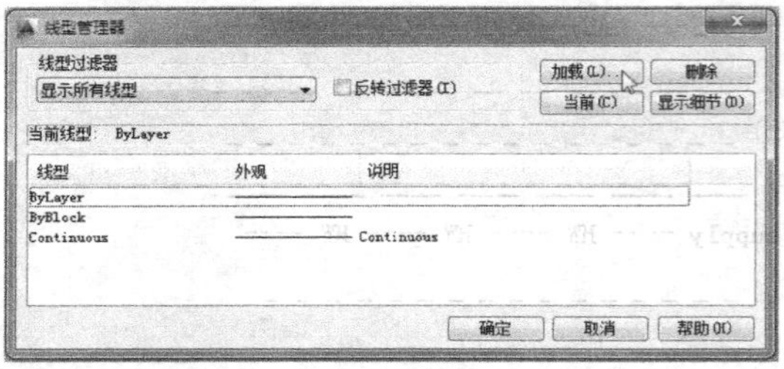

图 2.10 “线型管理器”对话框

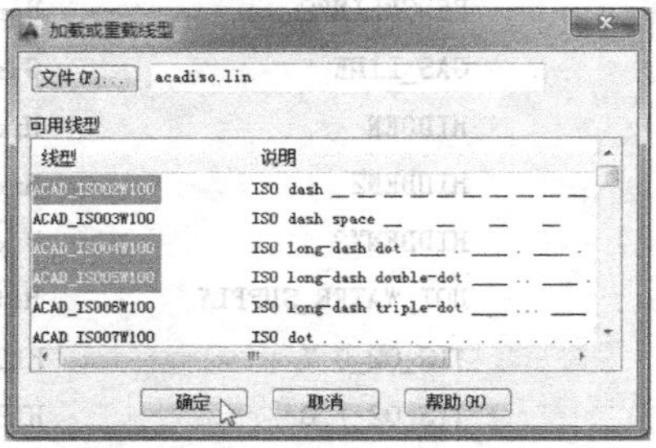

图 2.11 “加载或重载线型”对话框

③“加载或重载线型”对话框列出了默认的线型文件 acadiso. lin 线型库中所有的线型，选择所要装入的线型并单击“确定”按钮，就可以将线型装入到当前图形的“线型管理器”对话框中。

3. 按技术制图标准设定线型比例

在绘制工程图中，要使线型符合技术制图标准，除了各种线型搭配要合适外，还必须合理设定线型的“全局比例因子”和“当前对象缩放比例”。线型比例用来控制所绘工程图中虚线和点画线的间隔与线段的长短。线型比例值若给的不合理，就会造成虚线和点画线长短、间隔过大或过小，常常还会出现虚线和点画线画出来是实线的情况。

acadiso. lin 标准线型库中所设的点画线和虚线的线段长短和间隔长度，乘上线型比例值才是图样上的实际线段长度和间隔长度。线型比例的合理数值到底设为多少？一般来说，这是一个经验值。

在“线型管理器”对话框中，单击“显示细节”按钮，在对话框下部将显示设置线型比例的文本框，图 2.12 所示将“全局比例因子”设为“0.38”，“当前对象缩放比例”使用默认值“1.0000”。

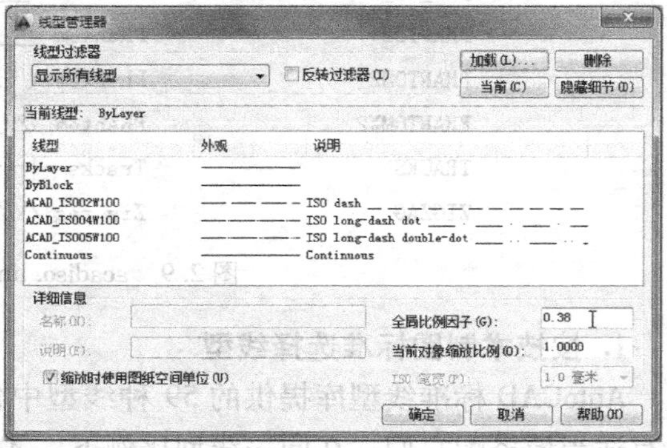

图 2.12 按技术制图标准设定线型的“全局比例因子”

装入线型和设定线型比例后，单击“线型管理器”对话框中的“确定”按钮即完成线型的设置。

> 提示：绘制工程图时选用图 2.12 所推荐的一组线型时，线型的“全局比例因子”值应在“0.35 ~ 0.4”（按图幅的大小取值，图幅越大取值越大）；“当前对象缩放比例”使用默认值“1.0000”。

说明：

① 修改线型的“全局比例因子”，可改变该图形文件中已绘制和将要绘制的所有虚线和点画线的间隔与线段长短。

② 修改线型的“当前对象缩放比例”，只改变将要绘制的虚线和点画线的间隔与线段长短。如果需要修改已绘制的某条或某些选定的虚线和点画线的间隔与线段长短，一般是用“特性”对话框来改变它们的线型比例值（详见 4.12 节）。

③“线型管理器”对话框上部的“线型过滤器”下拉列表的作用是设置其下线型列表框中显示的线型范围。该下拉列表包括 3 个选项：“显示所有线型”、“显示所有使用的线型”、“显示所有依赖外部参考的线型”，配合这 3 个选项，AutoCAD 还提供了一个“反向过滤器”复选框。

2.4 创建图层以管理线型

图层就相当于没有厚度的透明纸片，可将对象画在上面。一个图层上只能赋予一种线型和一种颜色。绘制工程图需要多种线型，应创建多个图层，这些图层就像几张重叠在一起的透明纸，构成一张完整的图样。在 AutoCAD 中绘图时，只需启用“图层”（LAYER）命令，给出需要新建的图层名，然后设置图层的线型和颜色即可。画哪一种线，就把哪个图层设为当前图层。例如，虚线图层为当前图层时，用“直线”命令或其他绘图命令所画的线型均为虚线。另外，各图层都可以设定线宽，还可根据需要进行开/关、冻结/解冻或锁定/解锁定等操作。

2.4.1 用 LAYER 命令创建图层以管理线型

用“图层”（LAYER）命令可以根据绘制工程图的需要创建新图层，并能赋予图层所需的线型和颜色。该命令还可以用来管理线型，即可以改变已有图层的线型、颜色、线宽和开/关状态，用以显示图层、删除图层及设置当前图层等。

1. 输入命令

- 从“图层”工具栏单击：“图层”图标按钮。
- 从菜单栏选取：“格式” ⇨“图层”。
- 从键盘键入：LAYER 。

输入命令后，AutoCAD 将弹出“图层特性管理器”窗口，如图 2.13 所示。

“图层特性管理器”对话框右侧的窗口中列出了图层名称和特性。在默认情况下，AutoCAD 提供一个图层，该图层名称为“0”，颜色为白色，线型为 Continuous（实线），线宽为默认值，并且自动打开。“图层特性管理器”对话框左侧的列表框中显示的是在右侧列表框中列出的图层范围。

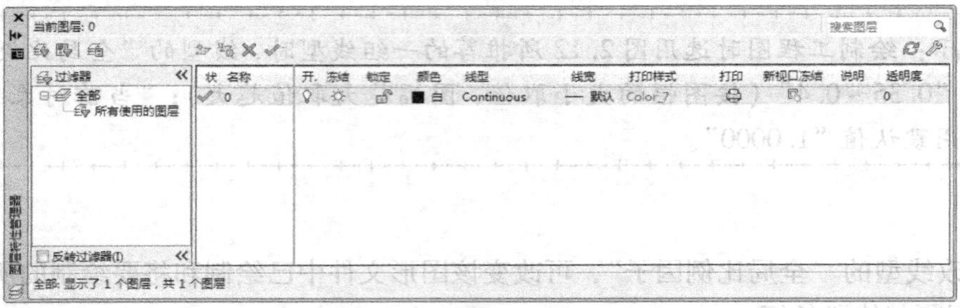

图 2.13 “图层特性管理器”窗口

2. 创建新图层

单击“图层特性管理器”窗口上部“新建图层”图标按钮，AutoCAD 会创建一个名称为“图层1”的图层。连续单击“新建图层”图标按钮，AutoCAD 会依次创建名称为“图层2”、“图层3”……，而且所创建新图层的颜色、线型均与0图层相同。如果在此以前已经选择了某个图层，AutoCAD 将根据所选图层的特性来生成新图层。

绘制工程图时，建议不要用默认的图层名，因为那样会导致以后查询图层不方便。新建图层的名称一般用汉字并根据功能来命名，如“粗实线”、“细实线”、“点画线”、“虚线”、“尺寸”、“剖面线”、“文字”等，也可以根据专业图的需要按控制的内容来命名。有计划、规范地命名，会给修改图、输出图带来很大方便。

给新建图层重新命名的方法是：先单击选中该图层名，再单击该图层名，出现文本框，输入新的图层名；也可在需要重新命名的图层名上右击，在弹出的右键菜单中选择“重命名图层”命令。注意，输入的名称中不能含有通配符“*”、“!”和空格，也不能重名。

3. 改变图层的线型

在默认情况下，新创建图层的线型均为 Continuous（实线），所以应根据需要改变线型。

如果要改变某图层线型，可单击“图层特性管理器”对话框中该图层的线型名称，AutoCAD 将弹出“选择线型”对话框，如图 2.14 所示。在“选择线型”对话框的列表框中单击所需的线型名称，然后单击“确定”按钮接受所做的选择并返回“图层特性管理器”对话框。

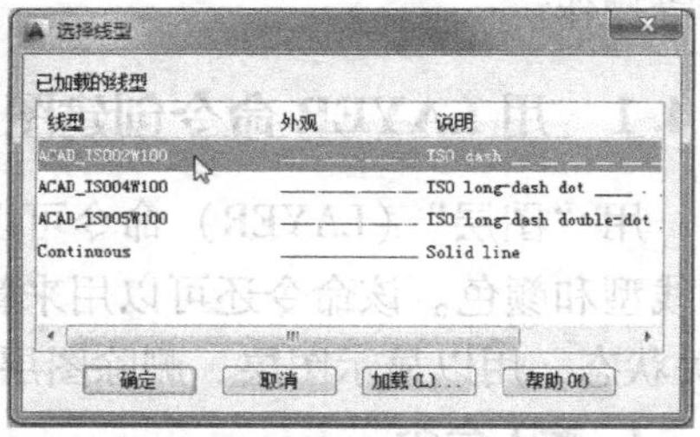

图 2.14 “选择线型”对话框

说明：可通过“选择线型”对话框中的 加载(L)... 按钮来装入新的线型。

4. 改变图层的线宽

默认情况下，新创建图层的线宽为“默认”（AutoCAD 内定的默认线宽为 0.25mm）。绘制工程图应根据制图标准，为不同的线型赋予相应的线宽。

如要改变某图层的线宽，可单击“图层特性管理器”窗口中该图层的线宽值，AutoCAD 将弹出“线宽”对话框，如图 2.15 所示。在“线宽”对话框的列表框中单击所需的线宽，然后单击“确定”按钮接受所做的选择并返回“图层特性管理器”窗口。

5. 改变图层的颜色

默认情况下，新创建图层的颜色（即该图层上线型的颜色）为“白色”（绘图区的背景色为白色时，新创建图层的颜色默认为黑色），为了方便绘图，应根据需要改变某些图层的颜色。

如果要改变某图层的颜色，可单击“图层特性管理器”对话框中该图层的颜色图标，AutoCAD 将弹出显示“索引颜色”选项卡的“选择颜色”对话框，如图 2.16 所示。单击“选择颜色”对话框中所需颜色的图标，所选择的颜色名或颜色号将显示在该对话框下部的“颜色”文本框中，并在其右侧显示所选中的颜色，选择后单击“确定”按钮接受所做的选择并返回“图层特性管理器”对话框。

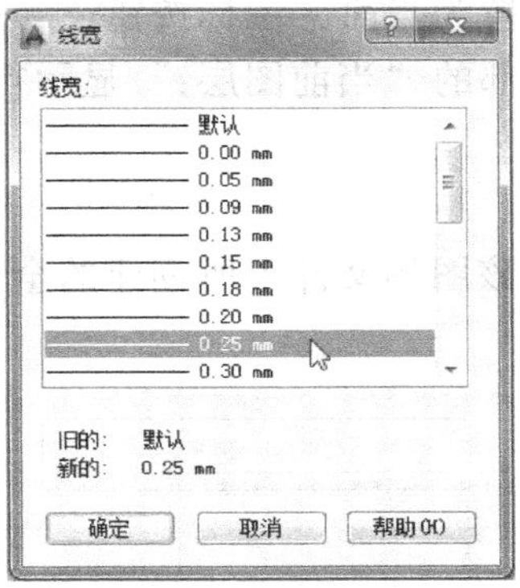

图 2.15 “线宽”对话框

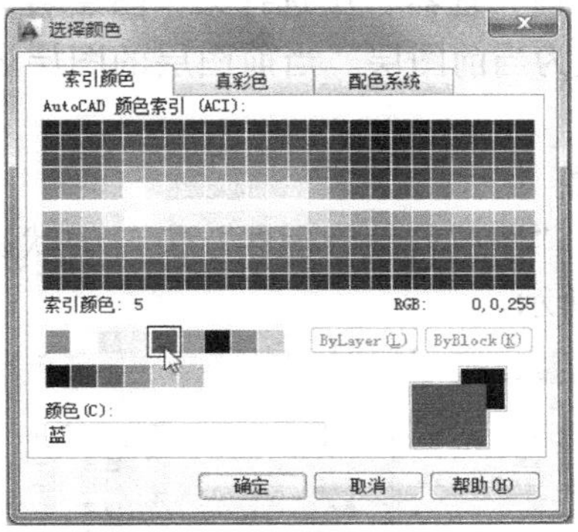

图 2.16 显示“索引颜色”选项卡的“选择颜色”对话框

说明：

① AutoCAD 提供有 255 种索引颜色，并以 1 ~ 255 数字命名。选择颜色时，可单击颜色图标选择，也可输入颜色号选择。

② 也可操作“选择颜色”对话框中“真彩色”和“配色系统”选项卡来定义颜色。

6. 控制图层的开/关

默认设置下，新创建的图层均为“打开”、“解冻”和“解锁”的打开状态，即图层中的图线可见并可修改。在绘图时可根据需要改变图层的开/关状态，对应的关闭状态为“关闭”、“冻结”、“加锁”。

图层开/关时各项功能与差别见表 2－1。

表 2－1 图层开/关状态下相应功能

功能与图标	功　能	差　别
“关闭”	隐藏指定图层的线型，使之看不见	“关闭”与“冻结”时图层上的线型均不可见，其区别仅在于执行速度的快慢，后者将比前者快
“冻结”	冻结指定图层的全部线型，并使之看不见	
“锁定”	在锁定图层上的线型可见，也可绘制图线但无法编辑	
“打开”	恢复已关闭的图层，使图层上的线型重新显示出来	“打开”是针对“关闭”状态而设的，“解冻”是针对“冻结”而设的，同理，“解锁”是针对“锁定”而设的
“解冻”	对冻结的图层解冻，使图层上的线型重新显示出来	
“解锁”	对加锁的图层解除锁定，使图形可编辑	

开/关状态用图标形式显示在“图层特性管理器”窗口中图层的名称后。要改变某图层的开/关状态，只需单击该图标。

说明：当前图层不能冻结。

7. 控制图层的打印

默认状态下，图层的打印为打开状态，单击该图标按钮可使之变为关闭状态。如果关闭某图层的打印，这个图层上的线型显示但不能打印。

说明：“打印”图标按钮后的“新视口冻结”图标按钮用来控制布局中的视口。单击“透明度”值可修改该图层的透明度（一般使用默认值“0”）。

8. 设置当前图层

在“图层特性管理器”中选择某一图层名，然后单击“置为当前”图标按钮，就可以将该图层设置为当前图层。当前图层的图层名会出现在顶部的“当前图层:”显示行中，如图 2.17 所示。

9. 显示图层

AutoCAD 中“图层特性管理器”窗口的默认状态是显示该图形文件中所创建的全部图层，如图 2.17 所示。

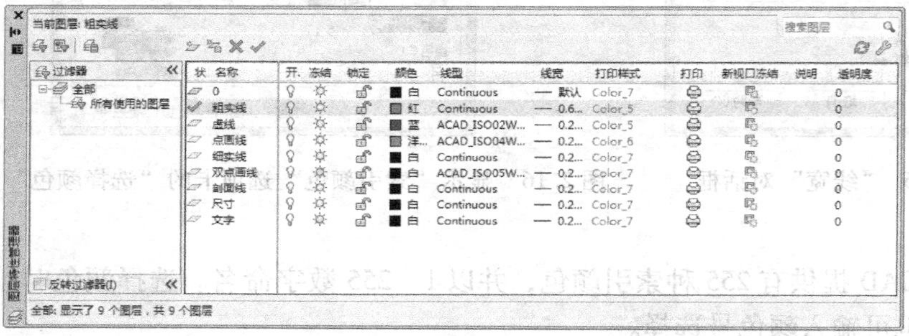

图 2.17 显示全部图层

“图层特性管理器”窗口左上角 3 个图标按钮、、的作用是过滤已命名的图层，操作它们可指定希望显示的图层范围和设置、保存、输出或输入指定的图层。

“图层特性管理器”窗口左下角“反向过滤器”复选框的作用是：选中它，将产生与指定过滤条件相反的过滤条件。

10. 删除图层

要删除不使用的图层，可先从“图层特性管理器”窗口中选择一个或多个图层，然后单击该对话框上部的“删除”图标按钮，再单击“应用”按钮，AutoCAD 将从当前图形中删除所选的图层。

要选择多个不连续的图层，可在按住【Ctrl】键的同时，逐个单击需要的图层。

11. 合并图层

合并图层就是将某个或某些图层（称原图层）上的对象移到另一个图层（称目标图层），同时删除原图层。方法是：先从“图层特性管理器”对话框中选择原图层，然后右击，在弹出的右键菜单中选择“将选定图层合并到…”命令，在随后弹出的“合并到图层”对话框中选择目标图层即可把原图层中的对象移动到目标图层中，同时原图层被自动删除。

说明：当前图层不能被合并。

2.4.2 用“图层”工具栏管理图层

为了使设置当前图层和控制图层的操作更为简便、快捷，AutoCAD 提供了一个“图层”工具栏，如图 2.18 所示。

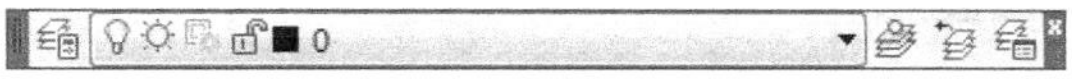

图 2.18 “图层”工具栏

1. 设置当前图层

在绘制工程图中，常需要改变当前图层（即将要绘制的线型设置为当前），快捷的方法是：在“图层”工具栏的“图层控制”下拉列表中选择一个图层名，该图层名将显示在工具栏的窗口中，即被设为当前图层，如图 2.19 所示。

说明：需要时还可以按以下 2 种方法设置当前图层。

① 单击“图层”工具栏中的“将对象的图层置为当前”图标按钮，然后选择对象，AutoCAD 将所选对象所在的图层设为当前图层。

② 单击“图层”工具栏中的“上一个图层”图标按钮，AutoCAD 将上一次使用的图层设为当前图层。

2. 控制图层开/关

在绘制工程图中，有时需要关闭某些图层，快捷的方法是：在“图层”工具栏的“图层控制”下拉列表中，单击表示图层开/关状态的选项，改变该图层的开/关状态，如图 2.20 所示。

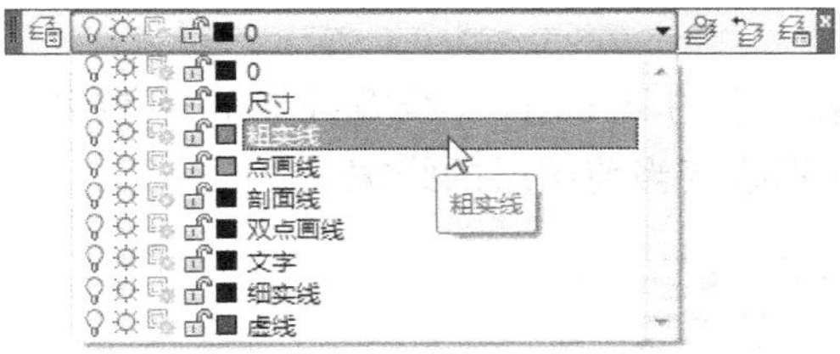

图 2.19 设置当前图层的常用方法

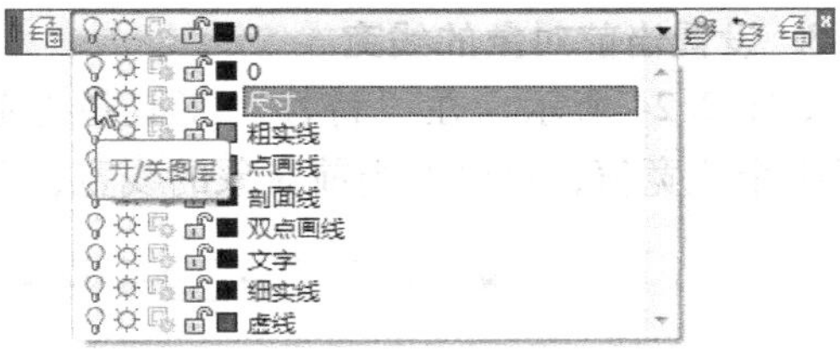

图 2.20 改变图层开/关状态的常用方法

2.4.3 用“特性”工具栏管理当前对象的线型

图 2.21 所示是“特性”工具栏，该工具栏用来改变当前对象的颜色、线型和线宽。当前对象指的是被选中的对象和将要绘制的对象。

图 2.21 “特性”工具栏

1. 设置当前对象线型的颜色

如图 2.22 所示，在“特性”工具栏最左边的 ByLayer（颜色控制）下拉列表中，选择某种颜色，可改变被选中的对象与其后所绘制对象线型的颜色，但并不改变当前图层的颜色。

其中，ByLayer（随图层）项表示对象的线型颜色按图层本身的颜色来定，ByBlock（随图块）项表示对象线型的颜色按图块本身的颜色来定。如果选择 ByLayer 之外的颜色，则随后所绘制的对象线型的颜色将是独立的，不会随图层的变化而改变。

图 2.22　在“特性”工具栏设置当前对象线型的颜色

2. 设置当前对象的线型

如图 2.23 所示，在“特性”工具栏左边起第二个的 ByLayer（线型控制）下拉列表中选择某种线型，可改变当前对象的线型，但并不改变当前图层的线型。

如果选择 ByLayer 之外的线型，则随后所绘制的对象的线型将是独立的，不会随图层的变化而改变。

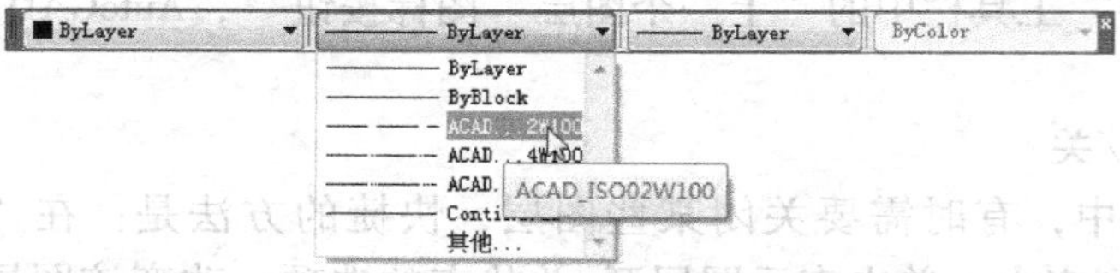

图 2.23　在“特性”工具栏设置当前对象的线型

3. 设置当前对象的线宽

如图 2.24 所示，在“特性”工具栏左起第三个的 ByLayer（线宽控制）下拉列表中，选择某个线宽值，可改变当前对象的线宽，但并不改变当前图层的线宽。

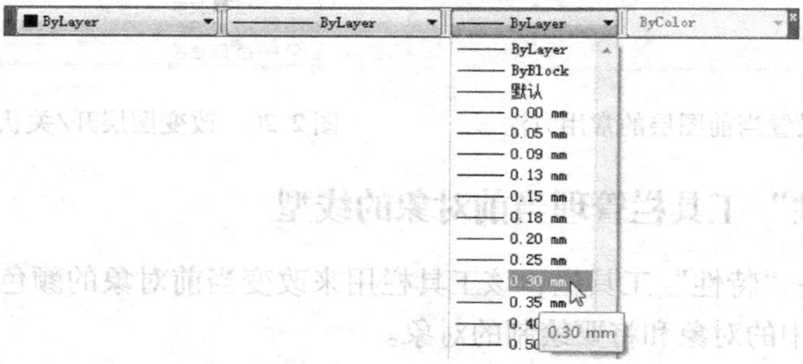

图 2.24　在“特性”工具栏设置当前对象的线宽

如果选择 ByLayer 之外的线宽，则随后所绘制的对象的线宽将是独立的，不会随图层的变化而改变。

提示：在绘制工程图时，“特性”工具栏中的左面 3 项一般都使用默认的 ByLayer，没有特殊需要不要改变它。若临时有需要改变了它们，操作后一定要注意返回 ByLayer。

2.5 按技术制图标准画图幅、图框和标题栏

用“直线”等命令，按照技术制图标准规定的图幅大小画出图幅线，再按照制图标准规定的“*e*”值（非装订式）或“*a*”和“*c*”值（装订式）画出图框线*，然后绘制标题栏。绘图时，一般使用 AutoCAD 默认的绘图单位和精度。

说明：

① AutoCAD 默认的长度绘图单位是“小数”（即十进制）、角度单位是“十进制”，长度绘图单位默认的精度是“0.0000”，角度默认东方向为“0”度，逆时针为正。

② 用“单位”（UNITS）命令可修改绘图的长度单位、角度单位及其精度和角度方向等。

2.6 按技术制图标准创建文字样式

用“文字样式”（STYLE）命令可创建新的文字样式或修改已有的文字样式。

设置工程绘图环境时，要按技术制图标准用“文字样式”命令创建“工程图中的汉字”和“工程图中的数字和字母”两种文字样式。

1. 输入命令

- 从“样式”工具栏单击：“文字样式”图标按钮。
- 从菜单栏选取：“格式” ⇨ “文字样式”。
- 从键盘键入：<u>ST</u>。

2. 命令的相关操作

输入命令后，AutoCAD 显示“文字样式”对话框，如图 2.25 所示。

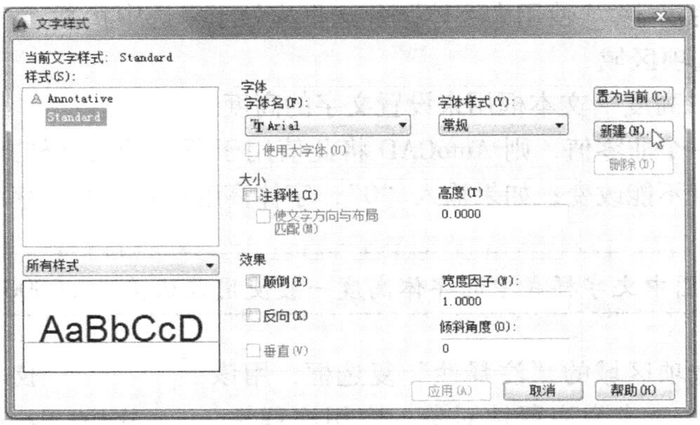

图 2.25 “文字样式”对话框

“文字样式”对话框中各项含义及操作方法介绍如下。

（1）“样式”选项区域

该选项区域上方为“样式”名列表框，默认状态显示该图形文件中所有的文字样式

* 此处 *e*、*c*、*a* 的含义详见于《机械制图》教材中的“图纸幅面及格式”部分。

名称。

该选项区域中间“所有样式”下拉列表用于选择样式名列表框中需要显示的样式范围。

该选项区域下方为样式的预览框，显示所选择文字样式的效果。

(2) 按钮

①“置为当前”按钮：用于设置当前文字样式。在“样式”名列表框中选择一种样式，然后单击“置为当前”按钮，该样式将置为当前。

> 提示：设置当前文字样式常用的方法是在“样式”工具栏的“文字样式”列表下拉中选择一个文字样式名，使其显示在工具栏的窗口文本框上。

②“新建”按钮：用于创建文字样式。单击该按钮将弹出“新建文字样式”对话框，如图 2.26 所示。在该对话框的“样式名”文本框中输入新建文字样式名（最多 31 个字母、数字或特殊字符），单击“确定”按钮，返回“文字样式”对话框。在其中进行相应的设置，然后单击“应用”按钮，退出该对话框，所设新文字样式将被保存并且成为当前样式。

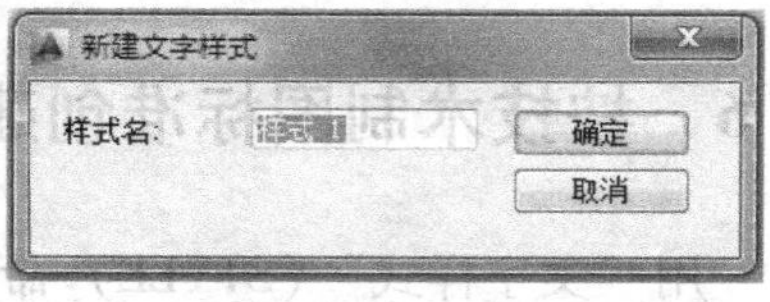

图 2.26 “新建文字样式”对话框

③“删除”按钮：用于删除文字样式（当前文字样式不能删除）。在“样式”名列表框中选择要删除的文字样式名，然后单击“删除”按钮，确定后该文字样式即被删除。

(3)“字体”选项区域

该选项区域中“字体名”下拉列表用来设置文字样式中的字体。在该下拉列表中选择一种所需的字体即可。

说明：若要选择汉字，“使用大字体”复选框应处于未选中状态。

(4)“大小”选项区域

该选项区域中“高度”文本框用来设置文字的高度。

如果在此输入一个非零值，则 AutoCAD 将此值用于所设的文字样式，使用该样式在注写文字时，文字高度不能改变；如果输入“0”，字体高度可在注写文字命令中重新指定。

> 提示：工程图中文字样式中的字体高度一般使用默认值“0.0000”。

说明：选中该选项区域的“注释性”复选框，用该样式所注写的文字将会成为注释性对象，应用注释性，可方便地将不同比例布局的窗口中的注释性对象大小设为一致。若不在布局中打印图样，注释性就无应用意义。

(5)“效果”选项区域

该选项区域包括 5 项，以文字“技术制图标准”为例，看其含义举例如图 2.27 所示。

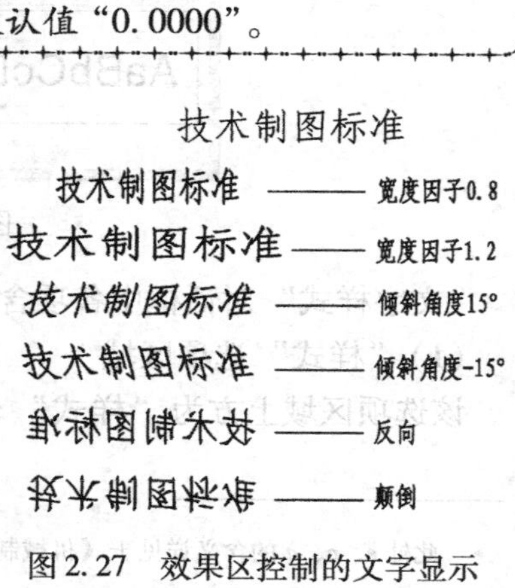

图 2.27 效果区控制的文字显示

①“颠倒”复选框：用于控制文字是否字头反向放置。

②“反向”复选框：用于控制成行文字是否左右反向放置。

③“垂直”复选框：用于控制成行文字是否竖直排列（选择汉字时不可用，仅用于后缀为“.shx”的部分字体）。

④“宽度因子”文本框：用于设置文字的宽度。如果因子值大于1，则文字变宽；如果因子值小于1，则文字变窄。

⑤“倾斜角度”文本框：用于设置文字的倾斜角度。角度设为0°时，文字字头垂直向上；输入正值，字头向右倾斜；输入负值，字头向左倾斜。

3. 创建工程图中两种常用文字样式的操作步骤

（1）创建“工程图中的汉字”文字样式

“工程图中的汉字”文字样式，用于在工程图中注写符合国家技术制图标准规定的汉字（长仿宋体）。其创建过程如下：

① 输入“文字样式”（STYLE）命令，弹出“文字样式”对话框。

② 单击“新建”按钮，弹出“新建文字样式”对话框，输入“工程图中的汉字”文字样式名，单击“确定”按钮，返回“文字样式”对话框。

③ 在“字体”选项区域的“字体名”下拉列表中选择“T仿宋_GB2312”；在“宽度因子”文本框中输入“0.8”（即使所选汉字为长仿宋体），其他使用默认值。

提示：制图标准规定，工程图中的汉字是长仿宋体，而AutoCAD中只有仿宋体，所以应在“宽度因子”文本框中输入0.8（经验值），使其成为标准规定的长仿宋体（字宽为$h/\sqrt{2}$）。

其各项设置如图2.28所示。

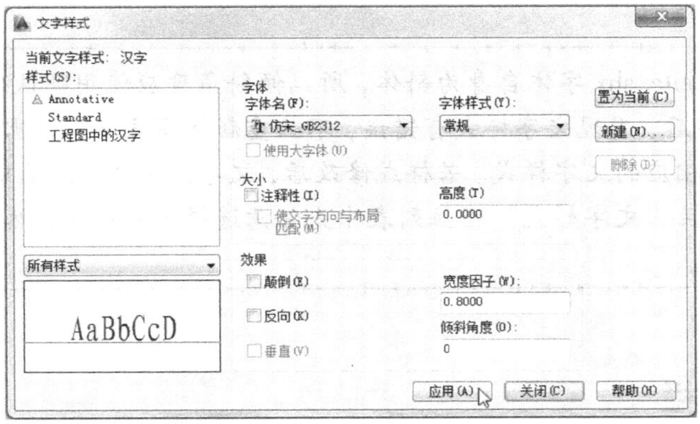

图2.28 创建“工程图中的汉字”文字样式

④ 单击“应用”按钮，完成创建。

⑤ 如不再创建其他样式，单击“关闭”按钮，退出“文字样式”对话框，结束命令。

提示：不要将字体选择成“T@仿宋_GB2312”。

（2）创建“工程图中的数字和字母”文字样式

“工程图中的数字和字母”文字样式，用于在工程图中注写符合国家技术制图标准的数字和字母。其创建过程如下：

① 输入“文字样式”（STYLE）命令，弹出“文字样式”对话框。

② 单击“新建”按钮，弹出“新建文字样式”对话框，输入“工程图中的数字和字母”文字样式名，单击“确定”按钮，返回“文字样式”对话框。

③ 在“字体名”下拉列表中选择“gbeitc. shx”字体，其他使用默认值。

其各项设置如图 2. 29 所示。

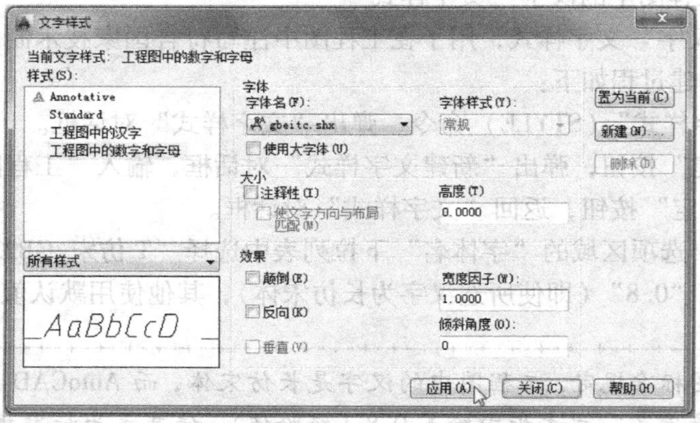

图 2. 29　创建“工程图中的数字和字母”文字样式

④ 单击“应用”按钮，完成创建。

⑤ 单击“关闭”按钮，退出“文字样式”对话框，结束命令。

> 提示：① gbeitc. shx 字体自身为斜体，所以倾斜角度应使用默认值“0°”。
>
> ② 注写文字后，发现文字样式有错误，不必重新注写文字，只需再打开“文字样式”对话框修改相应的文字样式。若样式修改后，文字没变化，应选中要修改的文字，在“格式”工具栏“文字样式”下拉列表中先任意选择一种样式，然后再重新选择原样式即可被修改。

2. 7　填写标题栏

1. 输入命令

填写标题栏中文字，常应用“单行文字”（DTEXT）命令。该命令可用下列方式之一输入：

- 从“文字”工具栏单击：“单行文字”按钮A。
- 从菜单栏选取：“绘图”⇨“文字”⇨“单行文字”。
- 从键盘键入：DT。

2. 命令的相关操作

（1）默认项的操作

命令：(输入命令)
当前文字样式："工程图中的汉字"文字高度：3.00 注释性：否　——该行为信息行
指定文字的起点或[对齐(J)/样式(S)]：(用光标给该行文字的左下角点)
指定高度<2.5>：(给字高)
指定文字的旋转角度<0>：(给文字的旋转角度)
在绘图区光标闪动处：(输入文字)——如要换行，按【Enter】键

输入完第一处文字后，用光标给定另一处文字的起点，将可输入另一处文字。此操作重复进行，即能输入若干处相互独立的同字高、同旋转角、同文字样式的文字，直到按【Enter】键结束输入，再按【Enter】键结束命令，其效果举例如图 2.30 所示。

a)　　b)　　c)

图 2.30　单行文字默认项操作的注写示例

a）工程图中的汉字样式；旋转角为 0°　b）工程图中的数字和字母样式；旋转角为 0°
c）工程图中的数字和字母样式；旋转角为 -30°

提示：在工程图样中注写文字，应首先将所需的文字样式设置为当前文字样式。

（2）提示行"样式(S)"选项

该选项可以选择当前图形中一个已有的文字样式为当前文字样式。操作该命令时，必须注意观察信息行，如显示的当前文字样式不是所希望的，应选择该项重新指定当前文字样式。

（3）提示行"对齐(J)"选项

在提示行"指定文字的起点或[对齐(J)/样式(S)]："输入J↙——可从右键菜单中选取，将出现下列提示：

[对齐(A)/布满(F)/居中(C)/中间(M)/右对齐(R)/左上(TL)/中上(TC)/右上(TR)/左中(ML)/正中(MC)/右中(MR)/左下(BL)/中下(BC)/右下(BR)]：(选项)

该提示行提供了 14 种对齐模式（即文字的定位点），可从中选择一种，其效果举例如图 2.31 所示（图中"×"代表所给的定位点）。

①"对齐(A)"对正模式：指定基线两端点为文字的定位点（基线是指中文文字底线及英文大写字母底线），AutoCAD 按所输入文字的多少自动计算文字的高度与宽度，使文字恰好充满所指定的两点之间。

②"布满(F)"对正模式：指定基线两端点为文字的定位点，并指定字高，AutoCAD 将使用当前的字高，只调整字宽，将文字布满指定的两个点之间。

③"居中(C)"对正模式：指定文字基线的中点为文字的定位点，然后指定字高和旋转角度注写文字。

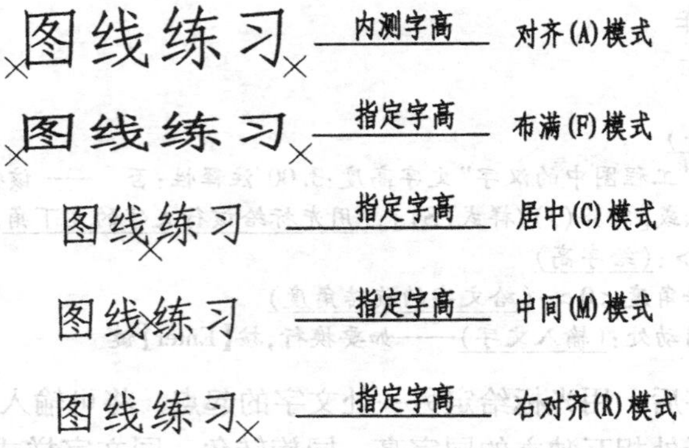

图 2.31　单行文字的对正模式

④“中间(M)”对正模式：指定以文字水平和垂直方向的中心点为文字的定位点，然后指定字高和旋转角度注写文字。

⑤“右对齐(R)”对正模式：指定文字的右下角点（即注写文字的结束点）为文字的定位点，然后指定字高和旋转角度注写文字。

其他对齐模式与类似，都是指定一点为文字的定位点，然后指定文字的字高和旋转角度来注写文字。

说明：当要注写中文文字时，应先设“工程图中的汉字”文字样式为当前文字样式，输入文字时，激活一种汉字输入法即可在图中注写中文文字。

> 提示：① 注写标题栏中的文字时，用“中间(M)”对正模式定位比较方便。
> ② 双击文字，可显示文本框修以改文字的内容。

上机练习与指导

练习 1：进行绘图环境的 7 项基本设置，图幅为 A4（210,297）。

练习 1 指导：

首先 用“新建”图标按钮□新建一张图，再用“保存”图标按钮以“环境设置练习”为图名保存，然后进行绘图环境的如下设置（扫二维码 2.1 和码 2.2 看视频）：

码 2.1　修改系统配置和设置辅助绘图工具　　码 2.2　装线型、设线型比例和创建图层

(1) 用“选项”对话框修改 4 项默认的系统配置。

① 选择“显示”选项卡，设置绘图区背景色为白色。

② 选择“打开和保存”选项卡，设置图形文件在 AutoCAD 2004 以上的版本中可以打开。

③ 选择“用户系统配置”选项卡，设置线宽随图层、滑块至左侧一格，按实际线宽显示。

选择“用户系统配置”选项卡，设置右键单击“默认模式”为“重复上一个命令”。

(2) 设置状态栏上辅助绘图工具模式。

先将状态栏换为文字显示方式，再打开状态栏上“极轴”、“对象捕捉”、“对象追踪”、“线宽”4 项模式，其他模式全部关闭。

(3) 选择“线型”命令，弹出“线型管理器”对话框，装入线型、设定线型比例。

装入点画线（ACAD_ISO04W100）、虚线（ACAD_ISO02W100）、双点画线（ACAD_ISO05W100）；设线型的“全局比例因子”值为“0.35”。

(4) 用“图层”命令新建以下 8 个图层，并按要求设置颜色、线型和线宽。

粗实线	红色	实线（CONTINUOUS）	0.5 mm
虚线	蓝色	虚线（ACAD_ISO02W100）	0.25 mm（或 0.2）
点画线	洋红	点画线（ACAD_ISO04W100）	0.25 mm（或 0.2）
双画线	白色（或黑色）	双画线（ACAD_ISO05W100）	0.25 mm（或 0.2）
细实线	白色（或黑色）	实线（CONTINUOUS）	0.25 mm（或 0.2）
剖面线	白色（或黑色）	实线（CONTINUOUS）	0.25 mm（或 0.2）
尺寸	白色（或黑色）	实线（CONTINUOUS）	0.25 mm（或 0.2）
文字	白色（或黑色）	实线（CONTINUOUS）	0.25 mm（或 0.2）

(5) 绘制图 2.32 所示图幅、图框和标题栏。

图 2.32 所示是国家技术制图标准规定的非装订格式的 A4 图幅（210,297），图幅与图框间的距离“*e*”值为 10 mm，图幅线为细实线，图框线为粗实线。

标题栏为学生练习标题栏，尺寸如图 2.33 所示。标题栏内格均是细实线，外廓为粗实线。

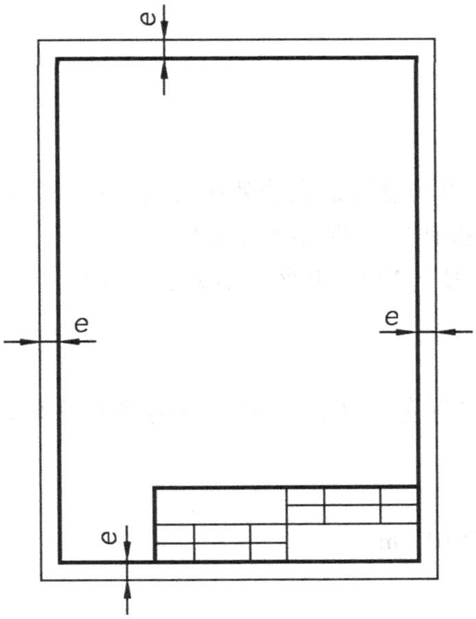

图 2.32 画图幅、图框和标题栏

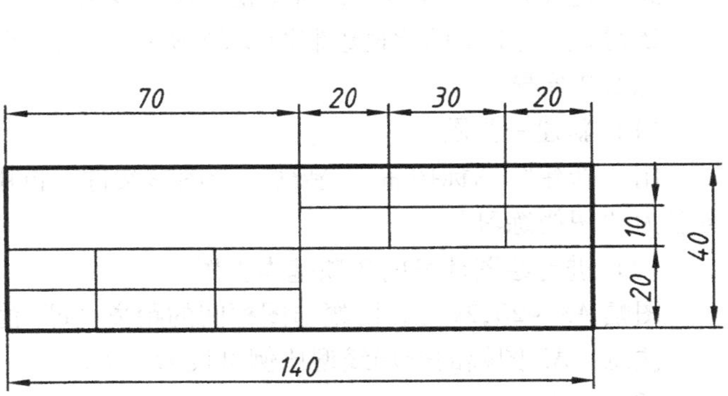

图 2.33 学生练习标题栏的尺寸

实际工程绘图中是综合应用“直线”、“矩形”、“偏移”等多个命令来绘制图幅、图框和标题栏（扫二维码2.3看视频）。

码2.3　画图幅、图框和标题栏

（6）按2.6节所述创建“工程图中的数字和字母”和“工程图中的汉字”两种文字样式（扫二维码2.4看视频）。

（7）用“单行文字”命令，选择“中间(M)”对齐模式定位，填写标题栏中的文字。标题栏文字内容如图2.34所示。填写前，应用“缩放”命令将标题栏部分放大显示（扫二维码2.5看视频）。

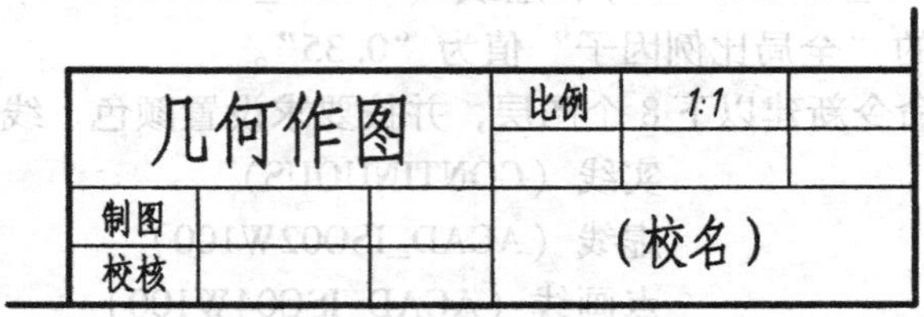

图2.34　填写标题栏

码2.4　创建文字样式　　码2.5　填写标题栏

要求：

图名：“几何作图”——10号字

校名：“××职业技术学院”——7号字

制图：（绘图者姓名）——5号字

校核：（校核者姓名）——5号字

比例：(1:1)——5号字

同字高的各行文字可在一次命令中注写。

注意：绘图过程中应经常单击“保存”图标按钮以防意外退出或死机丢失图形文件。

绘图完成后，全屏显示；再单击一次“保存”图标按钮，保存图形文件。

练习2：用1:1的比例绘制图2.35所示的“图线练习”A3大作业（不标注尺寸）。

练习2指导：

（1）新建一张图。

用“新建”图标按钮新建一个图形文件，再用“保存”图标按钮保存图形文件，图名为“图线练习”。

（2）进行绘图环境的7项基本设置。

图幅A3(420,297)，图幅与图框间的距离“*e*”值为10 mm。

注意：A3图幅的全局线型比例可设为“0.36”。

（3）画粗实线。

设粗实线图层为当前图层；用“直线”图标按钮，用直接距离方式给尺寸画粗实线。

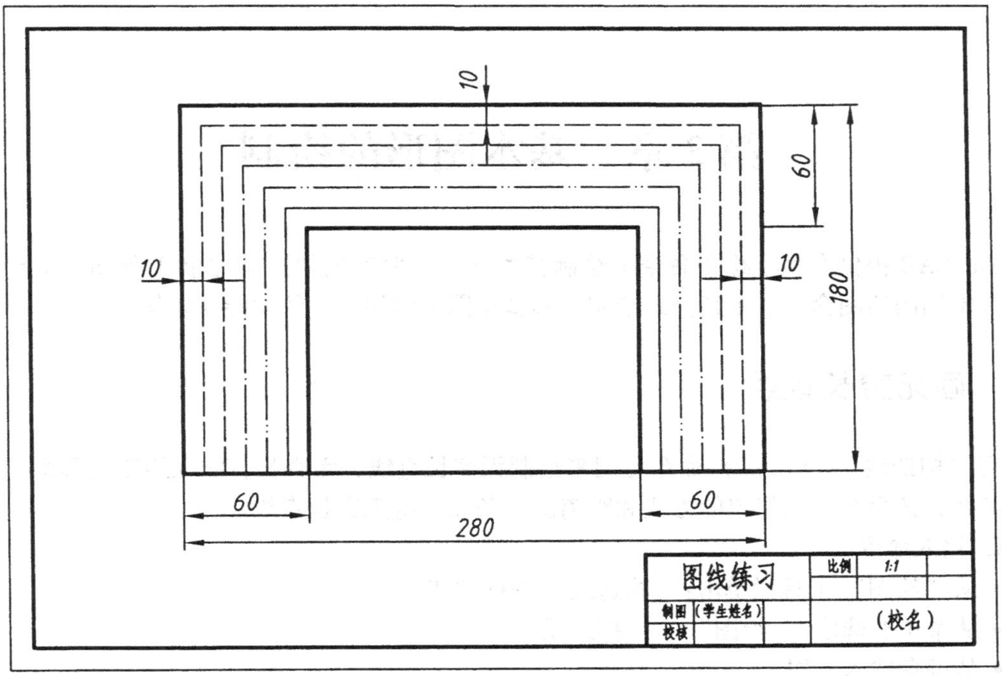

图 2.35　图线练习

（4）画其他图线。

设虚线图层为当前图层；用“直线”图标按钮，画辅助线定位绘制虚线。

设点画线图层为当前图层；用“直线”图标按钮，绘制点画线。

设双点画线图层为当前图层；用“直线”图标按钮，绘制双点画线。

设细实线图层为当前图层；用“直线”图标按钮，绘制细实线。

注意：绘图过程应经常根据需要，使用“缩放”（ZOOM）命令将图按所需方式显示。

（5）全屏显示，保存图形。

注意：绘图过程中应经常保存。

第3章　基本图形的绘制

AutoCAD 提供有多个绘图命令来绘制基本图形，要准确快速地绘制工程图，就要熟练地掌握常用的绘图命令。本章介绍绘制工程基本图形常用命令的功能与操作。

3.1　画无穷长直线

用“构造线”（XLINE）命令可用来绘制无穷长直线，无穷长直线在绘制工程图中常作为图架线，该命令可按指定的方式和距离画一条或一组无穷长直线。

1. 输入命令

- 从“绘图”工具栏单击：“构造线”图标按钮。
- 从菜单栏选取：“绘图”⇨“构造线”。
- 从键盘输入：XL。

2. 命令的相关操作

（1）指定两点画线（默认项）

该命令可画一条或一组穿过起点和各通过点的无穷长直线。其操作如下：

命令：(输入命令)
指定点或[水平(H)/垂直(V)/角度(A)/二等分(B)/偏移(O)]：(给起点)
指定通过点：(给通过点画出一条线)
指定通过点：(给通过点再画一条线或按【Enter】键结束该命令)
命令：

（2）画水平线

“水平(H)”选项用以画一条或一组穿过指定点并平行于 *X* 轴的无穷长直线。其操作如下：

命令：(输入命令)
指定点或[水平(H)/垂直(V)/角度(A)/二等分(B)/偏移(O)]：H↙(可单击命令提示行方括号中的“水平(H)”选项)
指定通过点：(给通过点画出一条水平线)
指定通过点：(给通过点再画一条水平线或按【Enter】键结束该命令)
命令：

（3）画垂直线

“垂直(V)”选项用以画一条或一组穿过指定点并平行于 *Y* 轴的无穷长直线。其操作如下：

命令：(输入命令)
指定点或[水平(H)/垂直(V)/角度(A)/二等分(B)/偏移(O)]：V↙(可单击命令提示行方括号中的“垂直(V)”选项)
指定通过点：(给通过点画出一条铅垂线)

指定通过点：(给通过点再画一条铅垂线或按【Enter】键结束该命令)
命令：

(4) 指定角度画线

"角度(A)"选项用以画一条或一组指定角度的无穷长直线。其操作如下：

命令：(输入命令)
指定点或[水平(H)/垂直(V)/角度(A)/二等分(B)/偏移(O)]：A↙(可单击命令提示行方括号中的"角度(A)"选项)
输入构造线的角度(0)或[参照(R)]：(输入所绘线的倾斜角度)
指定通过点：(给通过点画出一条指定角度的斜线)
指定通过点：(给通过点再画一条指定角度的斜线或按【Enter】键结束该命令)
命令：

说明：若在"输入构造线的角度(0)或[参照(R)]："提示行中选"参照(R)"选项，可方便地绘制任意直线的垂线或其他夹角的直线。出现提示行：

选择直线对象：(选择一条任意角度的直线)
输入构造线的角度<0>：90↙(也可输入其他所需的角度)
指定通过点：(给通过点画出一条与所选直线垂直(或其他夹角)的无穷长直线)
指定通过点：(给通过点再画一条或按【Enter】键结束该命令)
命令：

(5) 指定三点画角平分线

"二等分(B)"选项用以通过给三点画一条或一组无穷长直线，该直线穿过第"1"点并平分由第"1"点为顶点，与第"2"点和第"3"点组成的夹角，如图3.1所示。

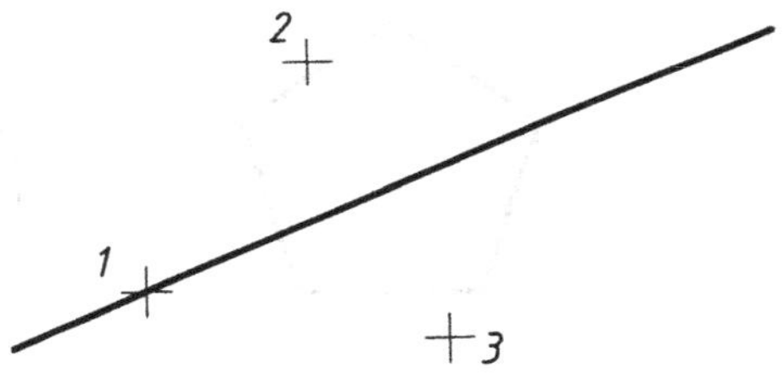

图3.1 "二等分"选项画无穷长直线示例

其操作如下：

命令：(输入命令)
指定点或[水平(H)/垂直(V)/角度(A)/二等分(B)/偏移(O)]：B↙(可单击命令提示行方括号中"二等分(B)"选项)
指定角的顶点：(给第"1"点)
指定角的起点：(给第"2"点)
指定角的端点：(给第"3"点)
指定角的端点：(给点再画一条与1和2点组成的角平分线或按【Enter】键结束该命令)
命令：

(6) 画所选直线的平行线

"偏移(O)"选项用以选择一条任意方向的直线来画一条或一组与所选直线平行的无穷长直线。其操作如下：

命令：(输入命令)
指定点或[水平(H)/垂直(V)/角度(A)/二等分(B)/偏移(O)]：O↙(可单击命令提示行方括号中"偏移(O)"选项)
指定偏移距离或[通过(T)]<20>：(给偏移距离)
选择直线对象：(选择一条无穷长直线或直线)

指定向哪侧偏移：(在要画线的一侧用光标给任意一点，在该侧画出一条与所选直线为指定距离的平行线)

选择直线对象：(可同上操作再画一条线，也可按【Enter】键结束该命令)

命令：

说明：

① 若在“指定偏移距离或[通过(T)]<20>:”提示行选“T”选项后，出现提示行：

选择直线对象：(选择一条无穷长直线或直线)

指定通过点：(给通过点)

选择直线对象：(可同上操作再画一条线，也可按【Enter】键结束该命令)

命令：

② 单击“绘图”工具栏中的“添加选定对象”图标按钮，可启动所选对象应用的绘图命令（选择矩形和多边形 AutoCAD 启动的是“多段线”命令）。

3.2 画正多边形

用“正多边形”（POLYGON）命令可用来按指定方式画 3～1024 边的正多边形。AutoCAD 提供了 3 种画正多边形的方式，即边长方式（E）、内接于圆方式（I）和外切于圆方式（C），如图 3.2 所示。

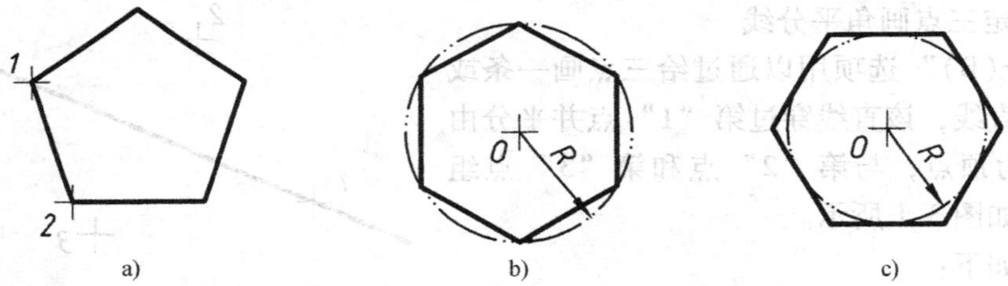

图 3.2 用“正多边形”命令（3 种）画正多边形的方式

a）边长方式 b）内接于圆方式 c）外切于圆方式

1. 输入命令

- 从“绘图”工具栏单击：“多边形”图标按钮。
- 从菜单栏选取：“绘图”⇨“多边形”。
- 从键盘键入：POL 。

2. 命令的相关操作

（1）边长方式

命令：(输入命令)

输入侧面数 <4>:5↙ ——给边数

指定正多边形的中心点或[边(E)]:E↙(可单击命令提示行方括号中“边(E)”选项)

指定边的第一个端点：(给边上第“1”端点)

指定边的第二个端点：(给边上第“2”端点)

命令：

效果如图 3.2（a）所示。

（2）内接于圆方式

命令：(输入命令)
输入侧面数 <5>：6↙——给边数
指定正多边形的中心点或[边(E)]：(给多边形中心点"O")
输入选项[内接于圆(I)/外切于圆(C)] <I>：↙——即选默认的"内接于圆(I)"选项
指定圆的半径：(给圆半径值)
命令：

效果如图 3.2（b）所示。

（3）外切于圆方式

命令：(输入命令)
输入侧面数 <3>：6↙——给边数
指定正多边形的中心点或[边(E)]：(给多边形中心点"O")
输入选项[内接于圆(I)/外切于圆(C)] <I>：C↙(可单击命令提示行方括号中"外切于圆(C)"选项)
指定圆的半径：(给圆半径值)
命令：

效果如图 3.2（c）所示。

说明：

① 用"I"和"C"方式画多边形时并不画出圆，当提示"指定圆的半径"时，只有用光标拖动指定，才能够控制多边形的方向。

② 用边长方式画正多边形时，按逆时针方向画出。

3.3 画矩形

用"矩形"（RECTANG）命令可用以画矩形，还可以画四角是斜角或者是圆角的矩形。

1. 输入命令

- 从"绘图"工具栏单击："矩形"图标按钮 。
- 从菜单栏选取："绘图" ⇨ "矩形"。
- 从键盘键入：REC 。

2. 命令的相关操作

（1）画常用的矩形

AutoCAD 提供了 3 种给定矩形尺寸的方式：给两对角点（默认方式）、给长度和宽度尺寸、给面积和一个边长。无论按哪种方式给尺寸，AutoCAD 都将按当前线宽绘制一个矩形。其操作如下：

命令：(输入命令)
指定第一个角点或[倒角(C)/标高(E)/圆角(F)/厚度(T)/宽度(W)]：(给第"1"点)
指定另一个角点[面积(A)/尺寸(D)/旋转(R)]：(给第"2"点或按其他给尺寸方式画矩形)
命令：

说明：

① 若在"指定另一个角点或[面积(A)/尺寸(D)/旋转(R)]："提示行直接给第 2 点，

AutoCAD 将按所给两对角点及当前线宽绘制一个矩形，如图 3. 3a 所示。

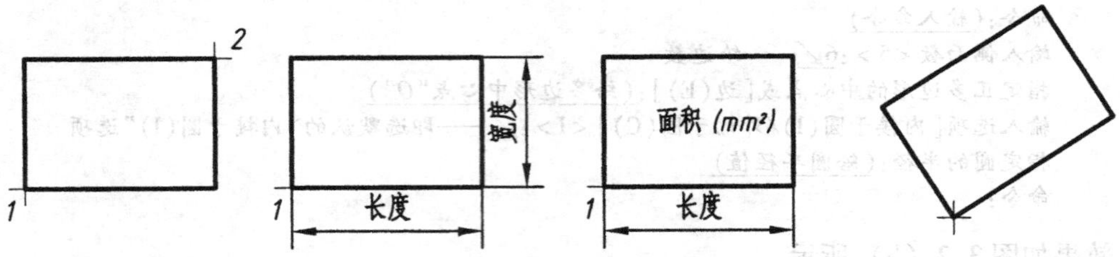

图 3. 3　画常用矩形的示例

a) 默认方式　b) 尺寸方式　c) 面积方式　d) “旋转” 的矩形

② 若在 “指定另一个角点或[面积(A)/尺寸(D)/旋转(R)]:” 提示行选择 “D” 选项，AutoCAD 将依次要求输入矩形的长度和宽度，按提示操作，将按所给尺寸绘制一个矩形，如图 3. 3b 所示。

③ 若在 “指定另一个角点或[面积(A)/尺寸(D)/旋转(R)]:” 提示行选择 “A” 选项，AutoCAD 将依次要求输入矩形的面积和一个边的尺寸，按提示操作，将按所给尺寸绘制一个矩形，如图 3. 3c 所示。

④ 若在 “指定另一个角点或[面积(A)/尺寸(D)/旋转(R)]:” 提示行选择 “R” 选项，AutoCAD 将依次要求输入矩形的旋转角度和矩形尺寸，按提示操作，将按所指定的倾斜角度和矩形尺寸绘制一个倾斜的矩形，如图 3. 3d 所示。

(2) 画有斜角的矩形

该方式将按指定的倒角距离，画出一个四角有相同斜角的矩形，如图 3. 4 所示。

其操作如下：

命令：(输入命令)
指定第一个角点或[倒角(C)/标高(E)/圆角(F)/厚度(T)/宽度(W)]：C↙(可单击命令提示行方括号中“倒角(C)”选项)
指定矩形的第一个倒角距离 <0.00>：(给第一倒角距离)
指定矩形的第二个倒角距离 <0.00>：(给第二倒角距离)
指定第一个角点或[倒角(C)/标高(E)/圆角(F)/厚度(T)/宽度(W)]：(给矩形第“1”对角点)
指定另一个角点[面积(A)/尺寸(D)/旋转(R)]：(给矩形第“2”对角点或按其他给尺寸方式画矩形)
命令：

(3) 画有圆角的矩形

该方式将按指定的圆角半径，画出一个四角有相同圆角的矩形，如图 3. 5 所示。

图 3. 4　画有斜角的矩形示例

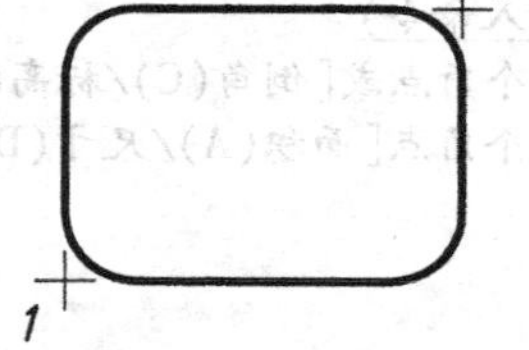

图 3. 5　画有圆角的矩形示例

其操作如下：

命令：(输入命令)
指定第一个角点或[倒角(C)/标高(E)/圆角(F)/厚度(T)/宽度(W)]：F↙(可单击命令提示行方括号中"圆角(F)"选项)
指定矩形的圆角半径 <0.00>：(给圆角半径)
指定第一个角点或[倒角(C)/标高(E)/圆角(F)/厚度(T)/宽度(W)]：(给矩形第"1"对角点)
指定另一个角点[面积(A)/尺寸(D)/旋转(R)]：(给矩形第"2"对角点或按其他给尺寸方式画矩形)
命令：

说明：

① 若在"指定第一个角点或[倒角(C)/标高(E)/圆角(F)/厚度(T)/宽度(W)]："提示行选择"宽度(W)"选项，AutoCAD将可重新指定线宽画出一个矩形，当前线宽为0时，矩形的线宽随图层。该提示行中的"标高(E)"项用于设置三维矩形离地平面的高度，"厚度(T)"项用于设置矩形的三维厚度。

② 在操作该命令时所设选项内容将作为当前设置，即下一次使用该命令时AutoCAD将按上次所用的选项内容提示，直至重新设置。

3.4 画圆

用"圆"（CIRCLE）命令表示可按指定的方式画圆，AutoCAD提供了5种画圆方式：

① 指定圆心、半径(R)方式画圆——默认画圆方式；

② 指定圆心、直径(D)方式画圆；

③ 指定圆上两点(2)方式画圆；

④ 指定圆上三点(3)方式画圆；

⑤ 选两个相切目标并给半径(T)画公切圆。

说明：在菜单中多一种"选三个相切目标(A)画公切圆"方式。

1. 输入命令

- 从"绘图"工具栏单击："圆"图标按钮 ⊙。
- 从菜单栏选取："绘图" ⇨ "圆" ⇨从子菜单中选一种画圆方式。
- 从键盘键入：C 。

2. 命令的相关操作

（1）指定圆心、半径方式画圆（默认项）

命令：(从工具栏输入命令)
指定圆的圆心或[三点(3P)/两点(2P)/切点、切点、半径(T)]：(给圆心)
指定圆的半径或[直径(D)] <30>：(给半径值或拖动)
命令：

（2）指定圆上三点方式画圆

命令：(从工具栏输入命令，然后单击命令提示行方括号中"三点"选项)
指定圆上的第一点：(给第"1"点)
指定圆上的第二点：(给第"2"点)

指定圆上的第三点：(给第"3"点)
命令：

其效果如图 3.6 所示。

(3) 指定圆上两点方式画圆

命令：(从工具栏输入命令，然后单击命令提示行方括号中"两点"选项)
指定圆直径的第一端点：(给第"1"点)
指定圆直径的第二端点：(给第"2"点)
命令：

(4) 指定圆心、直径方式画圆

命令：(从工具栏输入命令)
指定圆的圆心或[三点(3P)/两点(2P)/切点、切点、半径(T)]：(给圆心；然后单击命令提示行方括号中"直径"选项)
指定圆的直径 <85>：(给直径值并按【Enter】键)
命令：

(5) 选两个相切目标并给出半径画公切圆——切点、切点、半径方式画圆

命令：(从工具栏输入命令，然后单击命令提示行方括号中"切点、切点、半径(T)"选项)
指定对象与圆的第一个切点：(选择第一个相切对象)
指定对象与圆的第二个切点：(选择第二个相切对象)
指定圆的半径 <100>：(给公切圆半径并按【Enter】键)
命令：

其效果如图 3.7 所示。

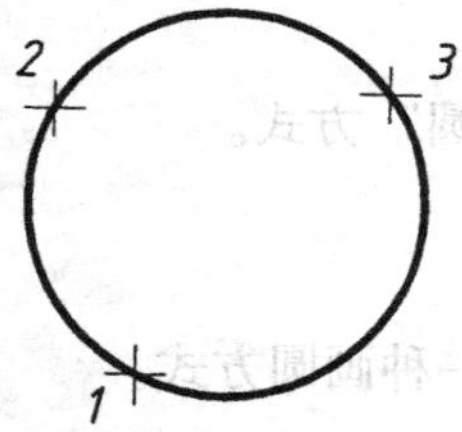

图 3.6 用"三点"方式画圆

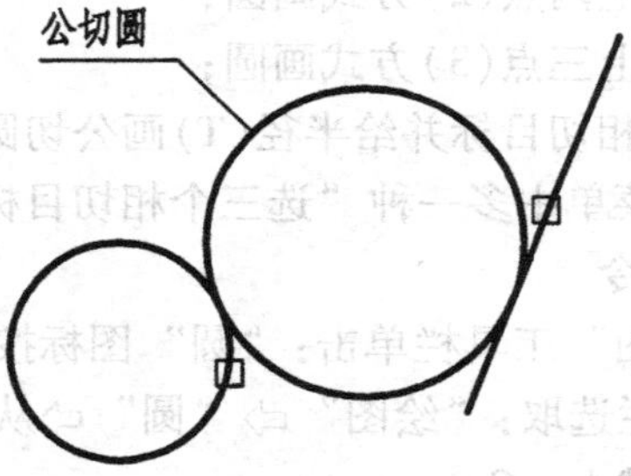

图 3.7 用"切点、切点、半径"方式画圆

说明：

① 用"切点、切点、半径"方式画公切圆，选择相切目标时，选目标的小方框要落在圆或直线上并靠近切点，切圆半径应大于两切点距离的 1/2。

② 菜单中还有一种"选三个相切目标(A)画公切圆"方式，即"相切、相切、相切"三切点绘制圆方式，用这种方式可绘制出与 3 个对象相切的圆。

3.5 画圆弧

用"圆弧"（ARC）命令表示可按指定方式画圆弧。AutoCAD 提供了 11 个选项来画

圆弧。

①“三点(P)”、②“起点、圆心、端点(S)”、③“起点、圆心、角度(T)”、④“起点、圆心、长度(A)”、⑤“起点、端点、角度(N)”、⑥“起点、端点、方向(D)”、⑦“起点、端点、半径(R)”、⑧“圆心、起点、端点(C)”、⑨“圆心、起点、角度(E)”、⑩“圆心、起点、长度(L)”、⑪ 继续(O)。

上述选项，⑧、⑨、⑩与②、③、④中的条件相同，只是操作命令时提示顺序不同，因此，AutoCAD 实际提供的是 8 种画圆弧的方式。

1. 输入命令

- 从“绘图”工具栏单击：“圆弧”图标按钮⌒。
- 从菜单栏选取：“绘图” ⇨ “圆弧”。
- 从键盘键入：A 。

2. 命令的相关操作

(1)“三点”方式（默认项）

```
命令:(从工具栏输入命令)
圆弧创建方向:逆时针——按住 Ctrl 键可切换方向,此为信息行
指定圆弧的起点或[圆心(C)]:(给第“1”点)
指定圆弧的第二点或[圆心(C)/端点(E)]:(给第“2”点)
指定圆弧的端点:(给第“3”点)
命令:
```

其效果如图 3.8 所示。

用其他方式画圆弧，可按提示单击命令提示行方括号中所需的选项。

若从菜单输入命令，选取子菜单中画圆弧方式后，AutoCAD 将按所选取的方式依次提示，给足三个条件即可绘制出一段圆弧。下面以从下拉菜单输入命令画圆弧的方法来介绍。

(2)“起点、圆心、端点”方式

```
命令:(从下拉菜单选取:“绘图”⇨“圆弧”⇨“起点、圆心、端点”)
圆弧创建方向:逆时针——按住 Ctrl 键可切换方向,此为信息行
指定圆弧的起点或[圆心(C)]:(给起点“S”)
指定圆弧的第二个点或[圆心(C)/端点(E)]:_c 指定圆弧的圆心:(给圆心“O”)
指定圆弧的端点或[角度(A)/弦长(L)]:(给终点“E”)
命令:
```

所画圆弧以“*S*”点为圆弧起点，“*O*”点为圆心，逆时针画弧，圆弧的终点落在圆心及终点“*E*”的连线上，其效果如图 3.9 所示。

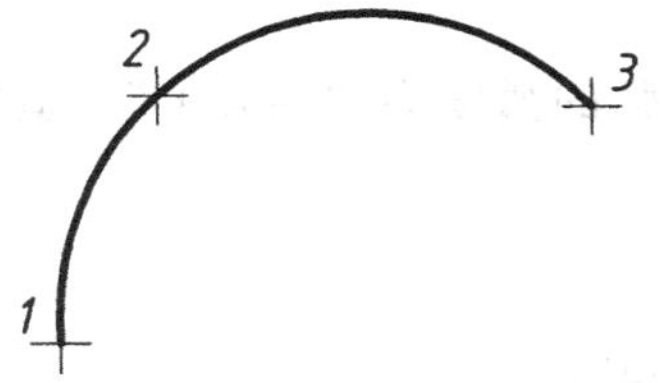

图 3.8　用“三点”方式画圆弧示例

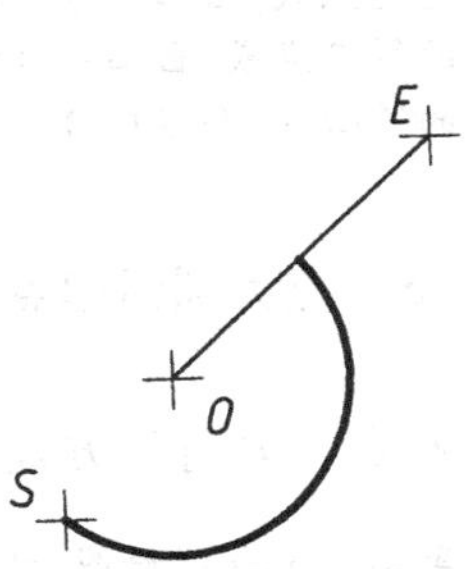

图 3.9　用“起点、圆心、端点”方式画圆弧示例

(3)“起点、圆心、角度”方式

命令:(从菜单栏选取:“绘图”⇨“圆弧”⇨“起点、圆心、角度”)
圆弧创建方向:逆时针——按住 Ctrl 键可切换方向,此为信息行
指定圆弧的起点或[圆心(C)]:(给起点“S”)
指定圆弧的第二个点或[圆心(C)/端点(E)]:_c 指定圆弧的圆心:(给圆心“O”)
指定圆弧的端点或[角度(A)/弦长(L)]:_a 指定包含角:180↙ ——给角度
命令:

所画圆弧以“S”点为起点,“O”点为圆心(OS 为半径),按所给弧度为“180°”的大小画圆弧。角度为负,从起点开始顺时针绘制圆弧;角度为正,从起点逆时针画圆弧,其效果如图 3.10 所示。

(4)“起点、圆心、长度”方式

命令:(从菜单栏选取:绘图⇨圆弧⇨起点、圆心、长度)
圆弧创建方向:逆时针——按住 Ctrl 键可切换方向,此为信息行)
指定圆弧的起点或[圆心(C)]:(给起点“S”)
指定圆弧的第二点或[圆心(C)/端点(E)]:_c 指定圆弧的圆心:(给圆心“O”)
指定圆弧的端点或[角度(A)/弦长(L)]:_l 指定弦长:100↙——给弦长
命令:

用这种方式画圆弧,都是从起点开始逆时针方向画圆弧。弦长为正值,画小于半圆的圆弧,效果如图 3.11a 所示(图中弦长为“100”);弦长为负值,画大于半圆的圆弧,其效果如图 3.11b 所示(图中弦长为“-100”)。

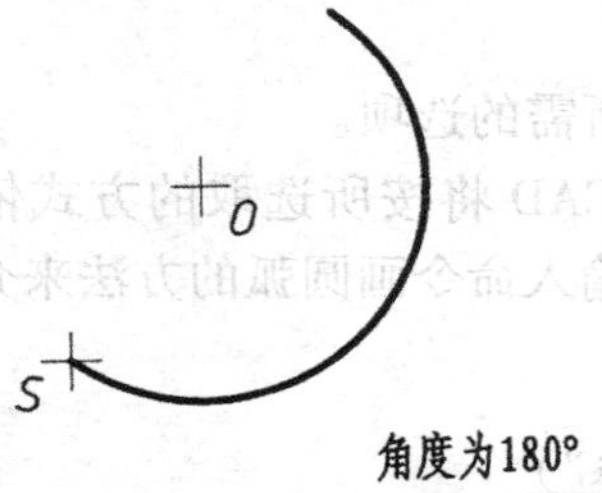

图 3.10 用“起点、圆心、角度”方式画圆弧示例

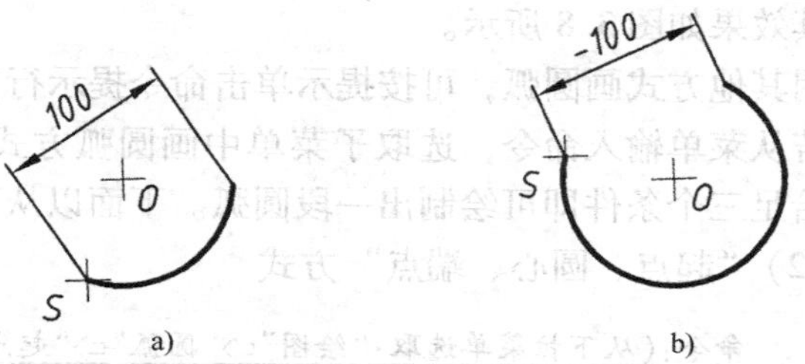

图 3.11 用“起点、圆心、长度”方式画圆弧示例
a)弦长为正值画小半圆弧 b)弦长为负值画大半圆弧

(5)“起点、端点、角度”方式

命令:(从菜单栏选取:“绘图”⇨“弧”⇨“起点、端点、角度”)
圆弧创建方向:逆时针——按住 Ctrl 键可切换方向,此为信息行)
指定圆弧的起点或[圆心(C)]:(给起点“S”)
指定圆弧的第二点或[圆心(C)/端点(E)]:_e 指定圆弧的端点:(给终点 E)
指定圆弧的圆心或[角度(A)/方向(D)/半径(R)]:_a 指定包含角:-120↙——给角度
命令:

所画圆弧以“S”点为圆弧起点,“E”点为终点,圆弧的弧度为“-120°”,其效果如图 3.12 所示。

(6)“起点、端点、方向”方式

命令:(从菜单栏选取:“绘图”⇨“圆弧”⇨“起点、端点、方向”)
圆弧创建方向:逆时针——按住 Ctrl 键可切换方向,此为信息行

指定圆弧的起点或[圆心(C)]:(给起点“S”)
指定圆弧的第二个点或[圆心(C)/端点(E)]:_e 指定圆弧的端点:(给终点“E”)
指定圆弧的圆心或[角度(A)/方向(D)/半径(R)]:_d 指定圆弧的起点切向:(给方向点)
命令:

所画圆弧以“S”点为圆弧起点，“E”点为终点，所给方向点与弧起点的连线是该圆弧的开始方向，其效果如图 3.13 所示。

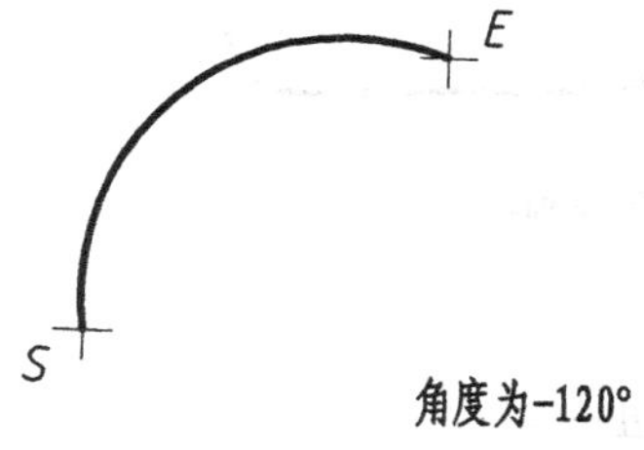

图 3.12　用“起点、端点、角度”方式画圆弧示例

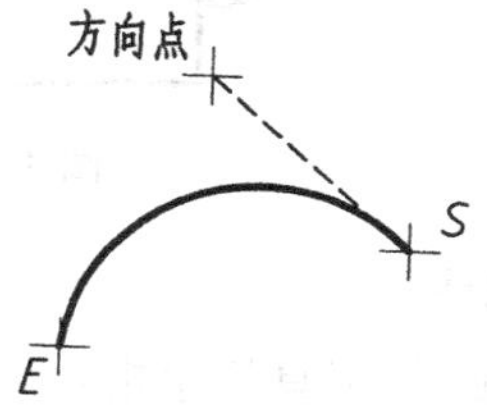

图 3.13　用“起点、端点、方向”方式画圆弧示例

(7)“起点、端点、半径”方式

命令:(从菜单栏选取:“绘图”⇨“圆弧”⇨“起点、端点、半径”)
圆弧创建方向:逆时针——按住 Ctrl 键可切换方向,此为信息行)
指定圆弧的起点或[圆心(C)]:(给起点“S”)
指定圆弧的第二个点或[圆心(C)/端点(E)]:_e 指定圆弧的端点:(给终点“E”)
指定圆弧的圆心或[角度(A)/方向(D)/半径(R)]:_r 指定圆弧的半径:80↙——给半径
命令:

所画圆弧以“S”点为圆弧起点，“E”点为终点，“80”为半径，其效果如图 3.14 所示。

(8) 用“继续”方式画圆弧

如图 3.15 所示，这种方式用最后一次画的圆弧或直线（如图中虚线）的终点为起点，再按提示给出圆弧的终点，所画圆弧将与上段线相切。

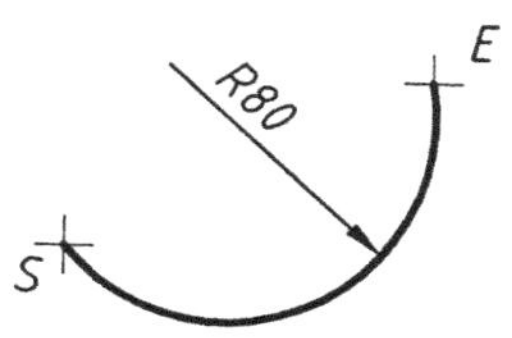

图 3.14　用“起点、端点、半径”方式画圆弧示例

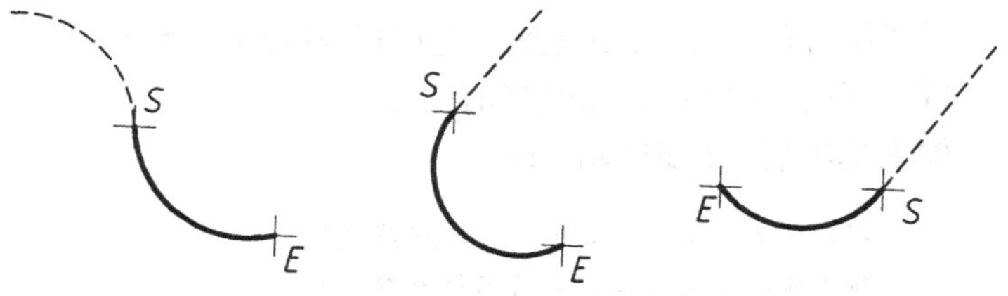

图 3.15　用“继续”方式画圆弧示例

3.6　画多段线

“多段线”（PLINE）命令用以画等宽或不等宽的有宽线，该命令不仅可以画直线，还可以画圆弧，画直线与圆弧、圆弧与圆弧的组合线，如图 3.16 所示。在执行同一次“多段

线”命令中所画各线段是一个对象。

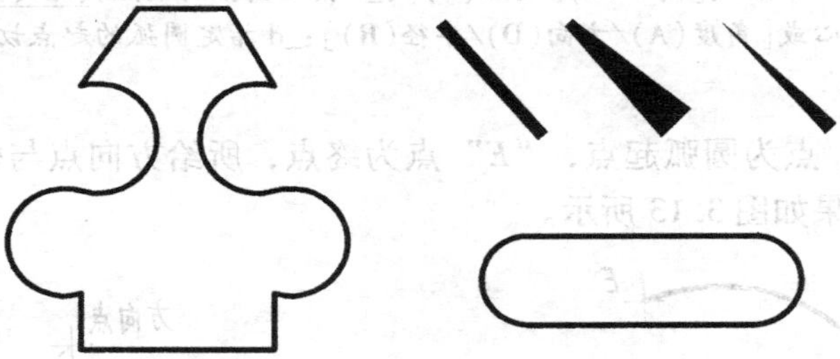

图 3.16　用“多段线”命令画线示例

1. 输入命令

- 从“绘图”工具栏单击：“多段线”图标按钮。
- 从菜单栏选取：“绘图”⇨“多段线”。
- 从键盘键入：PL。

2. 命令的相关操作

命令:(输入命令)
指定起点:(给起点)
当前线宽为 0.00　　——信息行
指定下一点或[圆弧(A)/半宽(H)/长度(L)/放弃(U)/宽度(W)]:(给点或单击直线方式提示行选项)
指定下一点或[圆弧(A)/闭合(C)/半宽(H)/长度(L)/放弃(U)/宽度(W)]:(给点或单击直线方式提示行选项)

注：“上行”称为直线方式提示行。

(1) 直线方式提示行中各选项含义

①“指定下一点”：是默认项。所给点是直线的另一端点，给点后仍出现直线方式提示行，可继续给点画直线或按【Enter】键结束命令（与“直线”命令操作类同，并按当前线宽画直线）。

②“闭合(C)”：可使终点与起点相连并结束命令。

③“宽度(W)”：可改变当前线宽。

输入选项后，出现提示行：

指定起点线宽 <0.00>:(给起始线宽)
指定端点线宽 <1.00>:(给终点线宽)

给线宽后仍出现直线方式提示行。

如起始线宽与终点线宽相同，画等宽线；如起始线宽与终点线宽不同，所画第一条线为不等宽线，后续线段将按终点线宽画等宽线。

④“半宽(H)”：按线宽的一半指定当前线宽（同“W”操作）。

⑤“长度(L)”：可输入一个长度值，按指定长度延长上一条直线。

⑥“放弃(U)”：在命令中擦去最后画出的那条线。

⑦“圆弧(A)”：使 PLINE 命令转入画圆弧方式。

选“圆弧(A)”项后，出现圆弧方式提示行：

[角度(A)/圆心(CE)/闭合(CL)/方向(D)/半宽(H)/直线(L)/半径(R)/第二点(S)/放弃(U)/宽度(W)]：(给点或选项)

(2) 圆弧方式提示行中各选项含义

直接给点表示所给点是圆弧的终点，其相当于 ARC 命令中“连续”选项。

①“角度(A)”：可输入所画圆弧的包含角。

②“圆心(CE)”：可指定所画圆弧的圆心。

③“方向(D)”：可指定所画圆弧起点的切线方向。

④“半径(R)”：可指定所画圆弧的半径。

⑤“第二点(S)”：可指定按“三点”方式画弧的第 2 点。

⑥“直线(L)”：返回画直线方式，出现直线方式提示行。

其他“闭合(CL)”“半宽(H)”“宽度(W)”“放弃(U)”选项与直线方式中的同类选项相同。

说明：用“多段线”命令画圆弧与“圆弧”命令画圆弧思路相同，可根据需要从提示中逐一选项，给足 3 个条件（包括起始点）即可画出一段圆弧。

3.7 画椭圆

用“椭圆”（ELLIPSE）命令可按指定方式画椭圆并可取其一部分。AutoCAD 提供了 3 种画椭圆的方式，即“轴端点”方式、“椭圆心”方式和“旋转角”方式。

1. 输入命令

- 从“绘图”工具栏单击：“椭圆”图标按钮 。
- 从菜单栏选取：“绘图” ⇨ “椭圆”。
- 从键盘键入：ELLIPSE 。

2. 命令的相关操作

(1)“轴端点”方式（默认项）

该方式用指定椭圆与轴的 3 个交点（即轴端点）画一个椭圆。其操作如下：

命令：(输入命令)
指定椭圆的轴端点或[圆弧(A)/中心点(C)]：(给第“1”点)
指定轴的另一个端点：(给该轴上第“2”点)
指定另一条半轴长度或[旋转(R)]：(给第“3”点定另一半轴长)
命令：

其效果如图 3.17 所示。

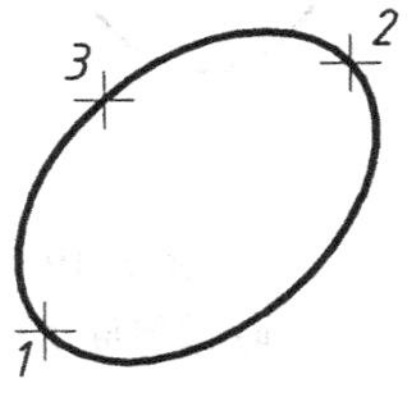

图 3.17 用“轴端点”方式画椭圆示例

(2)“椭圆心”方式

该方式用指定椭圆心和椭圆与两轴的各一个交点（即两半轴长）画一个椭圆。其操作如下：

命令：(输入命令，然后单击命令提示行方括号中“中心点”选项)——选“椭圆心”方式
指定椭圆的中心点：(给椭圆圆心“O”)

指定轴的端点：(给轴端点“1”或其半轴长)
指定另一条半轴长度或[旋转(R)]：(给轴端点“2”或其半轴长)
命令：

其效果如图 3.18 所示。

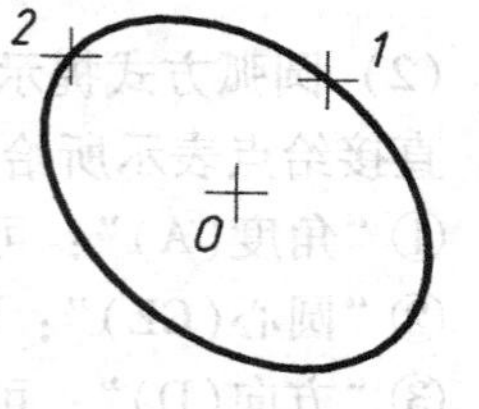

图 3.18 用“椭圆心”方式画椭圆示例

(3)“旋转角”方式（“R”选项）

该方式是先指定椭圆一个轴的两个端点，然后再指定一个旋转角度来画椭圆。在绕长轴旋转一个圆时，旋转的角度就定义了椭圆长轴与短轴的比例。旋转角度值越大，长轴与短轴的比值越大。如果旋转角度为“0”，则 AutoCAD 只画一个圆。其操作如下：

命令：(输入命令)
指定椭圆的轴端点或[圆弧(A)/中心点(C)]：(给第“1”点)
指定轴的另一个端点：(给该轴上第“2”点)
指定另一条半轴长度或[旋转(R)]：(单击命令提示行方括弧中“旋转(R)”选项)——选“旋转角”方式
指定绕长轴旋转的角度：(给旋转角)
命令：

其效果如图 3.19 所示。

(4) 画椭圆弧

以默认方式画椭圆为例，其操作过程如下：

命令：(输入命令，即从“绘图”工具栏中单击“椭圆弧”图标按钮)
指定椭圆弧的轴端点或[中心点(C)]：(给第“1”点)
指定轴的另一个端点：(给该轴上第“2”点)
指定另一条半轴长度或[旋转(R)]：(给第“3”点定另一半轴长)
指定起点角度或[参数(P)]：(给切断起始点“*A*”或给起始角度)
指定端点角度或[参数(P)/包含角度(I)]：(给切断终点“*B*”或终止角度)
命令：

其效果如图 3.20 所示。

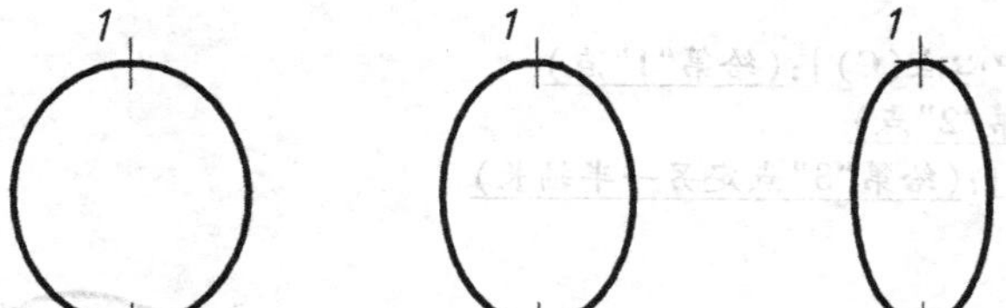

a)　　b)　　c)

图 3.19 用“旋转角”方式画椭圆示例
a) 旋转角为 30° b) 旋转角为 45° c) 旋转角为 60°

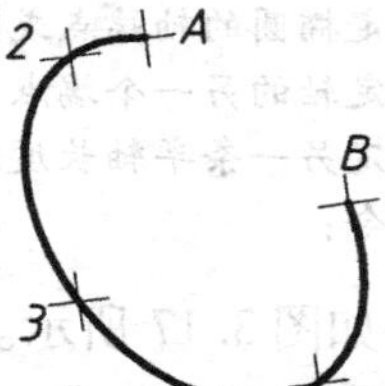

图 3.20 用圆弧选项画椭圆弧示例

说明：若在“指定端点角度或[参数(P)/包含角度(I)]”提示行中选“I”项，则指定保留椭圆弧段的包含角度；若选“P”项，则按矢量方程式输入终止角度。

3.8 画样条曲线

用“样条曲线”（SPLINE）命令可绘制通过或接近所给一系列点的光滑曲线。

1. 输入命令

- 从“绘图”工具栏单击：“样条曲线”图标按钮 。
- 从菜单栏选取：“绘图” ⇨ “样条曲线”命令，然后从子菜单中选一种绘制样条曲线的方式。
- 从键盘键入：SPL 。

2. 命令的相关操作

图 3.21 所示曲线的操作过程如下：

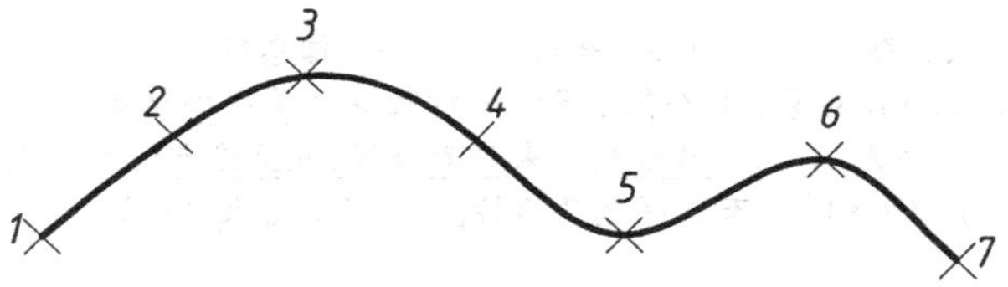

图 3.21 画样条曲线示例

```
命令:(输入命令)
当前设置:方式＝拟合　节点＝弦　　——信息行
指定第一个点或[方式(M)/节点(K)/对象(O)]:(给第 1 点)——第一个命令提示行
输入下一个点或[起点切向(T)/公差(L)]:(给第 2 点)
输入下一个点或[端点相切(T)/公差(L)/放弃(U)]:(给第 3 点)
输入下一个点或[端点相切(T)/公差(L)/放弃(U)/闭合(C)]:(给第 4 点)
输入下一个点或[端点相切(T)/公差(L)/放弃(U)/闭合(C)]:(给第 5 点)
输入下一个点或[端点相切(T)/公差(L)/放弃(U)/闭合(C)]:(给第 6 点)
输入下一个点或[端点相切(T)/公差(L)/放弃(U)/闭合(C)]:(给第 7 点)
输入下一个点或[端点相切(T)/公差(L)/放弃(U)/闭合(C)]:↙
命令:
```

说明：

① 选择提示行中的“闭合（C）”选项，可使曲线首尾闭合，闭合后出现提示行让指定终点的切线方向，其效果如图 3.22 所示。

② 提示行中的“公差(L)”选项，用来指定拟合公差，拟合公差决定所画曲线与指定点的接近程度。拟合公差越大，曲线离指定点越远；拟合公差为 0，曲线将通过指定点（默认值为 0）。

③ 提示行中的“端点相切(T)”项，用来指定样条曲线起点或端点（即终点）的相切方向。

④ 第一个命令提示行中的“方式(M)”项，用来选择样条曲线的绘图方式（“拟合点”方式和“控制点”方式），默认是“拟合点”方式。使用“控制点”方式绘制样条曲线时，指定的点显示它们之间的临时线，从而形成确定样条曲线形状的控制多边形。

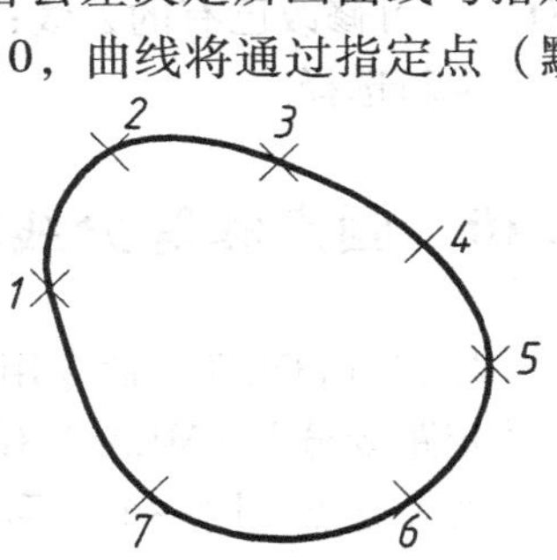

图 3.22 画封闭的样条曲线

3.9 画云线和徒手画线

“修订云线”（REVCLOUD）命令用以绘制像云朵一样的连续曲线，若将云线的弧长设置的很小可实现徒手画线的效果。

1. 输入命令

- 从“绘图”工具栏单击：“修订云线”图标按钮。
- 从菜单栏选取：“绘图”⇨“修订云线”。
- 从键盘键入：REVCLOUD 。

2. 命令的相关操作

命令：(输入命令)
最小弧长：15　最大弧长：15　样式：普通　　——信息行
指定起点或[弧长(A)/对象(O)/样式(S)]<对象>：(单击给起点)
沿云线路径引导十字光标...(移动光标来目测画线，直至终点处右击或按【Enter】键确定)
反转方向[是(Y)/否(N)]<否>：(选项后按【Enter】键结束命令)
修订云线完成。
命令：

其效果如图 3.23 所示。

图 3.23　用“修订云线”命令画云线示例

a) 最大和最小弧长为 0.01　b) 最大和最小弧长为 6

说明：

① 若在“指定起点或[弧长(A)/对象(O)/样式(S)]<对象>：”提示行中选择“弧长(A)”，可重新指定弧长。弧长用来确定所画云线的步距和弧的大小。云线的步距和弧的大小也与光标移动的速度相关，移动越快步距越大。

②若在“指定起点或[弧长(A)/对象(O)/样式(S)]<对象>：”提示行中选择“对象(O)”，可修改已有的云线；若选择“样式(S)”项，可在“普通”和“手绘”两种圆弧样式中重新选择。

3.10 画点和等分线段

“点”（POINT）命令用以按设定的点样式在指定位置画点；用“定数等分”（DIVIDE）和“定距等分”（MEASURE）命令可按设定的点样式，在选定的线段上指定等分数或等分距离画等分点。同一个图形文件中只能有一种点样式，当改变点样式时，该图形文件中所画点的形状和大小都将随之改变。以上命令中无论一次画出多少个点，每一个点都是一个独立的对象。

1. 设定点样式

点样式决定所画点的形状和大小。执行画点命令之前，应先设定点样式。

可以通过以下方式之一弹出“点样式”对话框，如图 3.24 所示。

- 从菜单栏选取：“格式” ⇨ “点样式”。
- 从键盘键入：DDPTYPE。

“点样式”对话框用来设置点的样式，具体操作如下：

① 单击对话框上部点的形状图例，设定点的形状。

② 选中“按绝对单位设置大小”单选按钮确定给点的尺寸方式。

③ 在“点大小”文本框中指定所画点的大小。

④ 单击“确定”按钮完成点样式设置。

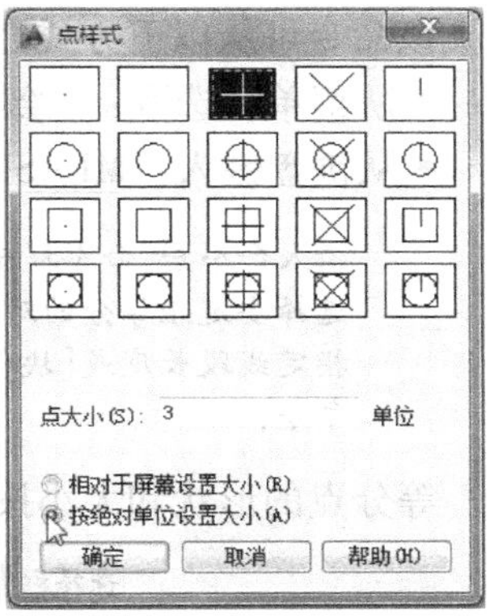

图 3.24 “点样式”对话框

2. 按指定位置画点

设置所需的点样式后，可用“点”（POINT）命令按指定位置画点。

该命令可从以下方式之一输入：

- 从“绘图”工具栏单击：“点”图标按钮。
- 从菜单栏选取：“绘图” ⇨ “点” ⇨ “多点”（如只画一个点可选择“单点”）。
- 从键盘输入：POINT。

输入命令后，命令提示区出现提示行：

当前点模式：PDMODE = 2 PDSIZE = 0000 ——信息行
指定点：(指定点的位置画出一个点)
指定点：(可继续画点或按【Esc】键结束命令)——如选择“单点”，将直接结束命令。
命令：

3. 按等分数画线段的等分点

设置所需的点样式后，可用“定数等分”（DIVIDE）命令按指定的等分数画线段的等分点，即等分线段。该命令可从以下方式之一输入：

- 从菜单栏选取：“绘图” ⇨ “点” ⇨ “定数等分”。
- 从键盘输入：DIVIDE。

输入命令后，命令提示区出现提示行：

选择要定数等分的对象：(选择一条线段)
输入线段数目或[块(B)]5↙ ——给等分数
命令：

等分点的形状和大小按所设的点样式画出，其效果如图 3.25 所示。

a) b)

图 3.25 按等分数画线段等分点示例

a）5 等分直线段 b）5 等分圆弧

4. 按指定距离画线段的等分点

设置所需的点样式后，可用“定距等分”（MEASURE）命令按指定的距离测量画线段的等分点，即等分线段。AutoCAD 从选择对象时所靠近的一端处开始测量。

该命令可从以下方式之一输入：

- 从菜单栏选取：“绘图”⇨“点”⇨“定距等分”。
- 从键盘键入：MEASURE。

输入命令后，命令提示区出现提示行：

选择要定距等分的对象：（选择一条线段）

指定线段长度或［块(B)］8↙ ——给等分长度。

命令：

等分点的形状和大小按所设点样式画出，其效果如图 3.26 所示。

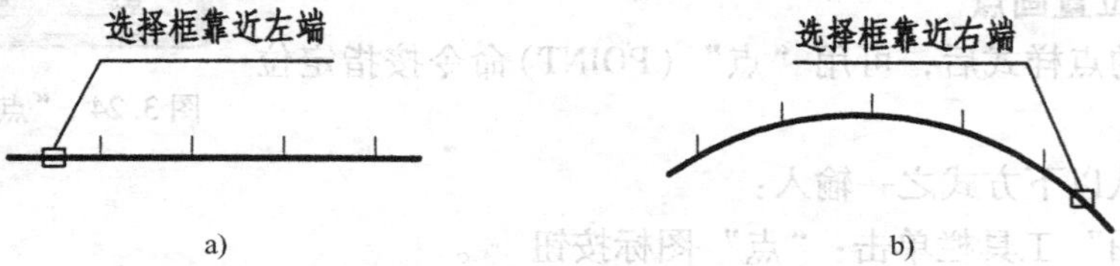

图 3.26 按指定距离画线段等分点示例

a）按距离从左画线段等分点 b）按距离从右画线段等分点

3.11 注写文字

AutoCAD 2012 有很强的文字处理功能，它提供了两种注写文字的方式：单行文字和多行文字。使用 AutoCAD 绘制工程图，要使图中注写的文字符合技术制图标准，应首先将所需的文字样式设置为当前文字样式。

3.11.1 注写简单文字

在工程图中注写简单的文字，一般用“单行文字”（DTEXT）图标按钮A|。该命令以单行方式输入文字，同一命令中只能注写同字高、同旋转角、同文字样式的文字，同一命令中的每一行都是一个独立的对象。

当输入单行文字时，常有一些特殊文字在键盘上找不到，AutoCAD 提供了一些特殊文字的注写方法，常用的有：

- 注写“ϕ”直径符号——输入“%%C”；
- 注写“°”角度符号——输入“%%D”；
- 注写“±”上下偏差符号——输入“%%P”。

说明：特殊文字中“ϕ”直径符号不是中文文字，所以它在中文文字中显示为“?”。

3.11.2 注写复杂文字

在工程图中注写分式、上下标、角码、字体形状不同、字体大小不同等复杂的文字组，可应用“多行文字”（MTEXT）命令，它具有控制所注写文字字符格式及段落文字特性等功能。该命令以多行方式输入文字，即同一命令中的所有文字是同一个对象。

1. 输入命令

● 从“绘图”工具栏单击：“多行文字”图标按钮 A 。

● 从菜单栏选取：“绘图” ⇨“文字” ⇨“多行文字”。

● 从键盘键入：MT 。

2. 命令的相关操作

命令：(输入命令)
当前文字样式：“工程图中的汉字”。当前文字高度：5.00　注释性：否——信息行
指定第一角点：(指定矩形段落文字框的第一角点)
指定对角点或[高度(H)/对正(J)/行距(L)//旋转(R)/样式(S)/宽度(W)/栏(C)]：(指定对角点或选项)

当指定了第一角点后拖动光标，屏幕上会出现一个动态的矩形框，AutoCAD 在矩形框中显示一个箭头符号用来指定文字的扩展方向，拖动光标至适当位置给对角点（也可选择命令提示行中方括号内的其他选项操作），AutoCAD 将弹出“多行文字编辑器”对话框，如图 3.27 所示。

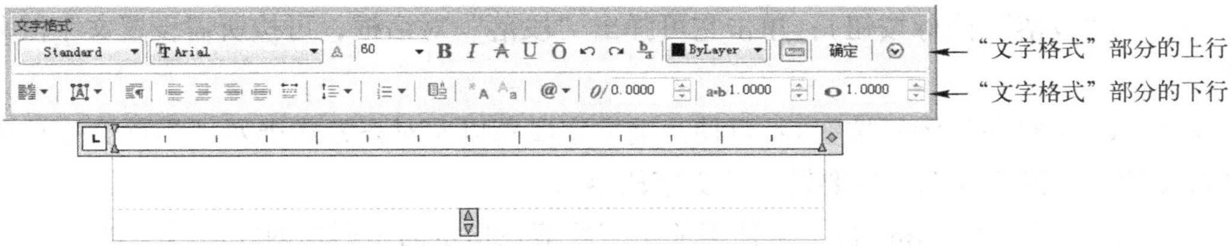

图 3.27 “多行文字编辑器”对话框

“多行文字编辑器”对话框分“文字格式”和“文字显示”上、下 2 部分，“文字格式”部分有上、下 2 行，“文字显示”部分默认状态为上部显示标尺。

（1）“文字格式”部分的上行

“文字格式”部分的上行中各操作项主要用来控制文字字符格式，各操作项的含义从左到右依次如下。

①“样式”下拉列表框：可以从中选择一种文字样式作为当前样式。

②“字体”下拉列表框：可以从中选择一种文字字体作为当前文字的字体（当前文字即是已选择的文字或选项后要输入的文字）。

③“字高”文本框：也是一个下拉列表框，可以在此输入或选择一个高度值作为当前文字的高度。

④ **B**（“粗体”图标按钮）：可使当前文字变成粗体字。

⑤ *I*（“斜体”图标按钮）：可使当前文字变成斜体字。

⑥ A（“删除线”图标按钮）：可为当前文字加上一条删除线。

⑦ U（“下画线”图标按钮）：可使当前文字加上一条下划线。

⑧ Ō（“上画线”图标按钮）：可使当前文字加上一条上划线。

⑨ ↶（“放弃”图标按钮）：用以将撤消在对话框中的最后一次操作。

⑩ ↷（“重作”图标按钮）：用以恢复被撤消的一次操作。

⑪ [“堆叠”（分式）图标按钮]：可使所选择的包含“/”符号的文字以该符号为界，变成分式形式；使所选择的包含“∧”符号的文字以该符号为界，变成中间没有横线的上下两部分。其可用来注写角码，如注写下角码“3”，可输入“∧3”然后选择它，再单击图标按钮即可。

⑫ ByLayer “颜色”下拉列表框：用来设置当前文字的颜色。

⑬（“标尺”开/关图标按钮）：可关闭文字“格式”部分上部的标尺。

⑭（“选项”按钮）：用以选择所需的选项进行操作。

（2）“文字格式”部分的下行

“文字格式”部分的下行中各操作项主要用来控制段落文字特性，各操作项的含义从左到右依次如下。

①（“栏数”图标按钮）：用以设置文字分栏的方式。

②（“多行文字对正”图标按钮）：用以设置段落文字在指定的矩形框内的对正位置。

③（“段落”图标按钮）：单击它可弹出“段落”对话框，可按所需设置文字段落的格式。

④（“左对齐”图标按钮）：可使当前文字段落以左对齐方式排列（当前文字段落即是已选择的文字段落或选项后要输入的文字段落）。

⑤（“居中”图标按钮）：可使当前文字段落在指定的矩形框内左右居中排列。

⑥（“右对齐”图标按钮）：可使当前文字段落在指定的矩形框内右对齐排列。

⑦（“对正”图标按钮）：可使当前文字行的位置还原为初始排列状态。

⑧（“分布”图标按钮）：可使当前文字行中的文字按文字显示框的宽度拉开分布。

⑨（“行距”图标按钮）：用以设置当前文字行的行距。

⑩（“编号”图标按钮）：用以在当前文字行前加注编号。

⑪（“插入字段”图标按钮）：可在弹出的“字段”对话框中选择已有的字段插入到当前文字段落（字段用于某些信息，例如日期和时间、图纸编号、标题等）。字段更新时，图形中将自动显示最新的数据。

⑫（“全部大写”图标按钮）：可使当前文字中的小写英文字母都改为或写为大写英文字母。

⑬（“小写”图标按钮）：可使当前文字中的大写英文字母都改为或写为小写英文字母。

⑭ @（“符号”图标按钮）：用以选择一种符号插入到当前文字中。

⑮ 0/ 0.0000（“倾斜角度”文本框）：用来设定当前文字字头的倾斜角度。

⑯ a•b 1.0000 “追踪”文本框：用来设定当前文字段落的字间距。

⑰ 1.0000 “宽度因子”文本框：用来设定当前文字的宽度。

（3）文字显示部分

将光标移到文字显示区上方的标尺位置，右击可弹出右键菜单，可进行“段落”“设置多行文字宽度”和“设置多行文字高度”的操作。

将光标移到文字显示框内，右击弹出右键菜单，可进行“插入字段”插入“符号”“段落对齐”“分栏”文字“查找和替换”文字“背景遮罩”等操作。

若要编辑“多行文字编辑器”中显示的多行文字，应先醒目地选择文字，然后再对所选的文字进行编辑。

多行文字的注写效果如图 3. 28 所示。

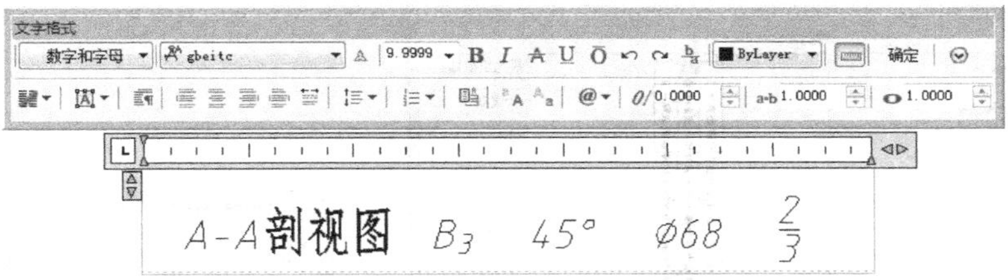

图 3. 28　多行文字的注写效果

3. 11. 3　修改文字的内容

用“编辑”（DDEDIT）命令可修改已注写文字的内容。

修改已注写文字内容的最简便的方法是：双击要修改的文字，如果选择用“多行文字”命令注写的文字，双击后 AutoCAD 将打开“多行文字编辑器”对话框，所选择的文字会显示在该对话框中，修改完成后单击“确定”按钮即可；如果选择用“单行文字”命令注写的文字，双击后 AutoCAD 将激活该行文字，使要修改的文字显示在激活的文本框中，修改完成后按【Enter】键（可连续选择文字进行修改），要结束命令应再按一次【Enter】键。

修改文字的命令也可用下列方法输入：

- 从右键菜单选取：先选择文字，然后右击，在弹出的右键菜单中选择“编辑”或“编辑多行文字”命令。
- 从菜单栏选取：“修改”⇨“对象”⇨“文字”⇨“编辑”。
- 从键盘键入：DDEDIT。

3. 12　绘制表格

用“表格”（TABLE）命令可绘制表格，在该命令中可选择所需的表格样式、设置表格的行和列数、以多行文字格式注写文字，还可进行公式运算等操作。执行“表格”命令之前，应先设置表格样式。

1. 设置表格样式

表格样式决定了所绘表格中的文字字型、大小、对正方式、颜色，以及表格线型的线宽、颜色和绘制方式等。可使用默认的 Standard 表格样式，若默认表格样式不是所希望的，应先设置所需的表格样式。

可以通过以下方式打开“表格样式”对话框。

- 从“样式”工具栏单击：“表格样式”图标按钮。
- 从菜单栏选取：“格式” ⇨“表格样式”。
- 从键盘键入：TABLESTYLE。

输入命令后，AutoCAD 显示“表格样式”对话框，如图 3.29 所示。

“表格样式”对话框左边是“样式”列表框，中部为“预览”框。单击右边的“新建”按钮将弹出“创建新的表格样式”对话框，如图 3.30 所示。

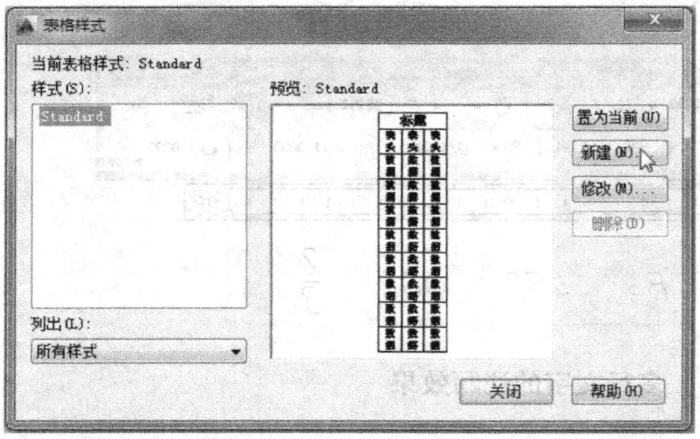

图 3.29 “表格样式”对话框

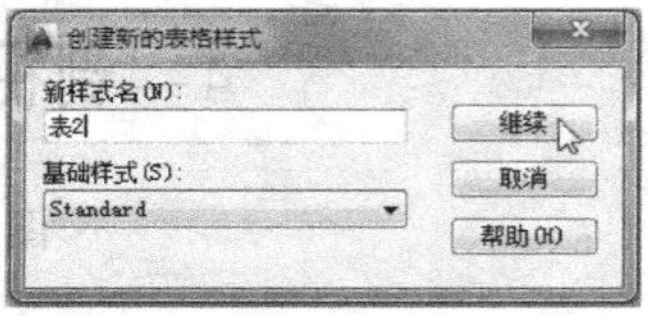

图 3.30 “创建新的表格样式”对话框

在“创建新的表格样式”对话框“新样式名”文本框中输入新建表格样式名，单击“继续”按钮，弹出“新建表格样式”对话框，如图 3.31 所示。在该对话框中进行相应的设置，然后单击“确定”按钮，返回“表格样式”对话框，单击“关闭”按钮所设的表格样式将被保存并置为当前。

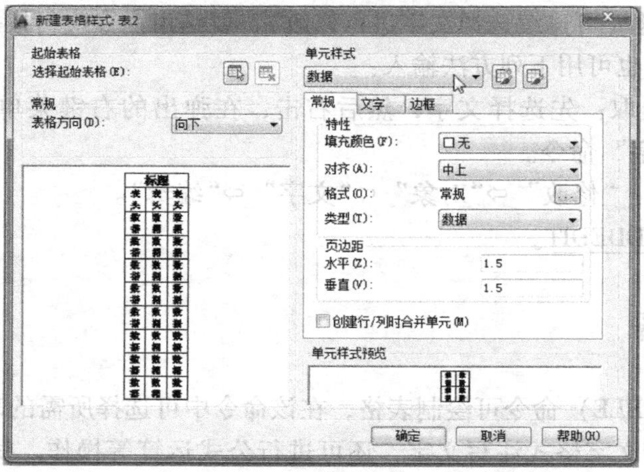

图 3.31 “新建表格样式”对话框

“新建表格样式”对话框有“起始表格”“常规”和“单元样式”3 个选项区域。

(1)“起始表格”选项区域

单击该选项区域的图标按钮返回图纸，可选择一个已有的表格为新建表格样式的基础格式。

（2）“常规”选项区域

该选项区域的“表格方向”下拉列表中有“向上”“向下”两个选项，默认为“向下”，如果选择“向上”，将使表格在标题和表头的上方。其下为表格样式的预览框。

（3）“单元样式”选项区域

在该选项区域下拉列表中，有“数据”“表头”“标题”3 个选项，每个选项都对应“常规”“文字”“边框”3 个选项卡和一个单元样式预览框。

①“常规”选项卡中各项的含义和操作方法如下。

- “填充颜色”下拉列表：可从中选择一种作为所设单元表格的底色。
- “对齐”下拉列表：可从中选择一种作为所设单元表格文字的定位方式。
- “格式”按钮：可从弹出的“表格单元格式”对话框中选择“百分比”“日期”“点”“角度”“十进制数”“文字”“整数”等的一种样例作为所设单元表格中输入相应文字的格式。
- “类型”下拉列表：可从“数据”和“标签”中选择一种类型。
- 页边距“水平”文本框：用来设置所设单元表格内文字与线框水平方向的间距。
- 页边距“垂直”文本框：用来设置所设单元表格内文字与线框垂直方向的间距及多行文字的行间距。

②“文字”选项卡中各项的含义和操作方法如下。

- “文字样式”下拉列表：可从中选择一种作为所设单元表格文字的字体。
- “字体高度”文本框：用来设置所设单元表格文字的高度。
- “文字颜色”下拉列表：可从中选择一种作为所设单元表格文字的颜色。
- “文字角度”文本框：用来设置所设单元表格文字的角度。

③“边框”选项卡中各项的含义和操作方法如下。

- “线宽”下拉列表：可从中选择一种作为所设单元表格线型的线宽。
- “线型”下拉列表：可从中选择一种作为所设单元表格的线型。
- “颜色”下拉列表：可从中选择一种作为所设单元表格线型的颜色。
- “边框”选项卡中的 8 个按钮，用来控制表格线型的绘制范围。

说明：单击“表格样式”对话框中的“修改”按钮，可修改已有的表格样式；单击“表格样式”对话框中的“置为当前”按钮，可将选中的表格样式设置为当前样式。

> 提示：设置当前表格样式的常用方式是在“样式”工具栏中的表格样式窗口列表中选取。

2. 插入和填写表格

设置所需的表格样式后，可用“表格”（TABLE）命令来插入和填写表格，可按以下方式之一输入命令。

- 从“绘图”工具栏单击：“表格”按钮▦。
- 从菜单栏选取：“绘图”⇨“表格”。
- 从键盘键入：TABLE。

输入命令后，AutoCAD 显示“插入表格”对话框，如图 3.32 所示。

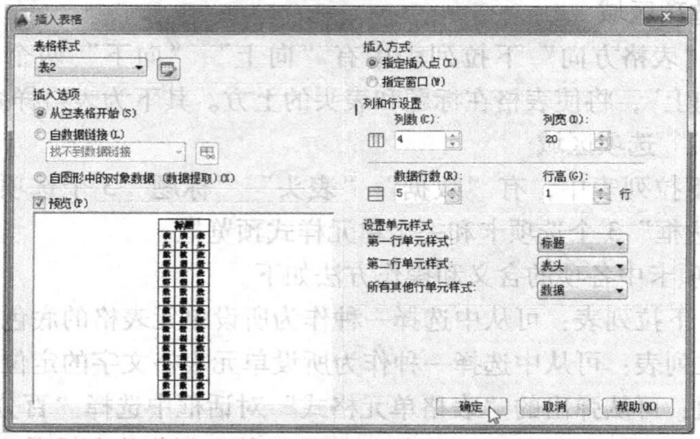

图 3.32 “插入表格”对话框

“插入表格”对话框有“表格样式”“插入选项”“插入方式”“列和行设置”“设置单元样式”5 个选项区域。各选项区域含义及操作方法介绍如下。

(1)“表格样式”选项区域

“表格样式”下拉列表：可从中选择一种所需的表格样式。

单击“表格样式”下拉列表框后的图标按钮，可显示“表格样式”对话框，操作它可修改表格样式。

(2)“插入选项”选项区域

可根据需要在“从空表格开始”“自数据链接”“自图形中的对象数据”3 个选择中选择一项（一般使用默认设置）。

该选项区域下部为当前表格样式的预览框。

(3)“列和行设置”选项区域

①“列数”文本框：用来设置表格中数据和表头的列数。

②“列宽”文本框：用来设置表格中数据和表头单元的宽度。

③“数据行数”文本框：用来设置表格中数据的行数。

④“行高”文本框：用来设置表格数据和表头单元中文字的行数。

(4)“设置单元样式”选项区域

①“第一行单元样式”下拉列表：可从中选择一种作为表格中第 1 行的样式。

②“第二行单元样式”下拉列表：可从中选择一种作为表格中第 2 行的样式。

③“所有其他行单元样式”下拉列表：可从中选择一种作为除第 1 行和第 2 行外的其他行的样式。

(5)“插入方式”选项区域

该选项区域有“指定插入点”和“指定窗口”两个单选按钮，可选择其中一种作为表格的定位方式。若选择了“指定窗口”方式，“列和行设置”选项区域的“列宽”和“数据行”文本框将显示为灰色不可用，表格的列宽和数据行数将在插入时由光标所给的窗口大小来确定。

完成“插入表格”对话框的设置后，单击“确定”按钮，关闭对话框进入绘图状态，此时命令区提示："指定插入点"，指定后，AutoCAD 将显示多行文字输入格式，可单击单元格或操作键盘上的"箭头移位"键来选择位置输入文字，其效果如图 3. 33 所示。

标 题			
列标题一	列标题二	列标题三	列标题四
数据第一行	500	160	660
数据第二行		20000	20000
数据第三行	3500		3500
数据第四行		200	200
数据第五行	800	1000	1800
数据第六行		合 计	26160

图 3. 33　绘制表格示例

说明：

① 修改表格中某一单元的文字内容，只需双击它，即可在多行文本框中进行修改。

② 编辑表格中的对象（如表格、单元、文字），只需单击它，AutoCAD 即在表的上方显示"表格"编辑工具命令行，操作其上的命令可方便地进行插入行或列、删除列行或列、合并或删除单元格、单元边框的编辑等，还可进行插入图块、插入字段、求和运算、均值运算等更多的操作。

③ 应用"夹点"功能可方便地修改表格大小（关于"夹点"功能详见 4. 14 节）。

3. 13　画多重引线

在 AutoCAD 中，可按需要创建多重引线样式，绘制引线和相应的内容，并可方便地修改多重引线。

1. 创建多重引线样式

多重引线样式决定了所绘多重引线的形式和相关内容的形式。如果默认的 Standard 多重引线样式不是所希望的，应先设置多重引线样式。

可以通过以下方式之一打开"多重引线样式管理器"对话框。

- 从"样式"工具栏单击："多重引线样式"图标按钮。
- 从菜单栏选取："格式" ⇨"多重引线样式"。
- 从键盘键入：MLEADERSTYLE。

输入命令后，AutoCAD 显示"多重引线样式管理器"对话框，如图 3. 34 所示。

"多重引线样式管理器"对话框左边是"样式"列表框，中部为"预览"框，右边的"新建"按钮用于创建多重引线样式。单击"新建"按钮将弹出"创建新多重引线样式"对话框，如图 3. 35 所示。

在"创建新多重引线样式"对话框的"新样式名"中输入新建样式名，单击"继续"按钮，弹出"修改多重引线样式"对话框，如图 3. 36 所示。在其中进行相应的设置，然后单击"确定"按钮，返回"多重引线样式管理器"，单击"关闭"按钮后，所设的样式将被保存并设为当前。

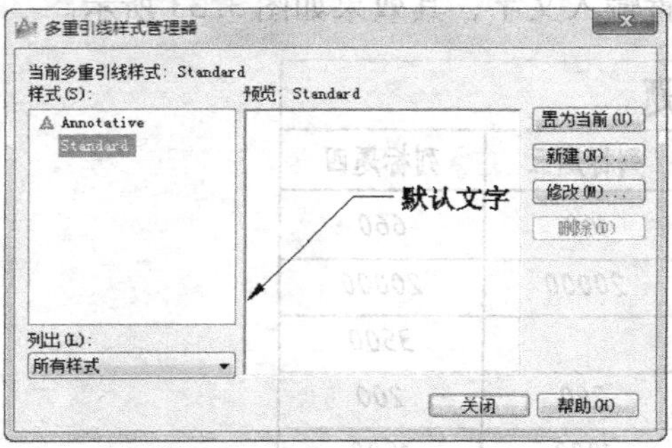

图 3. 34 “多重引线样式管理器”对话框

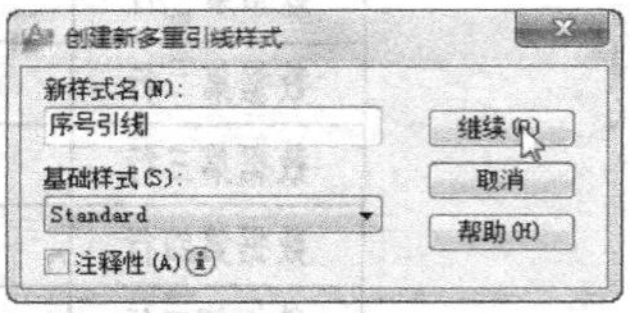

图 3. 35 “创建新多重引线样式”对话框

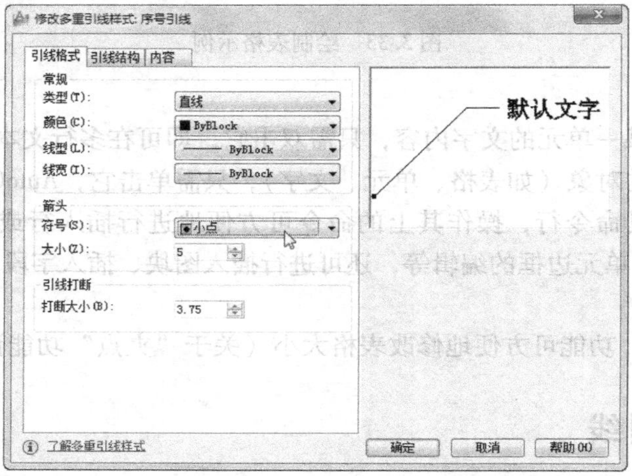

图 3. 36“修改多重引线样式”对话框

“修改多重引线样式”对话框，除预览框外有“引线格式”“引线结构”和“内容”3个选项卡。

（1）“引线格式”选项卡

①“类型”下拉列表：可从中选择一种所需的引线形状（直线或样条曲线）。

②“颜色”下拉列表：可从中选择一种作为引线的颜色。

③“线型”下拉列表：可从中选择一种作为引线的线型。

④“线宽”下拉列表：可从中选择一种作为引线的线宽。

⑤“符号”下拉列表：可从中选择一种作为引线起点的符号形式。

⑥“大小”文本框：用来设定引线起点符号的大小。

⑦“打断大小”文本框：用来设定对多重引线执行折断标注命令时被自动打断的长度。

（2）“引线结构”选项卡

①“最大引线点数”复选框：选中它，可在其后的文本框中设定绘制引线时所给端点的最大数量；不选中它，绘制引线时所给端点的点数无限制。

②“第一段角度”复选框：选中它，可在其后的文本框中设定第一段引线的倾斜角度；

不选中它，第一段引线的倾斜角度不固定。

③“第二段角度”复选框：选中它，可在其后的文本框中设定第二段引线的倾斜角度；不选中它，第二段引线的倾斜角度不固定。

④“自动包含基线”和“设置基线距离”复选框：用来控制在引线终点是否加一条水平引线，选中它们，还可在其下文本框中设置该水平引线的长度。

⑤“注释性”复选框：可使该样式所绘制的多重引线将成为注释性对象。

（3）“内容”选项卡

可从“多重引线类型”下拉列表中选择一项作为引线终点所注写内容的类型（其中包括“多行文字”、“块”、“无”），选择不同的选项，其下部将显示不同的内容，可按需要进行设置。

说明：

① 单击“多重引线样式管理器”对话框中的“修改”按钮，可修改已有的多重引线样式。

② 单击“多重引线样式管理器”对话框中的“置为当前”按钮，可将选中的多重引线样式设置为当前样式。设置当前多重引线样式的常用方式是在“样式”工具栏中的多重引线样式窗口列表中选取。

2. 画多重引线

设置所需的多重引线样式后，应用“多重引线”（MLEADER）命令画多重引线，可按以下方式之一输入命令：

- 从“多重引线”工具栏单击：“多重引线”图标按钮（应弹出“多重引线”工具栏）。
- 从菜单栏选取：“标注” ⇨“多重引线”。
- 从键盘键入：MLEADER。

输入命令后，命令提示区出现提示行，现以绘制图 3. 37a 为例，首先设置相应的多重引线样式为当前：

指定引线箭头的位置或［引线基线优先(L)/内容优先(C)/选项(O)］＜选项＞:(给 1 点)
指定下一点:(给第 2 点)
指定引线基线的位置:

AutoCAD 显示“多行文字”对话框，输入相应文字，确定即完成。

a) b)

图 3. 37　画多重引线示例

a）零件序号　b）形位公差引线

图 3. 37b 所示的多重引样式与图 3. 37a 不同。

3. 修改多重引线

根据需要可操作“多重引线”工具栏中“添加引线”图标按钮、“删除引线”图标按钮、“多重引线对齐”图标按钮、“多重引线合并”图标按钮来修改多重引线。

上机练习与指导

练习 1： 进行工程绘图环境的基本设置。

练习 1 指导：

按第 1 章所述进行工程绘图的 7 项基本设置，图幅 A2。

练习 2：在练习 1 创建的 A2 图幅中，按教材依次练习常用的绘图命令。

练习 2 指导（扫二维码 3.1 看视频）：

码 3.1 绘图命令练习示例

（1）用“构造线”图标按钮中的 6 种方式画无穷长直线。重点掌握“画平行线”“画垂直线”“偏移”3 种画无穷长直线的方式。

（2）用“多边形”图标按钮中的 3 种方式画多边形。

（3）用“矩形”图标按钮分别按“默认”“边长”“面积”等方式画矩形。

（4）用“圆”图标按钮中的 5 种方式画圆。通过练习要熟悉画圆的每一种方式。

（5）用“圆弧”图标按钮中的 8 种方式画圆弧。通过练习要能够应用各种条件画圆弧。

（6）用“多段线”图标按钮画出图 3.16 所示的多段线。绘制组合线时，设“粗实线”图层为当前层，线宽设成“0 mm”（这样等宽线线宽随图层）；绘制粗等宽线时，线宽设成“2 mm”；绘制不等宽线时，线宽设成“2 mm”和“5 mm”；绘制大箭头时，线宽设成“0 mm”和“2 mm”。

（7）用“椭圆”图标按钮中的 3 种方式画椭圆和椭圆弧。重点掌握“轴端点方式”、“椭圆心方式”2 种画椭圆的方式。

（8）用“样条曲线”图标按钮中的默认方式画样条曲线。

（9）用“修订云线”图标按钮画出图 3.23 所示的一组线。

（10）用“点”图标按钮移动光标指定位置画几个点。按图 3.24 创建点样式，画图 3.25 和图 3.26 所示图形，练习按等分数或按指定距离画线段等分点。

（11）创建“工程图中的汉字”与“工程图中的数字和字母”两种文字样式，用“单行文字”图标按钮注写特殊文字；用“多行文字”图标按钮注写图 3.28 所示文字，并练习修改文字（扫二维码 3.2 看视频）。

码 3.2 多行文字命令操作技巧

（12）用“表格样式”图标按钮创建两种表格样式（一种标题在上，一种标题在下），用“表格”图标按钮练习插入和填写表格，并练习删除行和列、添加行和列、求和等操作。

（13）用“多重引线样式”图标按钮创建图 3.37 所示引线的 2 种引线样式，然后用“多重引线”图标按钮绘制图 3.37 所示的图形。

> 提示：练习中要注意总结绘图命令操作的共同点。通过练习，要熟记这些命令的功能和常用选项的操作方法。只有熟悉它们，才能根据工程图中不同的尺寸条件来准确、迅速地绘制工程图。

第4章　图形的编辑

使用AutoCAD中的图形编辑命令，可复制、移动和修改图中的对象。只有合理选用AutoCAD中的图形编辑命令并熟练掌握其操作的方法和技巧，才能真正实现高效率的绘图。本章介绍绘制工程图中常用的图形编辑命令的操作方法和技巧。

4.1　编辑命令中选择对象的方式

AutoCAD编辑命令操作的共同点是：首先输入命令，然后选择要编辑的对象，选择对象后再按提示进行编辑。

对象是指所绘工程图中的图形、文字、尺寸、剖面线等。用一个命令画出的图形或注写的文字，可能是一个对象，也可能是多个对象。如：用“直线”命令一次画出5段连续线是5个对象，而用“多段线”命令一次画出5段连续线却是一个对象；用“单行文字”命令一次所注写的文字每行是一个对象，而用“多行文字”命令一次所注写的文字无论多少行都是一个对象。

在AutoCAD中进行每一个编辑操作时都需要确定操作对象，也就是要明确对哪一个或哪一些对象进行编辑，此时，AutoCAD会提示：

选择对象：(选择需编辑的对象)

当选择了对象之后，AutoCAD用虚像显示它们以示醒目。每次选定对象后，“选择对象：”提示会重复出现，直至按【Enter】键或右击结束选择。

AutoCAD提供了多种选择对象的方法，在1.9节中已介绍了“直接点取方式”“窗口W方式”“交叉窗口C方式”3种默认方式，下面再介绍几种常用的选择对象方式。

1. 栏选方式

该方式可用以绘制若干条直线，它用来选中与直线相交的对象。在命令提示行出现“选择对象：”提示时，输入“f”，再按提示给出直线的各端点（即栏选点），确定后即选中与这组直线相交的对象。

2. 扣除方式

该方式可撤消同一个命令中已选中的对象。常用的方法是：在命令提示行出现“选择对象：”提示时，按下【Shift】键，然后用光标点选或窗选，可撤销已选中的对象。

3. 全选方式

该方式选中图形中所有对象。在命令提示行出现“选择对象：”提示时，输入“al”，按【回车】键确定后即选中该图形文件中没有冻结和锁定的所有对象。

说明：若在对象重叠处选择对象，应打开状态栏上的“SC”（选择循环）模式，此时可单击对象重叠处，在显示的实时“选择集”对话框中直接选择。

4.2 复制

在 AutoCAD 中绘图，图样中相同的部分一般只画一次，其他相同部分可用编辑命令复制绘出。不同的复制情况应使用不同的复制命令。

对于图形中任意分布的相同部分，绘图时可只画出一处，其他用“复制”命令复制绘出；对于图形中对称的部分，一般只画一半，然后用“镜像”命令复制出另一半；对于成行成列或在圆周上均匀分布的结构，一般只画出一处，其他用“阵列”命令复制绘出；对于已知间距的平行直线或较复杂的类似形图形，可只画出一个，其他用“偏移”命令复制绘出。

4.2.1 复制图形中任意分布的对象

“复制”（COPY）命令可使选中的对象复制到任意指定的位置。该命令可复制一次，也可连续进行任意复制和成行阵列复制，如图 4.1 所示。

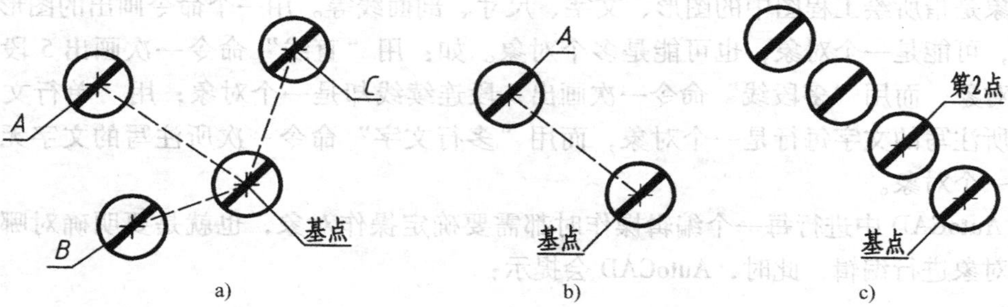

图 4.1 复制示例

a）任意连续复制 b）复制一次 c）成行阵列复制

无论是复制一次还是连续进行任意复制和成行阵列复制，选择对象后，都要先确定基点，基点是确定新复制对象位置的参考点，也就是位移的第一点。精确绘图时，必须按图中所给尺寸的方式合理地选择基点。

1. 输入命令

- 从“修改”工具栏单击：“复制”图标按钮。
- 从菜单栏选取：“修改” ⇨“复制”。
- 从键盘键入：CO 。

2. 命令的相关操作

命令：(输入命令)
选择对象：(选择要复制的对象)
选择对象：↙——结束对象选择
当前设置：复制模式 = 多个 ——信息行
指定基点或[位移(D)/模式(O)] <位移>：(定“基点”)
指定第二个点或[阵列(A)]<使用第一个点作为位移>：(给位移第二点“A”)——复制一组对象
指定第二个点或[阵列(A)/退出(E)/放弃(U)]<退出>：(再给点“B”)——再复制一组对象
指定第二个点或[阵列(A)/退出(E)/放弃(U)]<退出>：(再给点“C”)——再复制一组对象

指定第二个点或[阵列(A)/退出(E)/放弃(U)]<退出>: ↙
命令:

其效果如图 4. 1a 所示。

说明:

① 在第一次出现命令提示行“指定第二个点或 [阵列(A)/退出(E)/放弃(U)]<退出>:”时,直接按【Enter】键(即选择“退出(E)”),将复制一次结束命令,效果如图 4. 1b 所示。

② 在“指定第二个点或 [阵列(A)/退出(E)/放弃(U)]<退出>:”命令提示行中选择“放弃(U)”项,将删除命令中复制的上一组对象,若选择“阵列(A)”项,然后按提示输入要进行阵列的个数,再指定第二个点,AutoCAD 将按指定的个数沿基点和第二点的连线方向成行地均匀复制出多个对象,效果如图 4. 1c 所示。“阵列”命令的介绍见 4. 2. 3 小节。

③ 在“指定基点或 [位移(D)/模式(O)] <位移>:”命令提示行中选择“位移(D)”项,可输入相对坐标来确定复制对象的位置,若选择“模式(O)”项可设定“单点”模式为当前(默认是“多点”模式)。

4. 2. 2 复制图形中对称的对象

“镜像”(MIRROR)命令用以复制与选中对象对称的对象,镜像指以相反的方向复制并生成所选对象。该命令将选中的对象按指定的镜像线做镜像,如图 4. 2 所示。

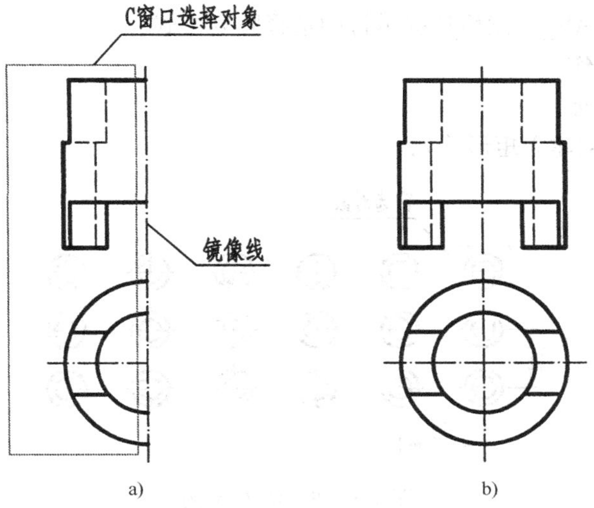

图 4. 2 镜像示例
a) 镜像前 b) 镜像后

1. 输入命令

- 从“修改”工具栏单击:“镜像”图标按钮 。
- 从菜单栏选取:“修改”⇨“镜像”。
- 从键盘键入: MI 。

2. 命令的相关操作

命令:(输入命令)
选择对象:(选择要镜像的对象)
选择对象:↙ ——结束对象选择
指定镜像线上的第一点:(给镜像线上任意一点)
指定镜像线上第二点:(再给镜像线上任意一点)
要删除源对象吗?[是(Y)/否(N)]<N>:↙
命令:

说明：在命令提示行出现“要删除源对象吗?[是(Y)/否(N)]<N>:”时，若按【Enter】键即选“否(N)”选项，不删除原对象；若选择“是(Y)”选项，将删除原对象。

4.2.3 复制图形中规律分布的对象

“阵列”（ARRAY）命令用以一次复制生成多个均匀分布的对象，AutoCAD 提供了 3 种阵列的方式。

① 指定行数、列数、行间距、列间距进行矩形阵列。

② 指定中心、个数、填充角度（即阵列的包含角度）进行环形阵列。

③ 指定路径、间距进行路径阵列。

1. 输入命令

- 从“修改”工具栏单击并按住：“阵列”图标按钮，然后从中选择阵列方式。
- 从菜单栏选取：“修改”⇨“阵列”命令，然后从子菜单中选择阵列方式。
- 从键盘键入：AR，然后从提示行中选择阵列方式。

2. 命令的相关操作

（1）建立矩形阵列

以图 4.3 所示为例建立矩形阵列。

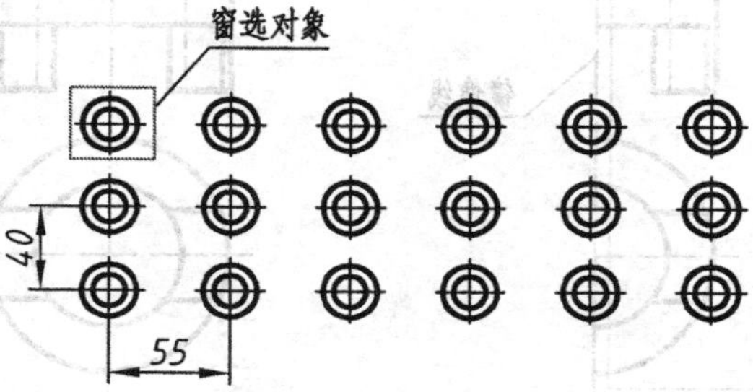

图 4.3 矩形阵列示例

命令:(输入“阵列”图标按钮)
选择对象:(选择要阵列的对象)
选择对象:↙
类型=矩形 关联=是 ——信息行
选择夹点以编辑阵列或[关联(AS)/基点(B)/计数(COU)/间距(S)/列数(COL)/行数(R)/层数(L)/退出(X)]〈退出〉:单击命令提示行方括号中“计数(COU)”选项

输入行数或［表达式(E)］<4>:3↙
输入列数或［表达式(E)］<4>:6↙
选择夹点以编辑阵列或[关联(AS)/基点(B)/计数(COU)/间距(S)/列数(COL)/行数(R)/层数(L)/退出(X)]〈退出〉:单击命令提示行方括号中"间距(S)"选项
指定列之间的距离或［表达式(E)］<27.6401>:55↙
指定行之间的距离或［表达式(E)］<27.6401>:-40↙
选择夹点以编辑阵列或[关联(AS)/基点(B)/计数(COU)/间距(S)/列数(COL)/行数(R)/层数(L)/退出(X)]〈退出〉:↙
命令:

说明:

① 在"指定行之间的距离或[单位单元(U)]〈27.6401〉:"命令提示行中输入正值表示向上阵列,输入负值表示向下阵列;在"指定列之间的距离或[单位单元(U)]〈27.6401〉:"提示行中输入正值表示向右阵列,输入负值表示向左阵列。

② 在"选择夹点以编辑阵列或[关联(AS)/基点(B)/计数(COU)/间距(S)/列数(COL)/行数(R)/层数(L)/退出(X)]〈退出〉:"命令提示行中选择"B"项,可按提示重新指定基点;选择"COL"项,可按提示单独改变列数;选择"R"项,可按提示单独改变行数;选择"L"项,可按提示改变矩形阵列的层数,此项用于三维阵列中。

③ AutoCAD在默认状态下同一次阵列出的一组对象是一个整体,若不希望是整体,可在提示行中选择"AS"项,然后按提示选择"N"项即可。

④ 在AutoCAD中也可应用"夹点"功能进行矩形阵列。当AutoCAD显示默认的阵列和夹点时,选择右下角的"►"图标按钮可指定列数,选择左下角的"►"图标按钮可指定列间距;选择左上角的"▲"图标按钮可指定行数,选择其下的"▲"图标按钮可指定行间距;选择右上角的"■"图标按钮可用拖动的方式进行阵列;选择左下角的"■"图标按钮可移动阵列。

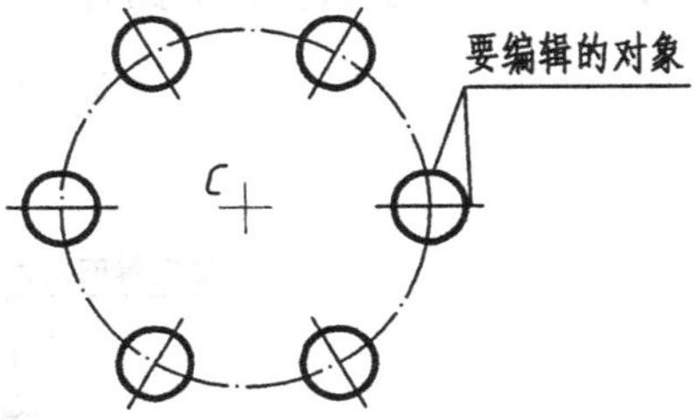

图4.4 环形阵列示例

(2) 建立环形阵列

以图4.4所示为例建立环形阵列。

命令:(输入"阵列"图标按钮)
选择对象:(选择要阵列的对象)
选择对象:↙
类型=极轴 关联=是 ——信息行
指定阵列的中心点或［基点(B)/旋转轴(A)］:拾取中心点 *C*↙(确定中心点后,AutoCAD会按默认方式显示环形阵列和夹点)
选择夹点以编辑阵列或[关联(AS)/基点(B)/项目(I)/项目间角度(A)/填充角度(F)/行(ROW)/层(L)/旋转项目(ROT)/退出(X)]〈退出〉:单击命令提示行方括号中"项目(I)"选项
输入阵列中的项目数或[表达式(E)]〈4〉:6↙
选择夹点以编辑阵列或[关联(AS)/基点(B)/项目(I)/项目间角度(A)/填充角度(F)/行(ROW)/层(L)/旋转项目(ROT)/退出(X)]〈退出〉:单击命令提示行方括号中"填充角度(F)"选项
指定填充角度(+=逆时针、-=顺时针)或[表达式(EX)]<360>:↙(使用默认角度,也可输入其他角度)

选择夹点以编辑阵列或[关联(AS)/基点(B)/项目(I)/项目间角度(A)/填充角度(F)/行(ROW)/层(L)/旋转项目(ROT)/退出(X)]〈退出〉: ↙

命令:

说明:

① 在 AutoCAD 中也可应用“夹点”功能进行环形阵列。

② 环形阵列个数包括原对象在内。

③ AutoCAD 在默认状态下原对象在环形阵列时会相应旋转,如图 4.5 所示;若不希望旋转,可在上面的命令提示行中选择“旋转项目(ROT)”项,再按提示选择“N”,其效果如图 4.6 所示。图 4.5 和图 4.6 中阵列填充角度均为“180”。

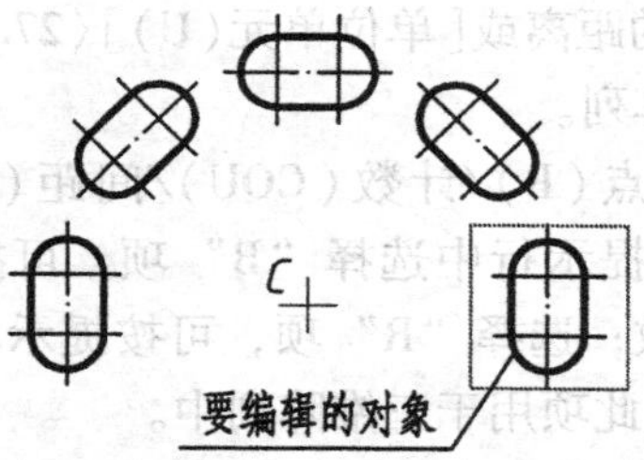

图 4.5 旋转所形成的环形阵列

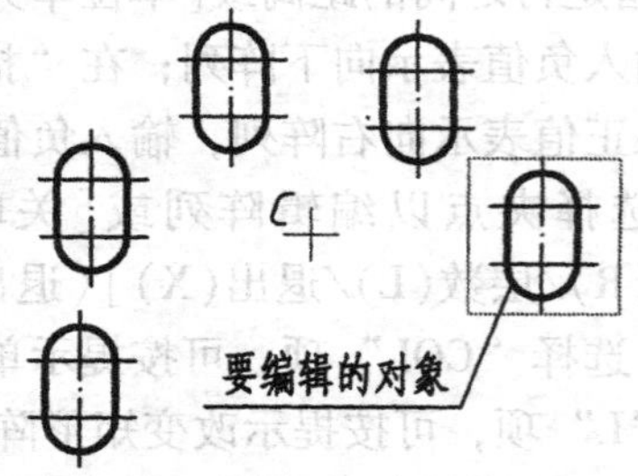

图 4.6 不旋转所形成的环形阵列

(3) 建立路径阵列

以图 4.7 所示为例建立路径阵列。

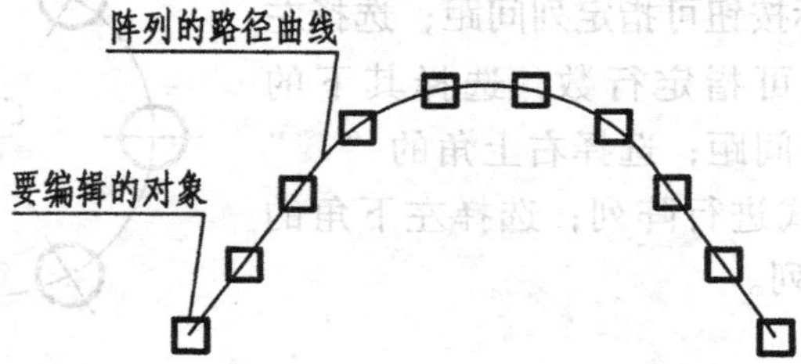

图 4.7 路径阵列示例

命令:(输入“阵列”图标按钮)

选择对象:(选择要阵列的对象)

选择对象: ↙

类型 = 路径 关联 = 是 ——信息行

选择路径曲线:(选择阵列的路径曲线)(选择路径后,AutoCAD 会按默认方式显示路径阵列和夹点)

选择夹点以编辑阵列或[关联(AS)/方法(M)/基点(B)/切向(T)/项目(I)/行(R)/层(L)/对齐项目(A)/Z 方向(Z)/退出(X)]〈退出〉:单击命令提示行方括号中“方法(M)”选项

输入路径方法[定数等分(D)/定距等分(M)]〈定距等分〉:单击命令提示行方括号中“定数等分(D)”选项

选择夹点以编辑阵列或[关联(AS)/方法(M)/基点(B)/切向(T)/项目(I)/行(R)/层(L)/对齐项目(A)/Z 方向(Z)/退出(X)]〈退出〉:单击命令提示行方括号中“项目(I)”选项

输入沿路径的项目数或[表达式(E)]〈18〉: 10 ↙

选择夹点以编辑阵列或[关联(AS)/方法(M)/基点(B)/切向(T)/项目(I)/行(R)/层(L)/对齐项目(A)/Z 方向(Z)/退出(X)]〈退出〉:单击命令提示行方括号中“对齐项目(A)”选项

是否将阵列项目与路经对齐？[是(Y)/否(N)] <是>：N↙(使原对象在路径阵列时不旋转)
选择夹点以编辑阵列或[关联(AS)/方法(M)/基点(B)/切向(T)/项目(I)/行(R)/层(L)/对齐项目(A)/Z 方向(Z)/退出(X)]〈退出〉：↙
命令：

说明：

① 在 AutoCAD 中也可应用"夹点"功能进行路径阵列。

② 路径阵列个数包括原对象在内。

③ 在显示"选择夹点以编辑阵列或[关联(AS)/方法(M)/基点(B)/切向(T)/项目(I)/行(R)/层(L)/对齐项目(A)/Z 方向(Z)/退出(X)]〈退出〉："命令提示行时，可拖动夹点或选择其中的选项进行修正和设置。

4.2.4 复制生成图形中的类似对象

用"偏移"（OFFSET）命令可复制生成图形中的类似对象。该命令将选中的直线、圆弧、圆及二维多段线等按指定的偏移量或通过点生成一个与原对象形状类似的新对象（单条直线是生成相同的新对象），新对象所在图层可与原对象相同，也可绘制在当前图层上，如图 4.8 所示。

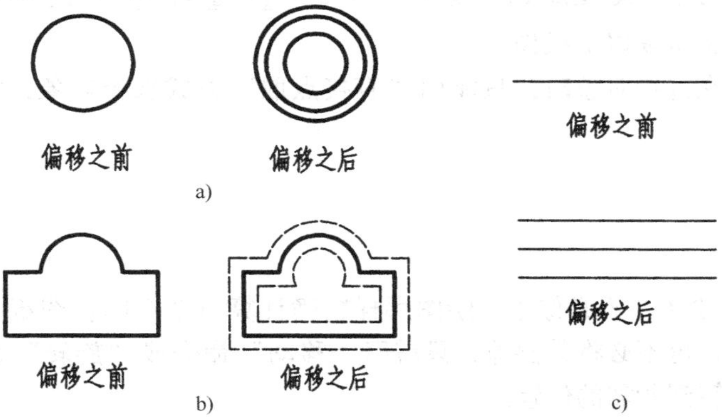

图 4.8 偏移示例

a）在原实体图层上偏移 b）在当前图层（虚线）上偏移 c）直线的偏移

1. 输入命令

- 从"修改"工具栏单击："偏移"图标按钮。
- 从菜单栏选取："修改" ⇨"偏移"。
- 从键盘键入：OFFSET。

2. 命令的相关操作

（1）给偏移距离方式的偏移操作

命令：(输入命令)
当前设置：删除源 = 否　图层 = 源　OFFSETGAPTYPE = 0　——信息行
指定偏移距离或[通过(T)/删除(E)/图层(L)] <通过>：(给一个正数作为偏移距离)
选择要偏移的对象，或[退出(E)/放弃(U)] <退出>：(选择要偏移的对象)
指定要偏移的那一侧上的点，或[退出(E)/多个(M)/放弃(U)] <退出>：(在要偏移一侧的任意处单击)

选择要偏移的对象,或[退出(E)/放弃(U)]<退出>:(再选择要偏移的对象或按【Enter】键结束命令)

若再选择对象将重复以上操作。

说明：

① 在出现命令提示行“指定偏移距离或[通过(T)/删除(E)/图层(L)]<通过>:”时，选择“删除(E)”选项，按提示操作，可在偏移后删除原对象；选择“图层(L)”选项，按提示再选择“当前(C)”选项，可将偏移的新对象绘制在当前图层上。

② 在出现命令提示行“指定要偏移的那一侧上的点，或[退出(E)/多个(M)/放弃(U)]<退出>:”时，选择“多个(M)”选项，按提示操作，可对选中的对象连续进行偏移；选择“放弃(U)”选项，将删除命令中偏移的上一个对象。

(2) 给通过点方式的偏移操作

命令:(输入命令)
当前设置：删除源=否　图层=源　OFFSETGAPTYPE=0　——信息行
指定偏移距离或[通过(T)/删除(E)/图层(L)]<通过>:(选“通过(T)”选项)
选择要偏移的对象,或[退出(E)/放弃(U)]<退出>:(选择要偏移的对象)
指定通过点或[退出(E)/多个(M)/放弃(U)]<退出>:(给新对象的通过点)
选择要偏移的对象,或[退出(E)/放弃(U)]<退出>:(再选择要偏移的对象或按【Enter】键结束命令)

若再选择对象将重复以上操作。

说明：该命令在选择对象时，只能用“直接点取”方式选择对象，并且一次只能选择一个对象。

4.3 移动

在 AutoCAD 中绘图，不必像手工绘图那样精确计算每个视图在图纸上的位置，若某部分图形定位不准确，也不必将其擦掉，只需用“移动”命令或“旋转”命令就可轻而易举地将它们平移或旋转到所需的位置。

4.3.1 平移图形中的对象

“移动”（MOVE）命令用以将选中的对象平行移动到指定的位置，如图 4.9 所示。

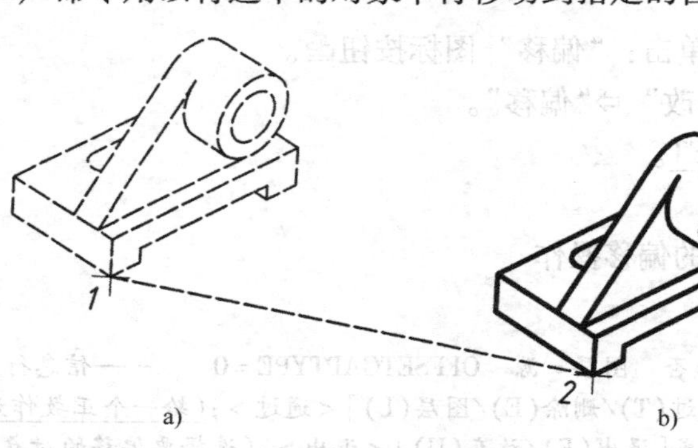

图 4.9　平移示例
a) 平移之前　b) 平移之后

1. 输入命令

- 从“修改”工具栏单击：“移动”图标按钮。
- 从菜单栏选取：“修改”⇨“移动”。
- 从键盘键入：M。

2. 命令的相关操作

命令：(输入命令)
选择对象：(选择要移动的对象)
选择对象：(继续选择或按【Enter】键完成选择)
指定基点或[位移(D)]<位移>：(定基点即给“位移”的第“1”点)
指定第二个点或 <使用第一个点作为位移>：(给位移的第“2”点，或用光标直接给定位移的距离)
命令：

说明：在出现命令提示行“指定基点或［位移（D)］<位移>：”时，选择“位移(D)”选项，可直接输入相对坐标来移动实体。

4.3.2 旋转图形中的对象

“旋转”（ROTATE）命令用以将选中的对象绕指定的基点进行旋转，该命令可按图中所注的尺寸选用“给旋转角”方式或“参照”方式，并能实现复制旋转。

1. 输入命令

- 从“修改”工具栏中单击：“旋转”图标按钮。
- 从菜单栏选取：“修改”⇨“旋转”。
- 从键盘键入：ROTATE。

2. 命令的相关操作

(1)“给旋转角”方式

以图 4.10 所示为例进行旋转。

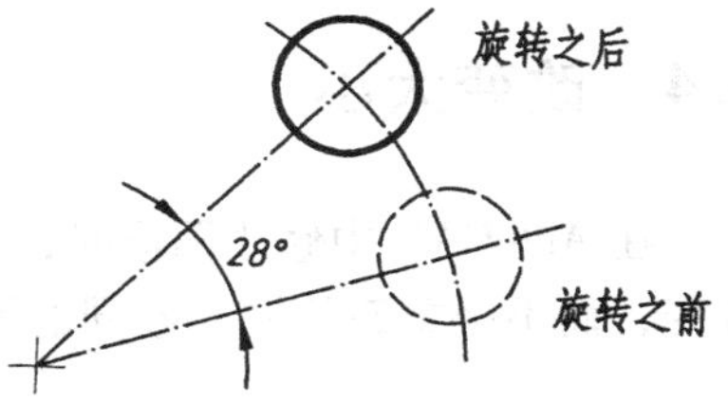

图 4.10 “给旋转角”方式旋转示例

命令：(输入命令)
UCS 当前的正角方向： ANGDIR = 逆时针 ANGBASE = 0 ——信息行
选择对象：(用 C 窗口方式选择圆和直线两个对象)
选择对象：↙
指定基点：(给基点“*B*”)
指定旋转角度，或[复制(C)/参照(R)]<0>：28↙

给旋转角度后，选中的对象将绕基点“*B*”按指定旋转角度旋转。

说明：在出现提示行“指定旋转角度，或[复制(C)/参照(R)]<0>：”时，选择“复制(C)”选项，将实现复制式旋转，即原对象不消失。

(2)“参照”方式

以图 4.11 所示为例进行旋转。

命令：(输入命令)
UCS 当前的正角方向： ANGDIR = 逆时针 ANGBASE = 0 ——信息行
选择对象：(选择对象)
选择对象：↙

指定基点:(给基点“B”)

指定旋转角度,或[复制(C)/参照(R)]<30>:(选择“参照(R)”选项)

指定参照角<0>:18↙——输入原角度

指定新角度或[点(P)]<0>:46↙

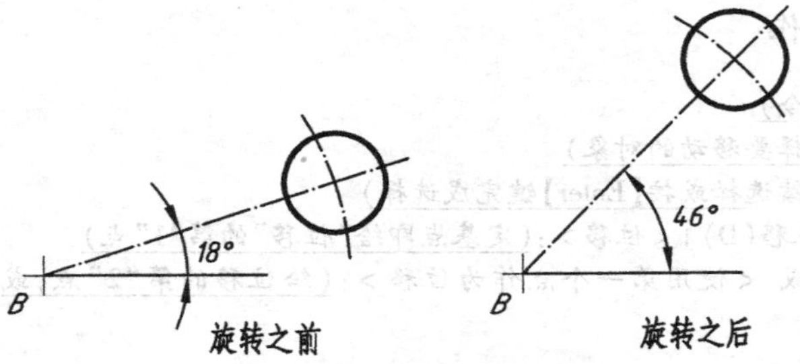

图4.11 “参照”方式旋转示例

输入参照角度及新角度后，选中的对象即绕基点“B”旋转到46°的新位置。

说明：

① 用“参照”方式旋转对象，对象所转的角度等于“新角度减去参考角度”。

② 在出现提示行“指定新角度或[点(P)]<0>:”时，选择“点(P)”选项，可按提示给两点来确定对象旋转后的位置。

4.4 改变大小

在AutoCAD中修改图形时，若图形中的对象大小不是所希望的，可用相关编辑命令来改变，而不必重新绘制。不同的情况，应采用不同的编辑命令来修改。

4.4.1 缩放图形中的对象

“比例缩放”（SCALE）命令用以将选中的对象相对于基点按比例进行放大或缩小。该命令可根据需要选用“给比例值”方式或“参照”方式，并能实现复制缩放。

所给比例值大于1，则放大对象；所给比例值小于1，则缩小对象；比例值不能是负值。

1. 输入命令

- 从“修改”工具栏单击：“缩放”图标按钮。
- 从菜单栏选取：“修改”⇨“缩放”。
- 从键盘键入：SC。

2. 命令的相关操作

（1）“给比例值”方式

以图4.12所示为例进行缩放。

命令:(输入命令)

选择对象:(选择要缩放的对象)

选择对象:↙

指定基点:(给基点“B”)

指定比例因子或[复制(C)/参照(R)]<1.00>:0.8↙——给比例值

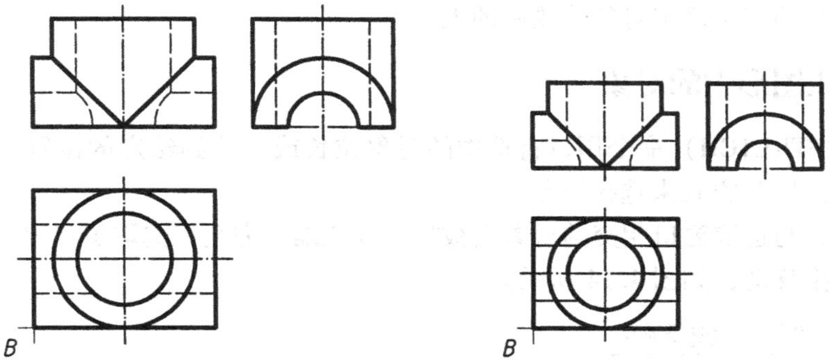

a)　　　　　　　　b)

图 4.12　“给比例值”方式缩放示例

a）比例缩放之前　b）缩 0.8 倍之后

该方式直接给比例值“0.8”，选中的对象将相对于基点“*B*”，按比例缩小到原对象的 0.8% 大小。

说明：在出现命令提示行“指定比例因子或[复制(C)/参照(R)] < 1.00 > :”时，选择“复制(C)”选项，将实现复制缩放，即缩放后原对象仍然存在。

（2）“参照”方式

以图 4.13 所示为例进行缩放。

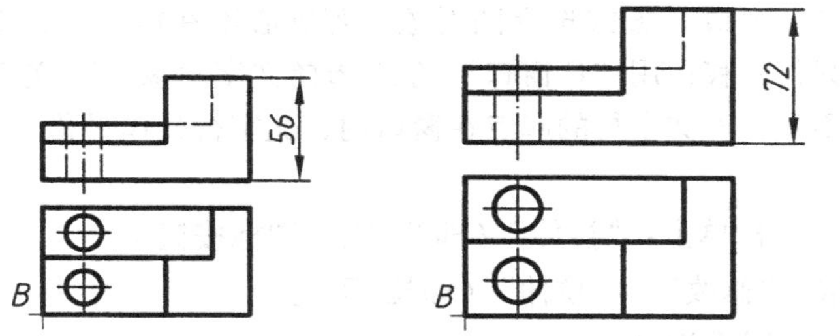

a)　　　　　　　　b)

图 4.13　“参照”方式缩放示例

a）比缩缩放之前　b）比例缩放之后

命令：(输入命令)
选择对象：(选择对象)
选择对象：↙
指定基点：(给基点“*B*”)
指定比例因子或[复制(C)/参照(R)] < 1.00 > :(选择“参照(R)”选项)
指定参照长度 < 1.00 > :56↙——给原对象的任意一个尺寸
指定新的长度或[点(P)] < 1.00 > :72↙——给缩放后该尺寸的大小

说明：

① 用“参照”方式进行按比例缩放，所给出的新长度与原长度之比即为缩放的比例值。缩放一组对象时，只要知道其中任意一个尺寸的原长和缩放后的长，就可用“参照”方式而不必计算缩放比例，该方式在绘图中非常实用。

② 在出现命令提示行“指定新的长度或[点(P)] < 1.00 > :”时，选择“点(P)”选

项，可按提示给两点来确定对象缩放后的大小。

4.4.2 拉/压图形中的对象

“拉伸”（STRETCH）命令用以将选中的对象拉长或压缩到给定的位置。在操作该命令时，应用“C 窗口”方式来选择对象。

一般情况：与选取窗口相交的对象会被拉长或压缩；完全在选取窗口内或用其他方式选中的对象只发生移动，如图 4.14 所示。

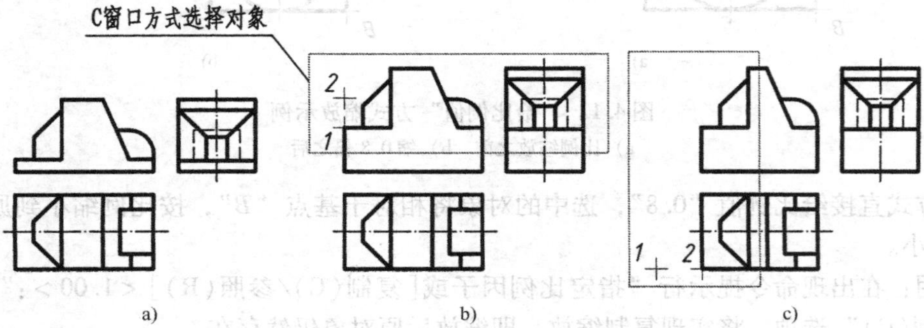

图 4.14 拉压示例

a）拉压之前 b）向上拉长 c）向右压短

特殊情况：用“C 窗口”方式选择圆对象，若圆心不在窗口内，则圆保持不变，若圆心在窗口内，则圆只作平移；用“C 窗口”方式选择文字对象，若文字行的起点不在窗口内，则文字行保持不变，若文字行的起点在窗口内，文字行只作平移。

1. 输入命令

- 从“修改”工具栏单击：“拉伸”（即拉/压）图标按钮。
- 从菜单栏选取：“修改”⇨“拉伸”（即拉/压）。
- 从键盘键入：STRETCH。

2. 命令的相关操作

命令：(输入命令)
以交叉窗口或交叉多边形选择要拉伸的对象…… ——信息行
选择对象：(用“C 窗口”方式选择对象)
选择对象：↙
指定基点或[位移(D)]<位移>：(给基点即拉或压距离的第“1”点)
指定第二个点或<使用第一个点作为位移>：(给拉或压距离的第“2”点，或用光标直接给距离)
命令：

说明：在出现命令提示行“指定基点或［位移（D）］<位移>：”时，选择“位移（D）”选项，可用输入坐标方式给点来拉/压对象。

4.5 打断

“打断”（BREAK）命令用以擦除对象上不需要指定边界的某一部分，也可将一个对象在一个点处打断，即分成两个对象。该命令可直接给两断开点来擦除对象的一部分；也可先选择要打断的对象，然后再给两断开点来擦除对象的一部分，如图 4.15 所示。后者常用于第一个打断点定位不准确、需要重新指定的情况。

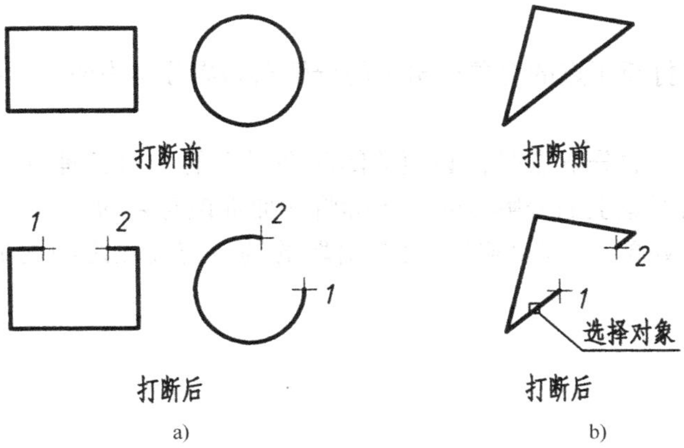

图 4.15 打断的示例
a）直接给两断开点 b）先选实体再给两断开点

1. 输入命令

- 从“修改”工具栏单击：“打断”图标按钮。
- 从菜单栏选取：“修改” ⇨“打断”。
- 从键盘键入：BR。

2. 命令的相关操作

（1）直接给两断点的打断操作

命令：(输入命令)
选择对象：(给打断点“1”)
指定第二个打断点或[第一点(F)]：(给打断点“2”)
命令：

（2）先选对象再给两断点的打断操作

命令：(输入命令)
选择对象：(选择对象)
指定第二个打断点或[第一点(F)]：(选择“第一点(F)”选项)
指定第一个打断点：(给断开点“1”)
指定第二个打断点：(给断开点“2”)
命令：

说明：

① 在出现该命令提示行“指定第二个打断点：”时，若在对象一端的外面点取一点，则把断开点“1”与此点之间的那段对象删除。

② 在切断圆时，去掉的部分是从断开点“1”到断开点“2”之间逆时针旋转的部分。

（3）打断于点的打断操作

命令：(从“修改”工具栏单击：“打断于点”图标按钮)

选择对象:(选择对象)
指定第二个打断点或[第一点(F)]:_f——信息行
指定第一个打断点:(给对象上的分解点)
指定第二个打断点:@ ——信息行
命令:

结束命令后，被打断于点的对象以给定的分解点为界分解为两个对象，外观上没有任何变化。

说明：在给对象上的分解点时，必须关闭状态栏上的“对象捕捉”模式。若“对象捕捉”不关闭，则在给对象上的分解点时，光标将先捕捉该对象的一端（不点取），然后移动光标至对象上的某点处单击，AutoCAD 就把拾取的端点与此点之间的那段对象删除，相当于将对象变短。

4.6 合并

用“合并”（JOIN）命令用以将一条直线上的多个线段或一个圆上的多个圆弧连接合并为一个对象，如图 4.16 所示。

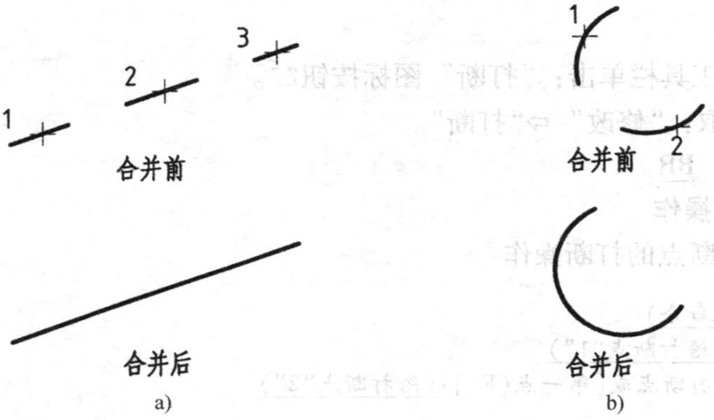

图 4.16 合并示例
a）直线段合并 b）圆弧合并

1. 输入命令

- 从“修改”工具栏单击：“合并”图标按钮 ⇻。
- 从菜单栏选取：“修改” ⇨“合并”。
- 从键盘输入：J。

2. 命令的相关操作

（1）合并直线段

以图 4.16a 所示的图形为例进行合并直线段的操作。

命令:(输入命令)
选择源对象或要一次合并的多个对象:(选择直线段 1 作为源线段)
选择要合并的对象:(选择要合并的直线段 2)
选择要合并的对象:(选择要合并的直线段 3)

选择要合并的对象：↙——结束选择
3 条直线已合并为 1 条直线　　　　——信息行
命令：

> 提示：在命令第一行提示时，用窗选一次选中要合并的所有对象是直线合并的快捷方法。

说明：用多段线命令绘制的直线不能合并。

（2）合并曲线段

以图 4. 16b 所示的图形为例进行合并直线段的操作。

命令：(输入命令)
选择源对象或要一次合并的多个对象：(选择圆弧段 1 作为源线段)
选择要合并的对象：(选择要合并的圆弧段 2)
选择要合并的对象：↙——结束选择
2 条圆弧已合并为 1 条圆弧　　——信息行
命令：

说明：在合并圆时，连接的部分是从源线段 1 到要要合并的线段 2 之间逆时针旋转的部分。

4.7 延伸与修剪

在 AutoCAD 中绘图，为了提高绘图速度，常根据所给尺寸，先用绘图命令画出图形的基本形状，然后再用“修剪”命令将各对象中多余的部分去掉。例如：画一个组合柱的底面，可先用“圆”命令和“直线”命令画出两个圆和两条直线，形状如图 4. 17a 中左图所示，然后再用“修剪”命令以两直线为边界，将两圆多余的部分修剪掉，修剪后的形状如图 4. 17b 中左图所示。

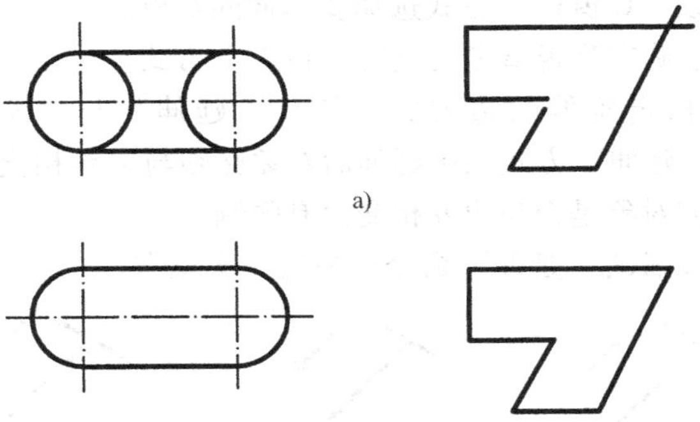

图 4. 17　修剪与延伸示例
a）修剪、延伸之前　b）修剪、延伸之后

另外，绘图时常会出现误差，当所绘制的两线段相交处出现出头或间隙时，如图 4. 17a 中右图所示，用“修剪”命令或“延伸”命令去掉出头或画出间隙处的线段是最准确、最快捷的方法，效果如图 4.17b 中右图所示。

4.7.1 延伸图形中对象到边界

用“延伸”（EXTEND）命令可将选中的对象延伸到指定的边界。

1. 输入命令

● 从“修改”工具栏单击：“延伸”图标按钮--/。

● 从菜单栏选取：“修改” ⇨“延伸”。

● 从键盘键入：EX。

2. 命令的相关操作

以图 4.18 所示为例进行将图形中对象延伸到边界的操作。

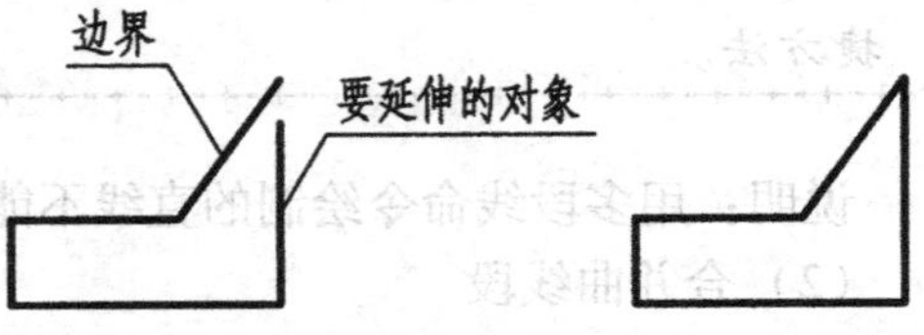

图 4.18 延伸的示例
a）延伸之前 b）延伸之后

```
命令：(输入命令)
当前设置：投影 = UCS  边 = 无  ——信息行
选择边界的边…
选择对象或<全部选择>：(选择边界对象)
选择对象：↙——结束边界选择
选择要延伸的对象，或按住 Shift 键选择要修剪的对象，或
[栏选(F)/窗交(C)/投影(P)/边(E)/放弃(U)]：(选择要延伸的对象)
选择要延伸的对象，或按住 Shift 键选择要修剪的对象，或
[栏选(F)/窗交(C)/投影(P)/边(E)/放弃(U)]：↙——结束延伸
命令：
```

说明：

① 以上操作是命令的默认方式，是常用的方式。

②“延伸”命令操作最后一行命令提示中后 5 项的含义如下。

● “栏选(F)”：用以“栏选”方式选择要延伸的对象。

● “窗交(C)”：用以“C 窗口”方式选择要延伸的对象。

● “投影(P)”：用于确定是否指定或使用“投影”方式。

● “边(E)”：用于指定延伸的边方式，其有“延伸”与“不延伸”两种方式。如图 4.19 所示，“不延伸”方式限制延伸后对象必须与边界相交才可延伸；“延伸”方式对延伸后被延伸对象是否与边界相交没有限制。

● “放弃(U)”：用以撤消“延伸”命令中最后一次操作。

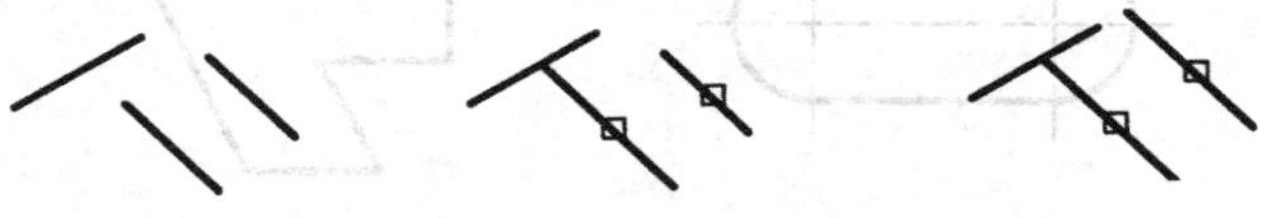

a) b) c)

图 4.19 “延伸”命令的边方式
a）延伸之前 b）“不延伸”方式 c）“延伸”方式

③ AutoCAD 的“延伸”命令中可按提示行“按住 Shift 键选择要修剪的对象”，进行修剪图形中对象到边界的操作。

4.7.2 修剪图形中对象到边界

“修剪”（TRIM）命令用以将指定的对象修剪到指定的边界。

1. 输入命令

- 从“修改”工具栏单击：“修剪”图标按钮 -/-- 。
- 从菜单栏选取：“修改” ⇨“修剪”。
- 从键盘键入：TR。

2. 命令的相关操作

以图 4.20 所示为例进行修剪的操作。

命令：(输入命令)
当前设置：投影 = UCS 边 = 无 ——信息行

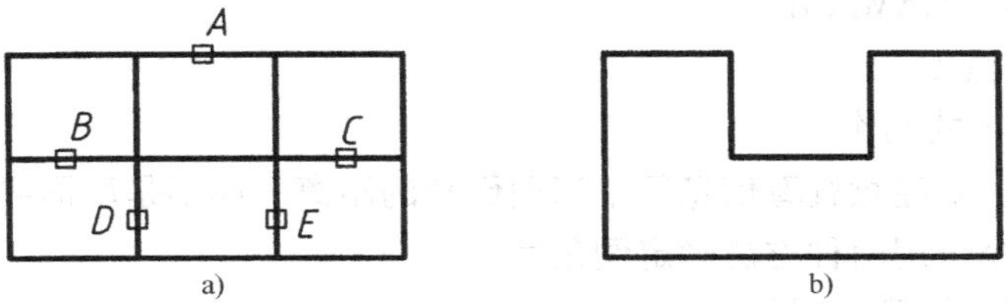

图 4.20 修剪的示例
a）修剪之前 b）修剪之后

选择边界的边…
选择对象或 <全部选择>：(按【Enter】键，选择全部对象为边界)
选择对象：↙——结束边界选择
选择要修剪的对象，或按住 Shift 键选择要延伸的对象，或
[栏选(F)/窗交(C)/投影(P)/边(E)/删除(R)/放弃(U)]：(选择要剪切的“A”部分)
选择要修剪的对象，或按住 Shift 键选择要延伸的对象，或
[栏选(F)/窗交(C)/投影(P)/边(E)/删除(R)/放弃(U)]：(选择要剪切的“B”部分)
选择要修剪的对象，或按住 Shift 键选择要延伸的对象，或
[栏选(F)/窗交(C)/投影(P)/边(E)/删除(R)/放弃(U)]：(选择要剪切的“C”部分)
选择要修剪的对象，或按住 Shift 键选择要延伸的对象，或
[栏选(F)/窗交(C)/投影(P)/边(E)/删除(R)/放弃(U)]：(选择要剪切的“D”部分)
选择要修剪的对象，或按住 Shift 键选择要延伸的对象，或
[栏选(F)/窗交(C)/投影(P)/边(E)/删除(R)/放弃(U)]：(选择要剪切的“E”部分)
选择要修剪的对象，或按住 Shift 键选择要延伸的对象，或
[栏选(F)/窗交(C)/投影(P)/边(E)/删除(R)/放弃(U)]：↙——结束修剪
命令：

说明：

①“修剪”命令中的修剪边界同时也可以作为被修剪的对象。

②“修剪”操作命令提示行中的其他选项与“延伸”命令中的同类选项含义相同。

③ AutoCAD 的修剪命令中可按提示行“按住 Shift 键选择要延伸的对象”，进行延伸对象到边界的操作。

4.8　倒角

4.8.1　对图形中对象倒斜角

用“倒角”（CHAMFER）命令可按指定的距离或角度对图形中对象倒斜角。该命令可在一对相交直线上倒斜角，也可对封闭的一组线（包括多段线、多边形、矩形）各线交点处同时进行倒斜角。

1. 输入命令

- 从“修改”工具栏单击：“倒角”图标按钮。
- 从菜单栏选取：“修改”⇨“倒角”。
- 从键盘键入：CHAMFER。

2. 命令的相关操作

（1）定倒角大小的操作

当进行倒角时，要注意查看信息行中当前倒角的距离，如不是所需要的，应首先选项确定倒角大小。该命令可用两种方法确定倒角大小。

① 选“距离(D)”确定倒角大小。

该选项用指定两个倒角距离来确定倒角大小，两倒角距离可相等，也可不相等，还可为零，如图 4.21 所示。

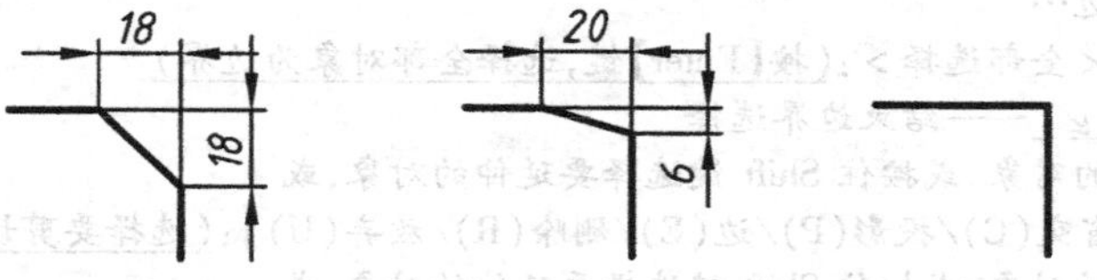

图 4.21　用“距离(D)”选项定倒角大小

a）两倒角距离相等　b）两倒角距离不等　c）两倒角距离为零

具体操作如下：

命令：(输入命令)
(“修剪”模式) 当前倒角距离 1 =6.00，距离 2 =4.00　——信息行
选择第一条直线或[放弃(U)/多段线(P)/距离(D)/角度(A)/修剪(T)/方式(E)/多个(M)]：(选“距离(D)”选项)
指定第一个倒角距离　<6.00>：(给第一个倒角距离用于选择的第一条倒角线)
指定第二个倒角距离　<4.00>：(给第二个倒角距离用于选择的第二条倒角线)

② 选“角度(A)”确定倒角大小。

该选项用指定第一条线上的倒角距离和该线与斜线间的夹角来确定倒角大小，如图 4.22 所示。

具体操作如下：

命令:(输入命令)
(“修剪”模式) 当前倒角距离 1 =30.00,距离 2 =30.00　　——信息行
选择第一条直线或[放弃(U)/多段线(P)/距离(D)/角度(A)/修剪(T)/方式(E)/多个(M)]:
(选“角度(A)”选项)
指定第一条直线的倒角长度 <0.00>:(给第一条倒角线上的倒角长度)
指定第一条直线的倒角角度 <0.00>:(给角度)

说明：以上所定倒角大小将一直沿用，直到改变它。

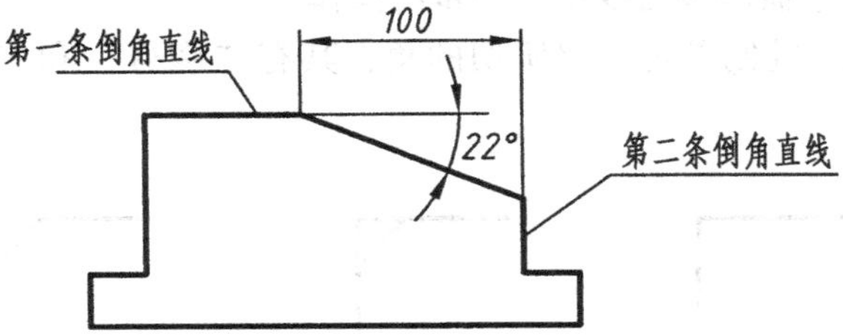

图 4.22　用“角度”选项定倒角大小

(2) 单个倒角的操作

定倒角大小后，AutoCAD 将继续提示：

选择第一条直线或[放弃(U)/多段线(P)/距离(D)/角度(A)/修剪(T)/方式(E)/多个(M)]:
(选择第一条倒角线)
选择第二条直线,或按住 Shift 键选择直线以应用角点或 [距离(D)/角度(A)/方法(M)]:(选择第二条倒角线)
命令:

(3) 多段线的倒角操作

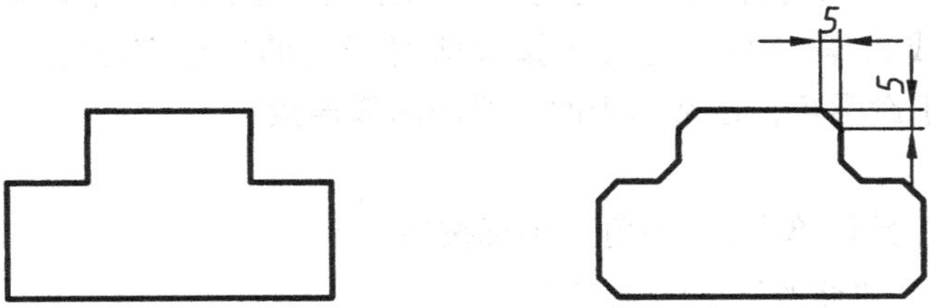

图 4.23　多段线倒角的示例
a) 倒角之前　b) 倒角之后

以图 4.23a 为例进行多段线的倒角操作。

命令:(输入命令)
(“修剪”模式) 倒角距离 1 =6.00,距离 2 =4.00　　——信息行
选择第一条直线或[放弃(U)/多段线(P)/距离(D)/角度(A)/修剪(T)/方式(E)/多个(M)]:
(选“距离(D)”选项)
指定第一个倒角距离 <10.00>:5↙
指定第二个倒角距离 <10.00>:5↙
选择第一条直线或[放弃(U)/多段线(P)/距离(D)/角度(A)/修剪(T)/方式(E)/多个(M)]:
(选“多段线(P)”选项)

选择二维多段线或［距离(D)/角度(A)/方法(M)］:(选择多段线)
8 条直线已被倒角　——信息行
命令:

其效果如图 4.23b 所示。

说明：命令提示行“［放弃(U)/多段线(P)/距离(D)/角度(A)/修剪(T)/方式(E)/多个(M)］:”中其常用选项的含义如下。

①“放弃(U)”用于撤消该命令中上一步的操作。

②“修剪(T)”用于控制是否保留所切的角，其有“修剪”和“不修剪”两个控制选项，如图 4.24 所示。

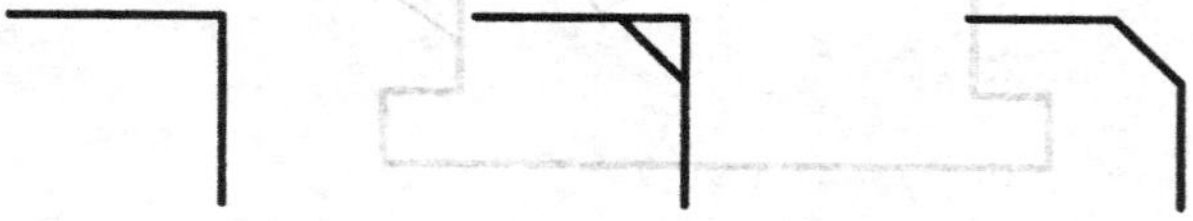

a)　　b)　　c)

图 4.24　斜角命令中“修剪”选项
a）倒角之前　b）“不修剪”倒角　c）“修剪”倒角

③“方式(E)”：控制倒角的方式。

④“多个(M)”：可连续执行单个倒角的操作。

4.8.2　对图形中对象倒圆角

“圆角”（FILLET）命令用以按指定的半径来建立一条圆弧，用该圆弧可光滑连接两条线段（直线、圆弧或圆等对象），还可用该圆弧对封闭的二维多段线中的各线段交点倒圆角。该命令不仅用于倒圆角，还常用于两线段间圆弧连接。

1. 输入命令

- 从“修改”工具栏单击：“圆角”图标按钮 ⌒。
- 从菜单栏选取：“修改”⇨“圆角”。
- 从键盘键入：F。

2. 命令的相关操作

(1) 定圆角半径的操作

当输入倒圆角命令后，首先要注意查看信息行中当前圆角半径，如不是所需要的，应首先指定半径大小。

具体操作如下：

命令:(输入命令)
当前设置：模式 = 修剪，半径 = 8.00　——信息行
选择第一个对象或［放弃(U)/多段线(P)/半径(R)/修剪(T)/多个(M)］:(选“半径(R)”选项)
指定圆角半径 <8.00>:(给圆角半径)

说明：所给圆角半径将一直沿用，直到改变它。

(2) 单个倒圆角的操作

如图 4.25 所示，定圆角半径后，单个倒圆角，可如下操作：

a)

b)

图 4.25 单个倒圆角示例

a) 倒圆角之前 b) 倒圆角之后

命令:(输入命令)
当前设置:模式 = 修剪,半径 = 10.00 ——信息行
选择第一个对象或 [放弃(U)/多段线(P)/半径(R)/修剪(T)/多个(M)]:(选择第一条线)
选择第二个对象,或按住 Shift 键选择对象以应用角点或 [半径(R)]:(选择第二条线)
命令:

说明：要连续地依次倒圆角，应首先选择“多个（M）”选项。

(3) 多段线倒圆角的操作

其操作方法与图 4.23 所示的“倒角”命令相同，其效果如图 4.26 所示。

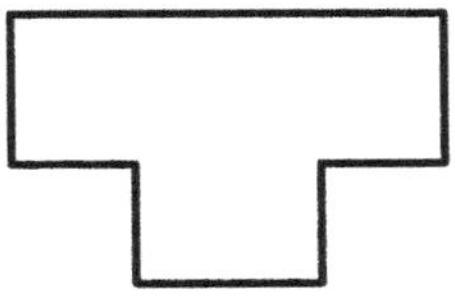

a)

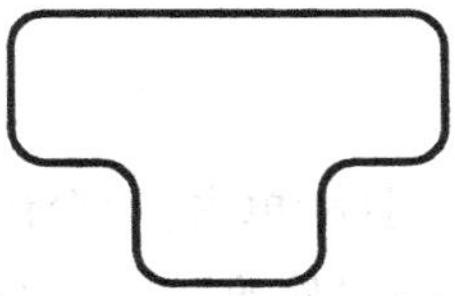

b)

图 4.26 多段线倒圆角示例

a) 倒圆角之前 b) 倒圆角之后

4.9 光滑连接

“光顺连接”（BLEND）命令用以在两条选定直线或开放曲线的间隙处绘制一条样条曲线，来把两线段光滑地连接起来，效果如图 4.27 所示。

1. 输入命令

- 从“修改”工具栏单击：“光顺曲线”图标按钮。
- 从菜单栏选择：“修改” ⇨ “光顺曲线”。
- 从键盘键入：BLEND。

2. 命令的相关操作

命令:(输入命令)
连续性 = 相切 ——信息行

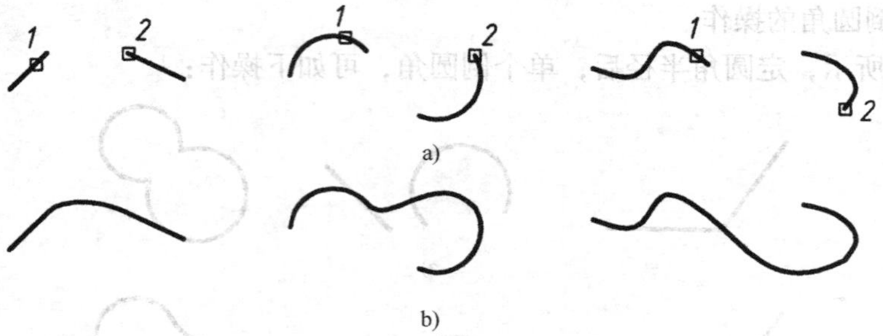

图 4.27　光滑连接示例

a）光滑连接之前　b）光滑连接之后

选择第一个对象或［连续性(CON)］:(选择要光滑连接的线段 1——靠近连接端点选)
选择第二个点:(选择要光滑连接的线段端点 2——靠近连接端点选)
命令:

说明：在提示行“选择第一个对象或［连续性(CON)］:”中选择“连续性(CON)”项，可按提示设置光滑连接的方式（“相切”或“平滑”），默认方式是“相切”。

4.10　分解

用“分解”（EXPLODE）命令可将多段线、矩形、正多边形、图块、剖面线、尺寸等含多项内容的一个对象分解成若干个独立的对象。当只需编辑这些对象中一部分时，可先执行该命令分解对象。

1. 输入命令

- 从“修改”工具栏单击：“分解”图标按钮 。
- 从菜单栏选取：“修改”⇨“分解”。
- 从键盘键入：EXPLODE 。

2. 命令的相关操作

命令:(输入命令)
选择对象:(选择要分解的对象)
选择对象:(继续选择对象或按【Enter】键结束命令)
命令:

4.11　编辑多段线

“多段线”（PEDIT）命令用以编辑多段线，并可执行几种特殊的编辑功能以处理多段线的特殊属性。

1. 输入命令

- 从菜单栏选取：“修改”⇨“对象”⇨“多段线”。
- 从键盘键入：PEDIT。

2. 命令的相关操作

命令:(输入命令)
选择多段线或[多条(M)]:(选择对象)
输入选项[闭合(C)/合并(J)/宽度(W)/编辑顶点(E)/拟合(F)/样条曲线(S)/非曲线化(D)/线型生成(L)/反转(R)/放弃(U)]:(选项)

其命令提示行各选项含义如下。

①“闭合(C)”：将所选的多段线首尾闭合。

②“合并(J)”：将数条首尾相连的非多段线或多段线转换成一条多段线。

③“宽度(W)”：重新指定多段线的线宽。

④“编辑顶点(E)”：针对多段线某一顶点作编辑。

⑤“拟合(F)”：将多段线拟合成双圆弧曲线。

⑥“样条曲线(S)”：将多段线拟合成样条曲线。

⑦“非曲线化(D)”：将拟合曲线修成的平滑曲线还原成多段线。

⑧“线型生成(L)”：设置线型图案所表现的方式。

⑨“反转(R)”：将多段线顶点的顺序反转。

⑩“放弃(U)”：撤消命令中上一步的操作。

4.12 用“特性”对话框进行查看和修改

用“特性”（PROPERTIES）命令可查看和全方位地修改单个对象（如：直线、圆、圆弧、多段线、矩形、正多边形、椭圆、样条曲线、文字、尺寸、剖面线、图块等）的特性。该命令也可以同时修改多个对象上共有的对象特性。根据所选对象不同，AutoCAD 将分别显示不同内容的“特性”对话框。

如要查看或修改一个对象的特性，一次应选择一个对象，“特性”对话框中将显示这个对象的各项特性，并可根据需要进行修改。如要修改一组对象的共有特性，应一次选择多个对象，“特性”对话框中将显示这些对象的共有特性，可修改对话框中显示的内容。

该命令可用下列方法之一输入：

- 从“标准”工具栏单击：“特性”图标按钮 。
- 从键盘键入：PR。
- 快捷键输入：按下【Ctrl + 1】组合键。

输入该命令后，AutoCAD 会立即弹出“特性”对话框。弹出对话框后，在待命状态下，直接选择要修改的对象（对象特征点上出现彩色小方框即为选中）；也可单击“特性”对话框上部的“选择对象”图标按钮 来选择对象，结束选择后“特性”对话框中将显示所选对象的特性。

在“特性”对话框中修改对象的特性，无论一次修改一个还是多个，无论修改哪一种对象，都可归纳为以下两种情况。

1. 修改数值选项

修改数值选项有如下两种方法。

(1) 用“拾取点”方式修改

如图 4. 28 所示，单击需修改的选项行，此时会显示一个“拾取点”图标按钮，单击该按钮，即可在绘图区中用拖动的方法给出所选特征点的新位置，确定后即修改。

（2）用“输入一新值”方式修改

如图 4. 29 所示，单击需修改的选项行，激活后可输入新值，按【Enter】键确定后即修改。修改后可继续对该对象进行多次修改。

如要结束对该对象的修改，应按【Esc】键，然后可再选择其他对象进行修改或结束修改。

单击“特性”对话框上关闭图标按钮，可关闭它。

> 提示：当某条（或某些）虚线或点画线的长短间隔不合适或不在线段处相交时，可单击“线型比例”（此是“当前对象缩放比例”）选项行，用上述方法修改它们的当前线型比例值（绘制工程图时一般只在 0.6 ~ 1.3 调整），直至虚线或点画线的长短间隔合适或在线段处相交。

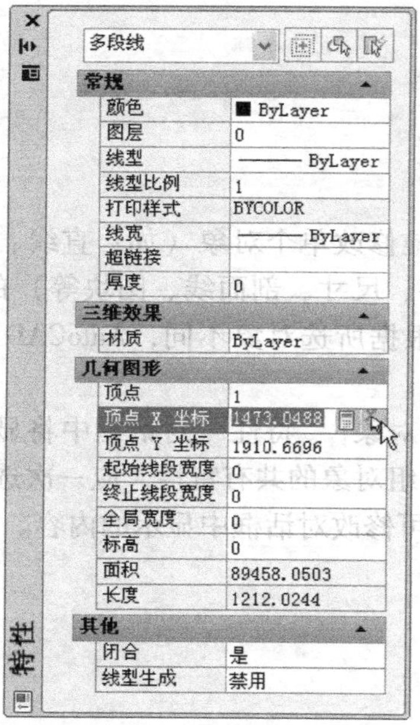

图 4. 28 用“拾取点”方式修改数值选项

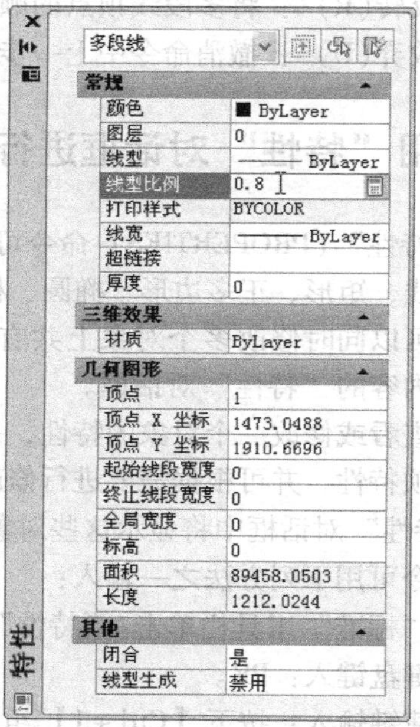

图 4. 29 用“输入一新值”方式修改数值选项

说明：激活的数据行后还将显示“快速计算器”图标按钮，单击它可弹出“快速计算器”对话框，如图 4. 30 所示。应用“快速计算器”可执行各种数学和三角计算，AutoCAD 的快速计算采用标准的数学表达式和图形表达式，包括交点、距离和角度计算；在“快速计算器”中执行计算时，计算值将自动存储到历史记录列表中，可在后续的计算中查看。

2. 修改有下拉列表框的选项

如图 4. 31 所示，其修改方法是：先单击需要修改的选项行，再单击该行对应的下拉列表按钮（图 4. 31 所示为“图层”下拉列表），从下拉列表中选取所需的选项即修改。可继续选项对该对象进行修改或按【Esc】键结束对该对象的修改。

图 4.30 “快速计算器”对话框

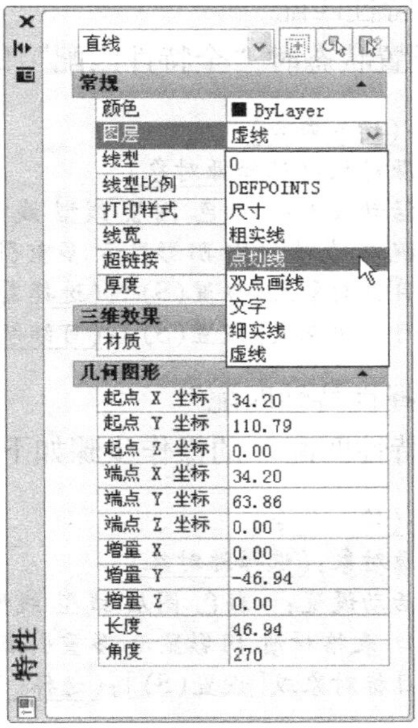

图 4.31 修改有下拉列表选项的示例

说明：

①“特性”对话框如果需要也可不关闭，可将其移至合适的地方，它不影响其他命令的操作。

② AutoCAD 的“特性”对话框具有自动隐藏功能。设置自动隐藏的方法是：单击“特性”对话框标题栏上的“自动隐藏”图标按钮，使之变成形状，即激活了自动隐藏功能。此时当光标移至其之外时，只显示“特性”对话框标题栏；当光标移至该对话框标题栏上时，“特性”对话框自动展开。这样就可以节约很大一部分绘图区面积，使绘图更方便。若要取消自动隐藏功能，应再单击“自动隐藏”图标按钮。

③ 打开状态栏上 QP（快捷特性）模式，在“命令:”状态时，选择所要查看或修改的对象，AutoCAD 将在所选对象处自动弹出“快捷特性”对话框，显示所选对象的特性并可在其中进行修改。

4.13 用“特性匹配”功能进行修改

所谓“特性匹配”功能，就是把作为“源对象”的颜色、图层、线型、线型比例、线宽、文字样式、标注样式、剖面线等特性复制给其他的对象。如把上述特性全部复制则称“全特性匹配”，如只把上述某些特性进行复制则称“选择性特性匹配”。

1. 输入命令

- 从“标准”工具栏单击：“特性匹配”图标按钮。
- 从菜单栏选取：“修改” ⇨ “特性匹配”。
- 从键盘键入：MA。

2. 命令的相关操作

（1）“全特性匹配”

在默认设置状态时“全特性匹配”的操作步骤如下：

命令：(输入命令)
选择源对象：(选择源对象)
当前活动设置：颜色 图层 线型 线型比例 线宽 透明度 厚度 打印样式 标注 文字 填充图案 多段线 视口 表格材质 阴影显示 多重引线 ——信息行
选择目标对象或[设置(S)]：(选择需要修改的对象)
选择目标对象或[设置(S)]：(可继续选择需要修改的对象或按【Enter】键结束命令)

（2）“选择性特性匹配”

“选择性特性匹配”的操作步骤如下：

命令：(输入命令)
选择源对象：(选择源对象)
当前活动设置：颜色 图层 线型 线型比例 线宽 透明度 厚度 打印样式 标注 文字 填充图案 多段线视口 表格材质 阴影显示 多重引线 ——信息行
选择目标对象或[设置(S)]：(选择“设置(S)”选项)

进行（1）或（2）的操作后，AutoCAD 立即弹出“特性设置”对话框，如图 4.32 所示。

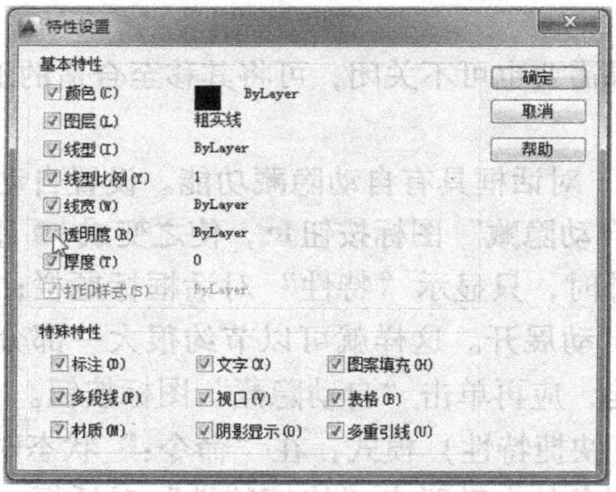

图 4.32 “特性设置”对话框

“特性设置”对话框中的默认设置为全特性匹配，即对话框中的所有选项的复选框均被选中。如只需复制其中的某些特性，则取消选中的相关的复选框即可。

4.14 用“夹点”功能进行快速修改

“夹点”功能是用与传统的 AutoCAD 修改命令完全不同的方式来快速完成在绘图中常用的“拉伸”“移动”“旋转”“缩放”“镜像”命令的操作。AutoCAD 从 2012 版开始增加了多功能夹点，在任意一个夹点上悬停，AutoCAD 即可显示相关的编辑菜单，直接选择相应命令可实现“拉伸顶点”“添加顶点”“删除顶点”“转换为圆弧”（或“转换为直线”）“拉伸”“拉长”功能等的快速编辑。

1. “夹点”功能的设置

在“命令:”（待命）状态下选择对象时，一些彩色小方框出现在对象的特征点上，这些小方框被称对象的夹点，如图 4.33 所示。

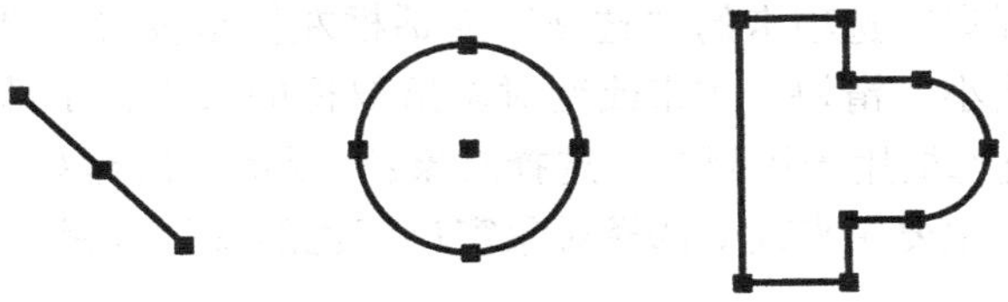

a)　　b)　　c)

图 4.33　显示对象的夹点示例

a）直线的夹点　b）圆的夹点　c）多段线夹点

通过“选项”对话框中“选择集”选项卡可进行“夹点”功能的相关设置。

单击 AutoCAD 工作界面左上角“应用程序”按钮，从弹出的列表中单击“选项”命令按钮，AutoCAD 显示“选项”对话框，然后单击“选择集”选项卡，显示内容如图 4.34 所示。

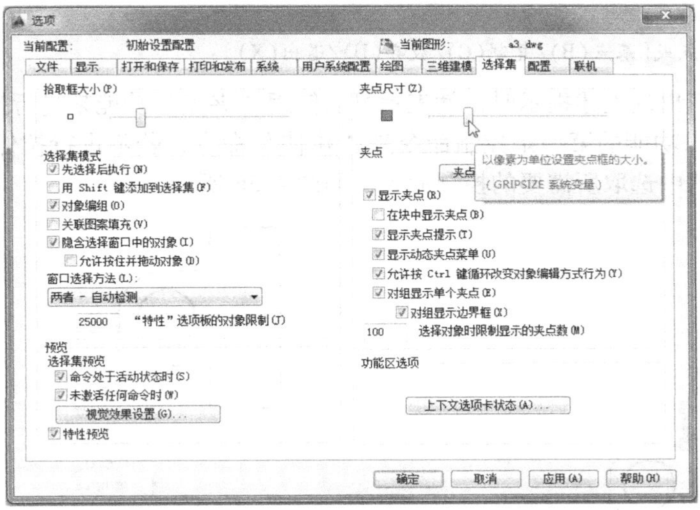

图 4.34　显示“选择集”选项卡的“选项”对话框

该对话框右侧是设置“夹点”功能的有关选项，主要选项含义如下。

①“夹点尺寸”滑块：用来改变夹点方框的大小。当移动滑块时，左边的小图标会显示当前夹点方框的大小。

②“夹点颜色”按钮：单击它可显示“夹点颜色”对话框，用来改变“未选中夹点的颜色”“悬停夹点颜色”“选中夹点的颜色”（即基点）和“夹点轮廓的颜色”。

③“显示夹点”复选框：用来控制夹点的显示。若选中它，则显示夹点，即打开夹点功能。一般选中它。

④“在块中显示夹点”复选框：用来控制图块中对象上夹点的显示。若选中它，显示图块中所有对象的夹点；若不选中，只显示图块插入点上的夹点。一般不选它。

⑤“显示夹点提示”复选框：用来控制使用夹点时相应文字提示的打开与关闭。一般打

开它。

要取消对象上显示的夹点，可连续按两次【Esc】键，也可在工具栏上单击其他命令使其消失。

说明：显示“选择集”选项卡的“选项”对话框左侧是设置“选择集”模式的有关选项，上部为“拾取框大小”滑块，用来改变对象拾取框的大小；中部为“选择集模式”选项区域，其中的6个复选框用于控制在“选择对象:”提示下选择对象的方式；下部为“选择集预览”选项区域，主要用来改变选择对象窗口底色的视觉效果。一般应用图4.34所示的默认设置。

2. 使用“夹点”功能

要使用“夹点”功能，首先应在待命状态下选取对象，使对象显示夹点，当光标悬停在某些夹点时，AutoCAD会显现即时菜单（此为“多功能夹点”即时菜单），如图4.35所示。可在菜单中选项对该夹点进行快速编辑。

无论是否为多功能夹点，当对象显示夹点后，再单击某个夹点。这个夹点将红色高亮显示（该夹点即为控制命令中的“基点”），同时命令提示区立即弹出一条控制命令与提示：

```
* * 拉伸 * *
指定拉伸点或[基点(B)/复制(C)/放弃(U)/退出(X)]:
```

当命令提示区出现上述提示时，就表示可以使用“夹点”功能来进行操作了。

进入“夹点”功能的第一条控制命令是“拉伸”命令，若不进行拉伸操作，应右击弹出右键菜单，可从中选取所需要的控制命令，如图4.36所示。

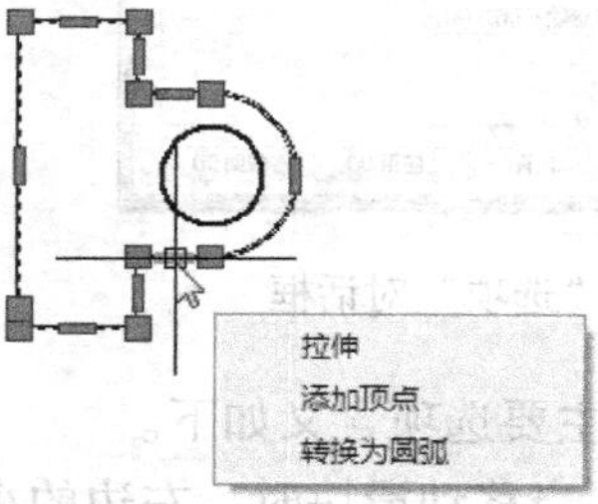

图4.35 “多功能夹点”即时菜单

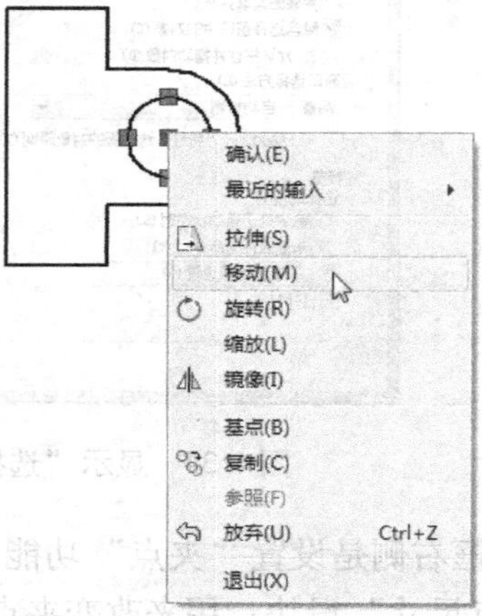

图4.36 “夹点”功能右键菜单

在“夹点”右键菜单中可选择“移动”“镜像”“旋转”“缩放”“拉伸”等命令，选择不同的命令后AutoCAD将在命令区显示不同的命令提示行：

```
* * 拉伸 * *
指定拉伸点或[基点(B)/复制(C)/放弃(U)/退出(X)]:
* * MOVE * *
指定移动点或[基点(B)/复制(C)/放弃(U)/退出(X)]:
* * 镜像 * *
```

指定第二点或[基点(B)/复制(C)/放弃(U)/退出(X)]:
** 旋转 **
指定旋转角度或[基点(B)/复制(C)/放弃(U)/参照(R)/退出(X)]:
** 比例缩放 **
指定比例因子或[基点(B)/复制(C)/放弃(U)/参照(R)/退出(X)]:

以上5个命令提示行中的选项，与本章前述的编辑命令基本操作相同。不同的是这些命令提示行中又多了几个共有的选项，其含义如下。

①“基点(B)”：允许改变基点位置。

②“放弃(U)”：用来撤消该命令中最后一次的操作。

③“退出(X)”：使该控制命令结束并返回“命令:”提示。

④“复制(C)”：可对同一选中的对象实现复制性控制操作。若要实现复制性控制操作，应在执行控制命令时先选“复制(C)”项，否则执行一次后将自动退出该命令。

如图4.37所示，就是在“旋转”控制命令中对椭圆进行复制性操作的示例，其操作过程如下。

在待命状态下，选择椭圆使其显示夹点，再选择椭圆的中心点为“基点”，然后在右键菜单中选择“旋转”命令，命令提示区出现命令提示行：

** 旋转 **
指定旋转角度或 [基点(B)/复制(C)/放弃(U)/参照(R)/退出(X)]:(单击命令提示行中“复制(C)”选项)
指定旋转角度或 [基点(B)/复制(C)/放弃(U)/参照(R)/退出(X)]:(拖动旋转) ——复制出一个椭圆
指定旋转角度或 [基点(B)/复制(C)/放弃(U)/参照(R)/退出(X)]:(拖动旋转) ——又复制出一个椭圆
指定旋转角度或 [基点(B)/复制(C)/放弃(U)/参照(R)/退出(X)]:↙
命令:

提示：在绘制工程图中，经常遇到图4.38所示的情况，此时使用“夹点”来修正点画线的长短是最快键的方式。

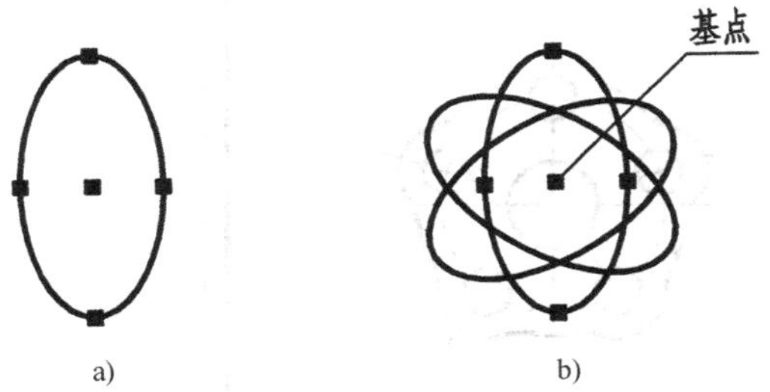

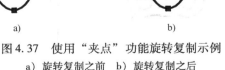

图4.37 使用“夹点”功能旋转复制示例
a）旋转复制之前 b）旋转复制之后

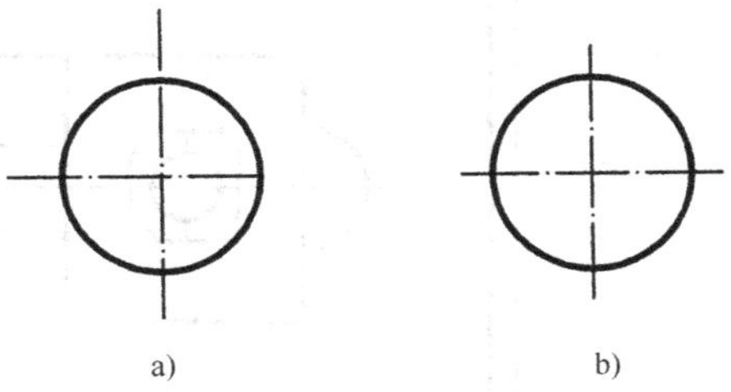

图4.38 使用“夹点”功能进行快速修改示例
a）修改之前 b）修改之后

上机练习与指导

练习1：进行绘图环境的7项基本设置（A3）。

练习 1 指导：工程绘图环境的 7 项基本设置必须熟练掌握，具体见第 2 章上机练习中练习 1 的指导。

练习 2：操作选择对象的常用方式，要熟练掌握。

练习 2 指导：

用绘图命令随意画出几组对象，然后用“删除”图标按钮 练习选择对象的 6 种方式：“栏选方式”“全选方式”“扣除方式”，还有第 1 章介绍的“直接点取方式”“W 窗口方式”“C 交叉窗口方式”3 种默认方式。

练习 3：按本章所述的操作方式依次练习各编辑命令。

练习 3 指导：

（1）先用绘图命令画出一些基本图形（不需要按本章的插图画），然后按本章所述的操作方式依次练习“复制”“移动”“改变大小”“打断”“合并”“延伸”与“修剪到边界”“倒角”“分解”等编辑命令，各命令中的常用选项应逐一练到。

常用的“修剪”命令和“圆角”命令的操作和应用技巧可扫二维码 4.1 和二维码 4.2 看视频。

码 4.1 “修剪”命令的操作技巧　　码 4.2 “圆角”命令的应用技巧

（2）练习应用“特性”窗口查看和全方位修改对象。

（3）练习“夹点”功能的常用操作。要重视“夹点”功能在绘图中的应用，合理应用“夹点”功能是提高绘图速度的重要一环。

练习 4：用已设置的 A3 绘图环境，目估尺寸来绘制图 4.39 所示“几何作图”中的各图形（重点是练习编辑命令的操作）。

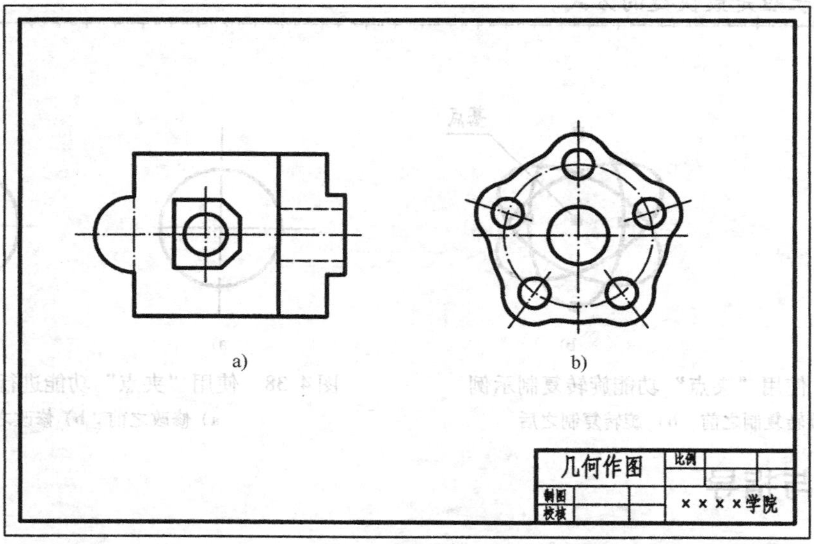

图 4.39　几何作图

练习4指导：

（1）“几何作图”中图4.39a的画法思路，如图4.40所示（扫二维码4.3看视频）。

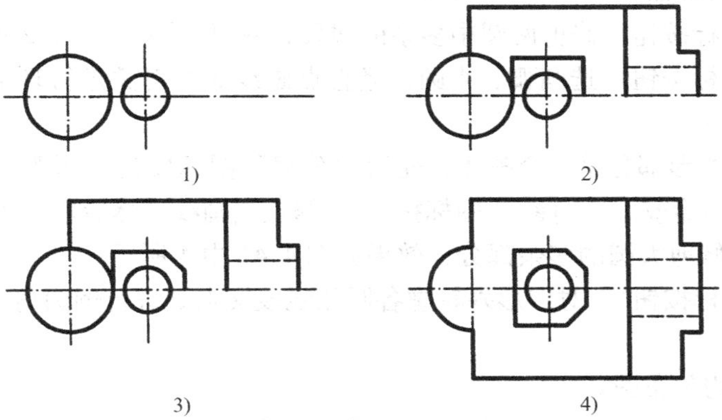

图4.40　图4.39a的分解图

码4.3　图4.39a画法

① 设“点画线”图层为当前图层，用“直线”图标按钮 画出各点画线。换“粗实线”图层为当前图层，用“圆”图标按钮 画两个粗实线圆，效果如图4.40中1所示。

② 在“粗实线”图层，用“多段线”图标按钮 画出图中所有粗实线直线段。换“虚线”图层为当前图层，用“直线”图标按钮 画出图中虚线直线段。应用“夹点”功能使点画线至合适的长度，效果如图4.40中2所示。

③ 用“倒角”图标按钮 进行倒角，效果如图4.40中3所示。

④ 用“镜像”图标按钮 镜像复制图中的所有粗实线直线段和虚线，用“修剪”图标按钮 修剪多余的半圆，完成图形，效果如图4.40中4所示。

（2）“几何作图”中图4.39b的画法思路，如图4.41所示（扫二维码4.4看视频）。

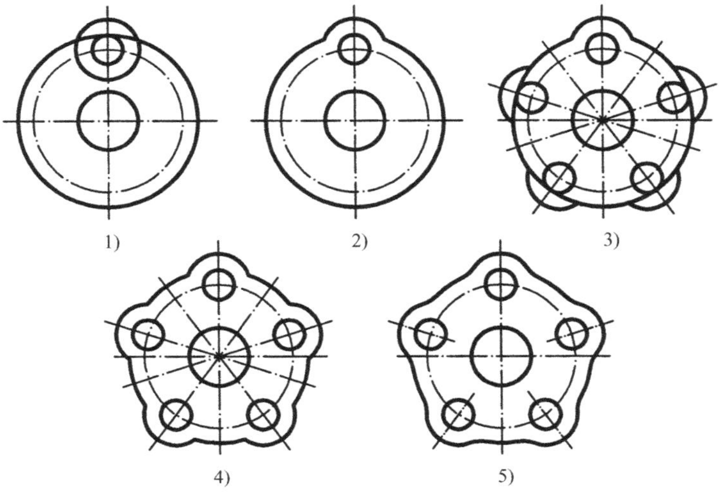

图4.41　图4.39b的分解图

码4.4　图4.39b画法

① 设“点画线”图层为当前图层，用“直线”图标按钮 和“圆”图标按钮 画出

大圆中心线及点画线上的圆（圆心用“对象捕捉”定位）。换“粗实线”图层为当前图层，用“圆”图标按钮 画 4 个粗实线圆（用“对象捕捉”定位）。使用“夹点”功能使各点画线至合适的长度，效果如图 4.41 中 1 所示。

② 用“修剪”图标按钮 修剪两圆中多余的线段，效果如图 4.41 中 2 所示。

③ 用“阵列”图标按钮 选圆弧、小圆、竖直点画线 3 个对象进行环形阵列 5 组，其效果如图 4.41 中 3 所示。

④ 若阵列复制的图形部分是一个整体，先用“分解”图标按钮 将阵列的图形部分分解，再使用“夹点”功能或用“打断”图标按钮 修正点画线，然后用“修剪”图标按钮 以 4 个圆弧为边界修剪大圆的多余部分，效果如图 4.41 中 4 所示。

⑤ 用“圆角”图标按钮 对图形外轮廓各圆弧线段交点处进行倒圆角，完成图形，效果如图 4.41 中 5 所示。

（3）修整图形、均匀布图。

因为是目测绘图，图形中某方向或某处大小可能不合适，可操作“拉伸”图标按钮 来修整。若整体大小不合适，可操作“缩放”图标按钮 改变大小。

绘制完各图形后，用“移动”图标按钮 来调整 2 个图形在图纸上的位置，以使所画图形布图均匀。

提示：① 如果某处点画线、虚线不在线段处相交或某条虚线长短不合适，可用“特性”图标按钮，在待命状态下选中它们，在“特性”窗口中单击“线型比例”选项行，修改它们的当前线型比例值（绘制工程图一般只在 0.6～1.3 调整），直至合适。

② 绘图中如果忘记换图层，所绘制的对象不必擦除，可在待命状态下，选取需要改变图层的对象，使对象显示夹点，然后在“图层”工具栏的下拉列表中选择新的图层名，即可将所选对象换到新的图层，然后按【Esc】键退出即可。

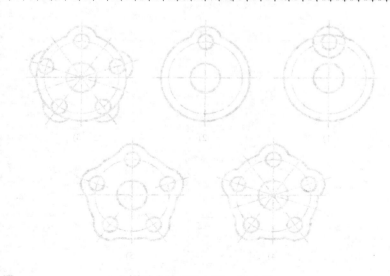

第5章　按尺寸绘图的方式

工程图样中的图形都是按尺寸精确绘制的，AutoCAD 提供了多种按尺寸绘图的方式，应用这些方式，才能实现精确绘图，合理应用这些方式，将会显著提高绘图的速度。本章介绍按尺寸绘图的常用方式和应用技巧。

5.1　直接输入距离绘图的方式

直接输入距离方式主要用于绘制直接注出长度尺寸的水平与竖直线段，也可绘制已知方向和长度的线段，在 1.7 节已提到，直接输入距离方式是移动光标应用“极轴”导向，从键盘直接键入相对前一点的距离（即两点间的长度）来绘制图形。

5.2　输入坐标绘图的方式

输入坐标方式是绘图中输入尺寸的一种基本方式。在坐标系中，用该方式给尺寸是通过给出图中线段的每个端点坐标来实现的。给坐标方式包括：绝对直角坐标、相对直角坐标、相对极坐标、球坐标和柱坐标几种输入方法。其中绝对直角坐标、相对直角坐标、相对极坐标 3 种输入方法用于二维图形，球坐标和柱坐标两种输入方法用于三维图形。本节只介绍前 3 种输入方法。

1. 绝对直角坐标

在 1.7 节中已提到，绝对直角坐标是相对于坐标原点的坐标，输入形式为“X,Y”，从原点到 X 轴坐标向右为正，向左为负；从原点到 Y 轴坐标向上为正，向下为负。

用户可以使用自己定义的坐标系（UCS）或者世界坐标系（WCS）作为当前位置参照系统来输入点的绝对坐标值。

AutoCAD 默认状态是世界坐标系（WCS），其原点（0,0）在图纸左下角。

在 AutoCAD 中建立新的坐标系非常方便，只需单击绘图界面右上角的“WCS”图标按钮，选择弹出菜单中的“新 UCS”命令，然后即可在图形中用光标直接指定新 UCS 的原点和方向，还可按命令提示选项进行设置。一般使用默认的世界坐标系。

2. 相对直角坐标

在 1.7 节中已提到，相对直角坐标是相对于前一点的坐标，其输入形式为“@ X,Y”。相对前一点到 X 轴坐标向右为正，向左为负；相对前一点到 Y 轴坐标向上为正，向下为负。

相对直角坐标常用来绘制已知 X、Y 两方向尺寸的斜线，如图 5.1 所示。

3. 相对极坐标

相对极坐标也是相对于前一点的坐标，它是指定该点到前一点的距离及与 X 轴的夹角来确定点。相对极坐标输入方法为“@ 距离 < 角度”（相对极坐标中，距离与角度之间以

“<”符号相隔)。在 AutoCAD 中默认设置是逆时针方向为角度正方向，水平向右为 0°。相对极坐标按尺寸绘图时可方便地绘制已知线段长度和角度尺寸的斜线，如图 5.2 所示。

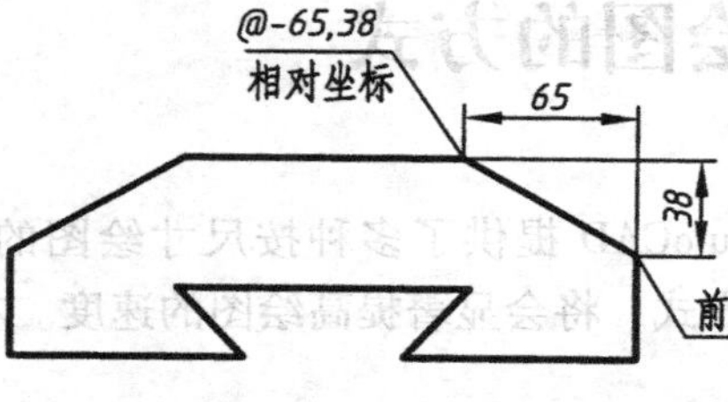

图 5.1　用相对直角坐标按尺寸绘图示例

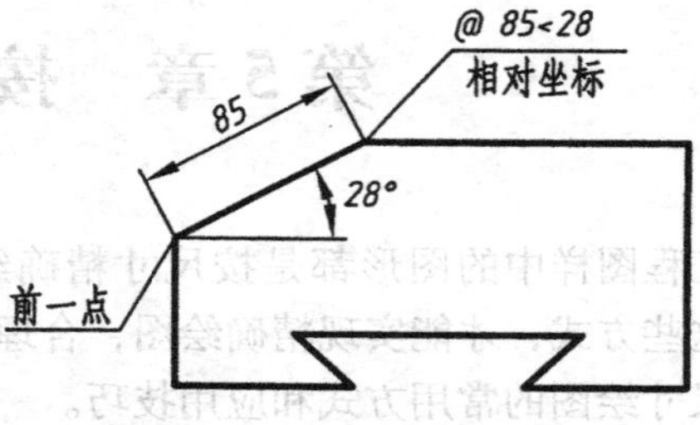

图 5.2　用相对极坐标按尺寸绘图示例

提示：在 AutoCAD 中，打开状态栏上“DYN”（动态输入）模式，可以在光标处显示的工具栏提示中直接输入相对坐标值，不必输入“@”符号。

说明：若要修改“动态输入”模式的设置，可右击状态栏上“DYN”（动态输入）模式图标按钮，然后选择右键菜单中“设置”命令，AutoCAD 将弹出显示“动态输入”选项卡的“草图设置”对话框（如图 5.3 所示），在该对话框中可按需要进行修改。“QP”（快捷特性）和“SC”（选择循环）模式的设置也可在“草图设置”对话框进行修改。一般都使用默认设置。

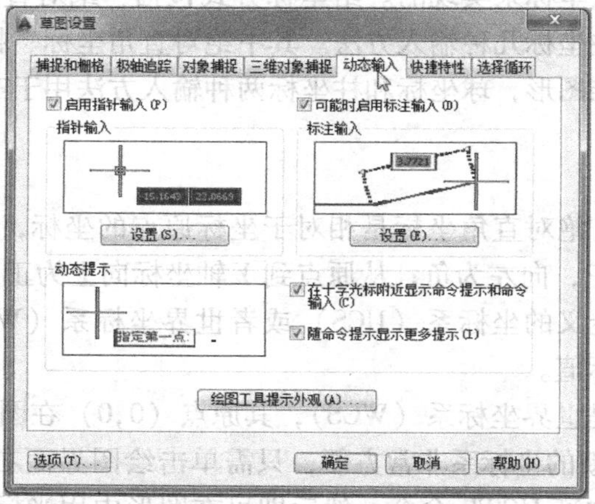

图 5.3　显示“动态输入”选项卡的“草图设置”对话框

5.3　精确定点绘图的方式

“对象捕捉”是绘图时常用的精确定点方式。“对象捕捉”方式可把点精确定位到可见对象的某特征点上。AutoCAD 中的对象捕捉有“单一对象捕捉”和“固定对象捕捉”两种方式。

5.3.1 “单一对象捕捉”方式

1. “单一对象捕捉”的激活

在任何命令中，当 AutoCAD 要求输入点时，就可以激活“单一对象捕捉”。“单一对象捕捉”中包含有多项捕捉模式。

“单一对象捕捉”常用以下方式来激活：

从“对象捕捉”工具栏单击相应捕捉模式，如图 5.4 所示。

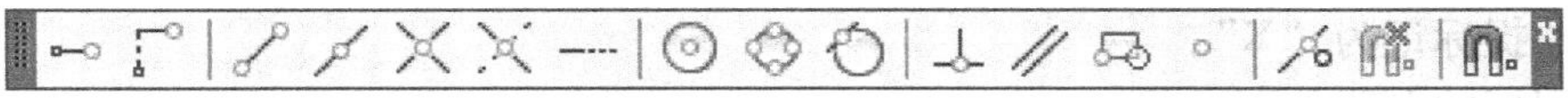

图 5.4 “对象捕捉”工具栏

说明：可从右键菜单中选项激活“单一对象捕捉”。方法是：在绘图区任意位置，先按住【Shift】键，再右击则弹出右键菜单（如图 5.5 所示），从该右键菜单中可单击相应捕捉模式（该对话框中的捕捉模式比“对象捕捉”工具栏增加了“两点之间的中点”、“点过滤器”、“三维对象捕捉”3 项命令）。

2. “对象捕捉”的种类和标记

利用 AutoCAD 的“对象捕捉”功能，可以在对象上捕捉到“对象捕捉”工具栏中所列出的 13 种点（即捕捉模式）。在 AutoCAD 中打开“对象捕捉”时，把捕捉框放在一个对象上，AutoCAD 不仅会自动捕捉该对象上符合选择条件的几何特征点，而且还显示相应的对象捕捉标记，这些标记的形状与“对象捕捉”工具栏上的图标并不一样，应熟悉这些标记。

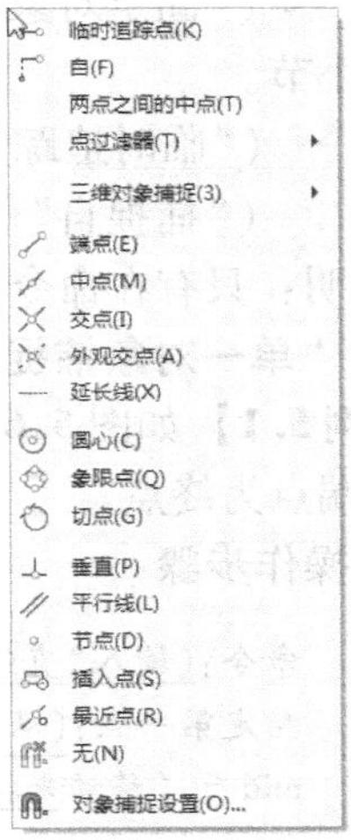

图 5.5 “对象捕捉”右键菜单

“对象捕捉”工具栏中各项的含义和相应的标记如下。

① （“捕捉到端点”图标按钮）：捕捉直线段或圆弧等对象的端点，捕捉标记为“□”。

② （“捕捉到中点”图标按钮）：捕捉直线段或圆弧等对象的中点，捕捉标记为“△”。

③ （“捕捉到交点”图标按钮）：捕捉直线段、圆弧、圆等对象之间的交点，捕捉标记为“×”。

④ （“捕捉到外观交点”图标按钮）：捕捉在二维图形中看上去是交点，但在三维图形中并不相交的点，捕捉标记为“⊠”。

⑤ （“捕捉到延长线”图标按钮）：捕捉对象延长线上的点，应先捕捉该对象上的某端点，再延长，捕捉标记为“--”。

⑥ （“捕捉到圆心”图标按钮）：捕捉圆或圆弧的圆心，捕捉标记为“○”。

⑦ （“捕捉到象限点”图标按钮）：捕捉圆上 0°、90°、180°、270°位置上的点或椭圆与长短轴相交的点，捕捉标记为“◇”。

⑧ （“捕捉到切点”图标按钮）：捕捉所画线段与圆或圆弧的切点，捕捉标记为“ō”。

⑨ ⊥（“捕捉到垂足”图标按钮）：捕捉所画线段与某直线段、圆、圆弧或其延长线垂直的点，捕捉标记为“⊾”。

⑩ ∥（“捕捉到平行线”图标按钮）：捕捉与某线平行的点，不能捕捉绘制对象的起点，捕捉标记为“∥”。

⑪（“捕捉到插入点”图标按钮）：捕捉图块的插入点，捕捉标记为“⧉”。

⑫ ∘（“捕捉到节点”图标按钮）：捕捉由 POINT 等命令绘制的点，捕捉标记为“⊗”。

⑬（“捕捉到最近点”图标按钮）：捕捉直线、圆、圆弧等对象上最靠近光标方框中心的点，捕捉标记为“⧖”。

其他图标的名称如下。

①（“无捕捉”图标按钮）：关闭“单一对象捕捉”方式。

②（“固定对象捕捉设置”图标按钮）：单击他可显示“草图设置”对话框，详见 5.3.2 小节。

③（“临时追踪点”图标按钮）：详见 5.5 节。

④（“捕捉自”图标按钮）：详见 5.5 节。

说明：只有在命令中 AutoCAD 要求输入点时，才可激活“单一对象捕捉”方式。

3. “单一对象捕捉”的应用实例

【例 5.1】 如图 5.6 所示，画一条直线段，该线段以“直线 *A*”中点为起点，以“直线 *B*”右端点为终点。

其操作步骤：

命令：<u>（输入“直线”命令）</u>
指定第一点：<u>（从“对象捕捉”工具栏单击图标按钮 ⁄ ）</u>——表示起点是由要捕捉的中点确定
mid 于 <u>（移动光标至“直线 *A*”中点附近，直线上出现“中点”标记后单击以确定）</u>
指定下一点或[放弃(U)]：<u>（从“对象捕捉”工具栏单击图标按钮 ⁄ ）</u>——表示第 2 点是由要捕捉的端点确定
endp 于 <u>（移动光标至“直线 *B*”端点附近，直线上出现“端点”标记后单击以确定）</u>
指定下一点或[放弃(U)]：↙
命令：

【例 5.2】 将图 5.7a 所示的小圆（螺纹孔）平移到正六边形内，要求小圆圆心与正六边形内两条点画线的交点重合。

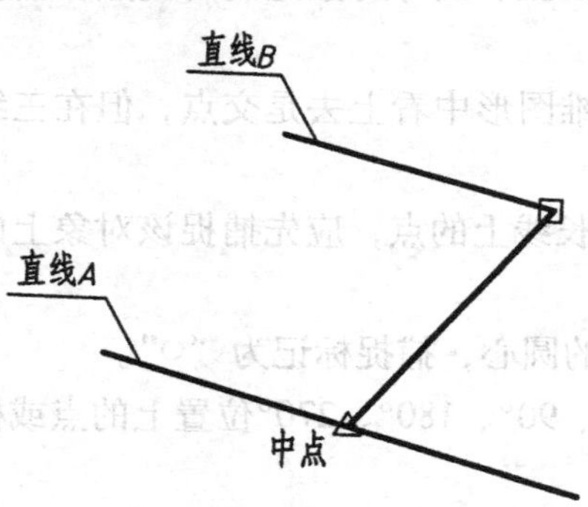

图 5.6 “单一对象捕捉”应用示例一

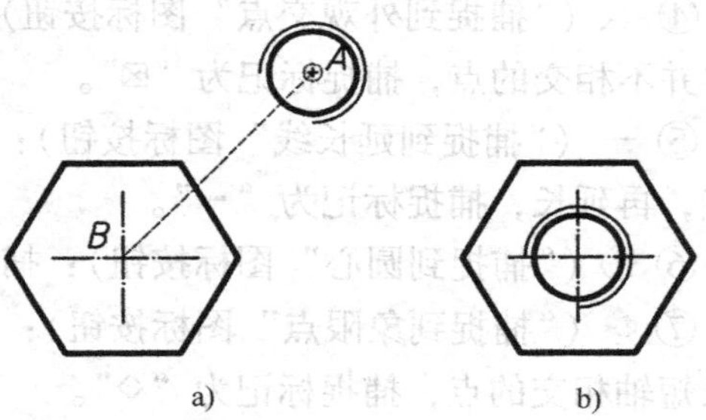

图 5.7 “单一对象捕捉”应用示例二
a）平移之前 b）平移之后

其操作步骤：

命令：(输入“移动”命令)
选择对象：(选择螺纹孔)
选择对象：↙
指定基点或[位移(D)]<位移>：：(从“对象捕捉”工具栏单击图标按钮 ◎)——表示基点是由要捕捉的圆心确定
cen 于(移动光标至小圆的圆心“*A*”点附近，出现“圆心”标记后单击以确定)
指定第二个点或<使用第一个点作为位移>：(从工具栏单击图标按钮 ✕)——表示位移的目的点是由要捕捉的交点确定
int 于(移动光标至“*B*”点附近，出现交点标记后单击确定)
命令：

其效果如图 5. 7b 所示。

5. 3. 2 “固定对象捕捉”方式

“固定对象捕捉”方式与“单一对象捕捉”方式的区别是：“单一对象捕捉”方式是一种临时性的捕捉，选择一次捕捉模式只捕捉一个点。“固定对象捕捉”方式是固定在一种或数种捕捉模式下，打开它可自动执行所设置模式的捕捉，直至关闭。绘制工程图时，一般将常用的几种对象捕捉模式设置成“固定对象捕捉”，对不常用的对象捕捉模式使用“单一对象捕捉”。

在 2. 2 节已提到，“固定对象捕捉”方式可通过单击状态栏上“对象捕捉”模式图标按钮来打开或关闭。

1. “固定对象捕捉”的设置

“固定对象捕捉”的设置是通过显示“对象捕捉”选项卡的“草图设置”对话框来完成的。其可用下列方法之一输入命令弹出对话框：

- 从“对象捕捉”工具栏中单击“对象捕捉设置”图标按钮 🧲。
- 右击状态栏上“对象捕捉”模式图标按钮，从弹出的右键菜单中选择“设置”命令。
- 从菜单栏中选取：“工具” ⇨ “草图设置”。
- 从键盘键入：OSNAP。

输入命令后，AutoCAD 将弹出显示“对象捕捉”选项卡的“草图设置”对话框，如图 5. 8 所示。

该对话框中各项内容及操作如下。

(1) “启用对象捕捉(F3)”复选框

该复选框用以控制固定捕捉的打开与关闭。

(2) “启用对象捕捉追踪(F11)”复选框

该复选框用以控制追踪捕捉的打开与关闭。

(3) “对象捕捉模式”选项区域

该选项区域内有 13 种固定捕捉模式，其与单一对象捕捉模式相同。可以从中选择一种或多种对象捕捉模式形成一组固定模式，选择后单击“确定”按钮即完成设置。

如要清除掉所有选择，可单击对话框中的“全部清除”按钮。

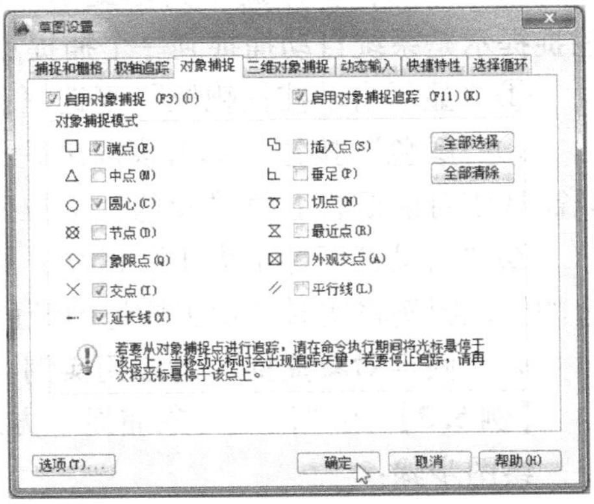

图 5. 8 显示“对象捕捉”选项卡的“草图设置”对话框

如果单击“全部选择”按钮，将把13种固定捕捉模式全部选中。

提示：初学时固定对象捕捉的设置一般是使用默认，即将“端点”、“交点”、“延长线”、“圆心”4种模式设为固定对象捕捉，其他可根据需要再选，但一般不要超过6种。

(4)“选项(T)”按钮

单击“选项(T)”按钮将弹出显示“绘图”选项卡的“选项”对话框，该对话框左侧为“自动捕捉设置”选项区域，如图5.9所示。

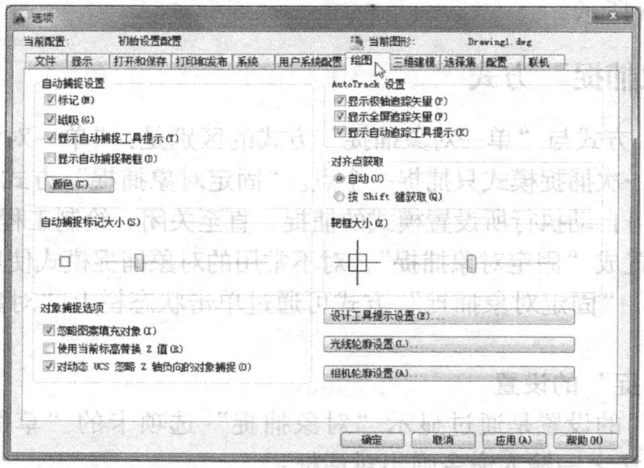

图5.9　显示“绘图”选项卡的“选项”对话框

可根据需要进行设置，其各项含义如下。

①“标记”复选框：用来控制固定对象捕捉标记的打开或关闭。

②“磁吸”复选框：用来控制固定对象捕捉磁吸的打开或关闭。打开捕捉磁吸将把靶框锁定在所设的固定对象捕捉点上。

③“显示自动捕捉工具栏提示”复选框：用来控制固定对象捕捉提示的打开或关闭。捕捉提示是系统自动捕捉到一个捕捉点后，显示出该捕捉的文字说明。

④“显示自动捕捉靶框”复选框：用来打开或关闭靶框。

⑤“颜色”按钮：单击该按钮显示“图形窗口颜色”对话框，如果要改变标记的颜色，只需从该对话框右上角“颜色”下拉列表中选择一种颜色即可。

⑥“自动捕捉标记大小”滑块：拖动滑块可以改变固定对象捕捉标记的大小。滑块左边的标记图例将实时显示出标记的颜色和大小。

2.“固定对象捕捉”的应用实例

【例5.3】用“固定对象捕捉”方式绘制图5.10所示的线段。

绘图步骤：

①设置“固定对象捕捉”模式。

命令：(右击状态栏上“对象捕捉”模式图标按钮，选择右键菜单中“设置”命令)

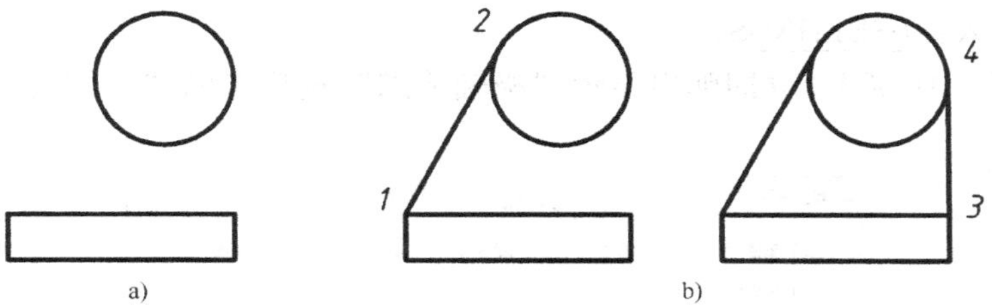

图 5.10 “固定对象捕捉”方式应用示例
a）之前 b）之后

AutoCAD 弹出显示“对象捕捉”选项卡的“草图设置”对话框，在该对话框内增设“切点”“象限点”“固定对象捕捉”模式，单击“确定”按钮退出对话框。

单击状态栏上“对象捕捉”模式图标按钮使其显示为蓝色，即打开“固定对象捕捉”。

② 画线。

命令:(输入直线命令)
指定第一点:(直接确定点“1”)——移动光标靠近该交点(或直线端点),使其显示“交点”(或“端点”)标记,即捕捉到端点“1”,单击以确定。
指定下一点或[放弃(U)]:(直接确定点“2”)——移动光标靠近该圆切点处,使其显示“切点”标记,即捕捉到切点“2”,单击以确定。
指定下一点或[闭合(C)/放弃(U)]:↙
命令:
命令:(再输入直线命令)
指定第一点:(直接确定点“3”)——移动光标靠近该交点(或直线端点),使其显示“交点”(或“端点”)标记,即捕捉到端点“3”,单击以确定。
指定下一点或[放弃(U)]:(直接确定点“4”)——移动光标靠近该圆右象限点处,使其显示“象限点”标记,即捕捉到象限点“4”, 单击以确定。
指定下一点或[闭合(C)/放弃(U)]:↙
命令:

5.4 “长对正、高平齐”绘图的方式

在 AutoCAD 中综合应用“对象捕捉”“极轴追踪”和“对象捕捉追踪”，可方便地按照视图间“长对正、高平齐”来绘图。

5.4.1 “极轴追踪”

“极轴追踪”不仅使平面图形的绘制方便，还使轴测图的绘制极为快捷。应用“极轴追踪”可方便地捕捉到所设角度线上的任意点。应用“极轴追踪”应先进行所需的设置。

1. “极轴追踪”的设置

“极轴追踪”的设置是通过操作显示“极轴追踪”选项卡的“草图设置”对话框来完成的。可用下列方法之一弹出该对话框：

- 右击状态栏上“极轴”模式图标按钮，从弹出的右键菜单中选择“设置”命令。
- 从菜单栏选取：“工具”⇨“草图设置”（单击“极轴追踪”选项卡）。

• 从键盘键入：DSETTINGS。

输入命令后，AutoCAD 立即弹出显示“极轴追踪”选项卡的“草图设置”对话框，如图 5.11 所示。

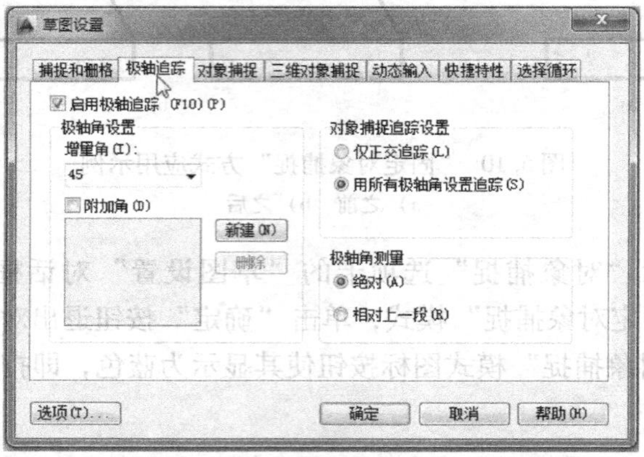

图 5.11　显示“极轴追踪”选项卡的“草图设置”对话框

该对话框中有关极轴追踪的各项含义及操作如下。

(1)“启用极轴追踪(F10)”复选框

该复选框控制极轴追踪的打开与关闭。

(2)“极轴角设置”选项区域

该选项区域用于设置“极轴追踪”的角度，设置方法是：从该区“增量角”下拉列表中选择一个角度值或输入一个新角度值。所设角度将使 AutoCAD 在此角度线及该角度的倍数线上进行极轴追踪。

操作该选项区域内“附加角”复选框与“新建”按钮，可在“附加角”复选框下方的列表框中为极轴追踪增加一些附加追踪角度。

(3)“极轴角测量”选项区域

该选项区域有 2 个单选按钮，用于设置极轴角测量的参考基准。选择“绝对(A)”单选按钮，使极轴角的测量以当前坐标系为参考基准。选择“相对上一段(R)”单选按钮，使极轴角的测量以最后绘制的对象为参考基准。

(4)“选项(T)”按钮

单击“选项(T)”按钮 AutoCAD 将弹出显示“绘图”选项卡的“选项”对话框，如图 5.9 所示。该对话框右侧为“自动追踪设置”选项区域，可在此做所需的设置。拖动滑块可调整捕捉靶框的大小。一般使用默认设置。

说明：该对话框中“对象捕捉追踪设置”选项区域各项含义及操作详见 5.4.2 小节。

2.“极轴追踪”的应用

“极轴追踪”方式可用以捕捉所设“增量角”的直线上的任意点。“极轴追踪”可通过单击状态栏上“极轴”模式图标按钮来打开或关闭。

【例 5.4】 绘制图 5.12a 所示长方体的正等轴测图。

其操作步骤：

① 设置“极轴追踪”的角度（状态栏上 4 种常用模式应是打开状态）。

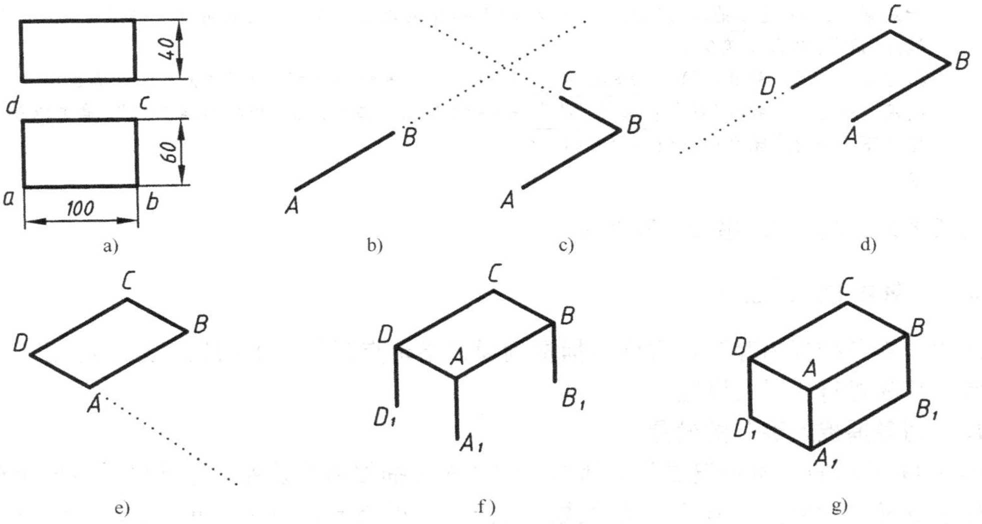

图 5.12　极轴追踪应用示例

命令:(右击状态栏上“极轴”模式图标按钮,选择右键菜单中“设置”命令)

输入命令后，AutoCAD 弹出显示“极轴”选项卡的“草图设置”对话框（图 5.11），在“增量角”文本框中输入“30”度，然后单击“确定”按钮退出对话框。

② 画长方体的顶面 *ABCD*。

命令:(输入“多段线”或“直线”命令)
指定第一点:(给 *A* 点)——单击直接确定起点“*A*”
指定下一点或[放弃(U)]:(给“*B*”点)——向右上方移动光标,在“增量角”为 30°的直线上自动出现一条点状射线,此时键入直线长“100”,按【Enter】键确定后画出直线 *AB*,如图 5.12b 所示。
指定下一点或[放弃(U)]:(定“*C*”点)——向左上方移动光标,在“增量角”为 150°的直线上自动出现一条点状射线,此时,键入直线长“60”,按【Enter】键确定后画出直线 *BC*,如图 5.12c 所示。
指定下一点或[闭合(C)/放弃(U)]:(给“*D*”点)——向左下方移动光标,在“增量角”为 210°的直线上自动出现一条点状射线,此时,键入直线长“100”,按【Enter】键确定后画出直线 *CD*,如图 5.12d 所示。
指定下一点或[闭合(C)/放弃(U)]:(连“*A*”点)——向右下方移动光标,在“增量角”为 270°的直线上自动出现一条点状射线,此时,捕捉端点“*A*”,按【Enter】键确定后画出直线 *DA*。效果如图 5.12e 所示。
指定下一点或[闭合(C)/放弃(U)]:(按【Enter】键结束)
命令:

③ 画长方体的可见侧棱。

命令:(输入“多段线”或“直线”命令)
指定第一点:(直接拾取点“*D*”)——移动光标靠近该交点(或直线端点),使其显示“交点”(或“端点”)标记,即捕捉到端点“*D*”,单击以确定。
指定下一点或[放弃(U)]:(给点“D_1”)——向下方移动光标,用直接距离方式输入侧棱长“40”,按【Enter】键确定。
命令:

同理，再绘制出可见侧棱 AA_1、BB_1（用“复制”方法绘制更方便），效果如图 5.12f 所示。

④ 画长方体的底面。

命令:(输入“多段线”或“直线”命令)

指定第一点：(直接拾取点“D_1”)——移动光标靠近该直线端点，使其显示“端点”标记，即捕捉到端点“D_1”，单击以确定。
指定下一点或[放弃(U)]：(给点“A_1”)——向右下方移动光标，捕捉端点“A_1”，单击以确定。
指定下一点或[放弃(U)]：(给点“B_1”)——向右上方移动光标，捕捉端点“B_1”，单击以确定。
指定下一点或[闭合(C)/放弃(U)]：↙
命令：

完成图形，其效果如图5.12g所示。

5.4.2 “对象捕捉追踪”

应用“对象捕捉追踪”可方便地捕捉到通过指定点延长线上的任意点。应用“对象捕捉追踪”应先进行所需的设置。

1. “对象捕捉追踪”的设置

图5.11所示的“草图设置”对话框中的“对象捕捉追踪设置”选项区域有两个单选按钮，用于设置“对象捕捉追踪”的模式。选择“仅正交追踪(L)”单选按钮，将使“对象捕捉追踪”通过指定点时仅显示水平和竖直追踪方向。选择“用所有极轴角设置追踪(S)”单选按钮，将使“对象捕捉追踪”通过指定点时可显示极轴所设的所有追踪方向。一般设置为“用所有极轴角设置追踪(S)”。

2. “对象捕捉追踪”的应用

“对象捕捉追踪”的应用必须与“极轴”和“固定对象捕捉”配合。“对象捕捉追踪”可通过单击状态栏上“对象追踪”模式图标按钮来打开或关闭。

【例5.5】 绘制图5.13所示直线 *CD*，要求直线 *CD* 与已知圆 *AB* 高平齐。

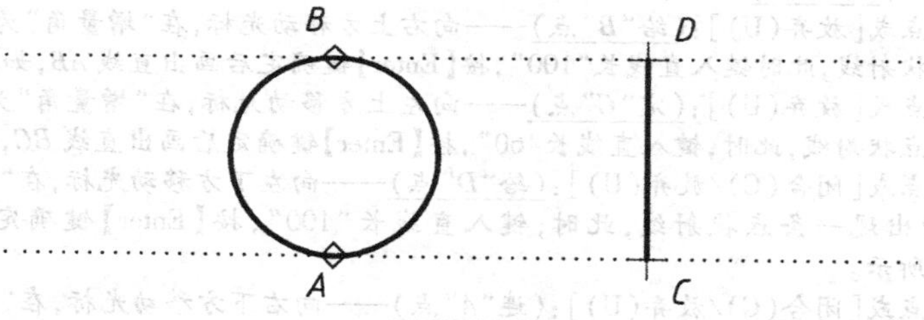

图5.13 对象捕捉追踪应用示例

其操作步骤：

① 设置追踪的模式。

命令：(右击状态栏上“极轴”模式图标按钮，选择右键菜单中“设置”命令)

输入命令后，AutoCAD弹出显示“极轴”选项卡的“草图设置”对话框（见图5.11）。将“增量角”设为“90”度，“极轴角测量”使用默认的“绝对”项；将“对象捕捉追踪”设置为“用所有极轴角设置追踪(S)”项，单击“确定”按钮退出对话框。

② 打开状态栏上常用的4项模式。

③ 画线。

命令：(输入“多段线”或“直线”命令)
指定第一点：(给“C”点)——移动光标执行“固定对象捕捉”，捕捉到“A”点后，AutoCAD在通过

“*A*”点处自动出现一条点状无穷长直线，此时，沿点状线向右水平移动光标至“*C*”点，单击以确定。
指定下一点或[放弃(U)]:(给“*D*”点)——移动光标执行“固定对象捕捉”，捕捉到“*B*”点后，沿通过“*B*”点的点状无穷长直线水平向右移动至“*C*”点的正上方，此时 AutoCAD 出现两条点状无穷长相交线，单击以确定后即画出直线 *CD*。
指定下一点或[放弃(U)]:↙
命令:

提示：在绘制工程图时，要实现“长对正、高平齐”绘图，就应将“增量角”设为“90”度，“对象捕捉追踪”设为“用所有极轴角设置追踪”，将“固定对象捕捉”在一般默认的“端点”“交点”“延长线”“圆心”的基础上再选中“切点”“象限点”模式，并要在状态栏上打开它们。

5.5 不需计算尺寸绘图的方式

在工程图样中，有些线段的尺寸不是直接标注的，要实现不经计算按尺寸直接绘图，可应用“参考追踪”。“参考追踪”与“极轴”和“对象捕捉追踪”的不同点是：“极轴”和“对象捕捉追踪”所捕捉的点与前一点的连线是画出的，而“参考追踪”从追踪开始到追踪结束所捕捉到的点与前一点的连线是不画出的，这些点称为参考点。通常，参考点是通过其他输入尺寸的方式得到，所以，“参考追踪”也必须与其他尺寸输入方式配合使用。

1. “参考追踪”的激活

当 AutoCAD 要求输入一个点时，就可以激活“参考追踪”。激活“参考追踪”的常用方法是：从“对象捕捉”工具栏中单击“临时追踪点”图标按钮 或“捕捉自”图标按钮 。“临时追踪点”一般用于绘图命令中第一点的追踪。“捕捉自”一般用于绘图命令或编辑命令操作中需要指定参考点的情况。

码 5.1 参考追踪的应用

2. “参考追踪”的应用

【例 5.6】 绘制图 5.14 所示的图形（可扫二维码 5.1 看视频）。

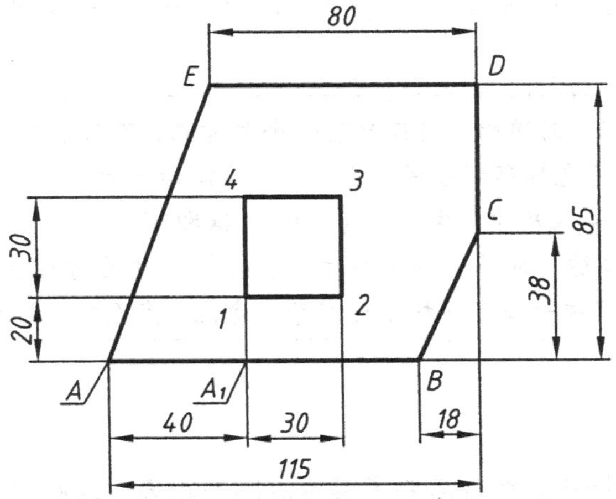

图 5.14 “参考追踪”应用实例

绘制图 5.14 所示图形的外轮廓，使用“捕捉自”参考追踪方式，可不经计算按尺寸直接绘图；完成图形外轮廓后再画里边小矩形时，使用“临时追踪点”参考追踪方式，可不画任何辅助线直接确定矩形绘制的起点“1”。

其操作步骤：

① 画图形外轮廓。

命令：(输入“直线”或“多段线”命令)
指定第一点：(目测位置后单击直接确定起画点“A”)
指定下一点或[放弃(U)]：(单击“捕捉自”图标按钮)
from 基点：115↙——用“直接给距离”方式向右导向给距离
〈偏移〉：18↙——用“直接给距离方式”向左导向给距离绘制出“B”点
指定下一点或[放弃(U)]：(单击“捕捉自”图标按钮)
from 基点：38↙——用“直接给距离”方式向上导向给距离
〈偏移〉：18↙——用“直接给距离方式”向右导向给距离绘制出“C”点
指定下一点或[闭合(C)/放弃(U)]：(单击“捕捉自”图标按钮)
from 基点：38↙——用“直接给距离”方式向下导向给距离
〈偏移〉：85↙——用“直接给距离”方式向上导向给距离绘制出“D”点
指定下一点或[闭合(C)/放弃(U)]：80↙——用“直接给距离”方式向左导向绘制出“E”点
指定下一点或[闭合(C)/放弃(U)]：(选择“闭合(C)”选项)——封闭多边形
命令：

说明：“C”点也可用相对坐标绘制。

② 画内部小矩形。

命令：(输入“直线”或“多段线”命令)
指定第一点：(单击“临时追踪”图标按钮)
_tt 指定“临时对象捕捉”追踪点：(捕捉交点“A”)——开始追踪，A 点是参考点
指定第一点：(再单击“临时追踪”图标按钮)
_tt 指定“临时对象捕捉”追踪点：(用“直接给距离”方式输入 X 方向定位尺寸“40”)——确定后追踪到 A_1 点
指定第一点：(用“直接给距离”方式输入 Y 方向定位尺寸“20”)——确定后绘制出小矩形的“1”点
指定下一点或[放弃(U)]：30↙——用“直接给距离”方式绘制出小矩形的“2”点
指定下一点或[放弃(U)]：30↙——用“直接给距离”方式绘制出小矩形的“3”点
指定下一点或[闭合(C)/放弃(U)]：30↙——同上绘制出小矩形的“4”点
指定下一点或[闭合(C)/放弃(U)]：(选择“闭合(C)”选项)——封闭矩形并结束命令
命令：

提示：① 应用“临时追踪”时若只有一个参考点，不必单击图标按钮，可简化操作。方法是：直接将光标移到参考点上，出现捕捉标记后（不要单击），直接移动光标进行导向，从键盘输入尺寸，然后按【Enter】键即可。

② 应用“临时追踪”时若有多个参考点，操作不方便时可在命令提示区中键入“TRACK”命令，应用该命令可按提示连续给参考点，直至按【Enter】键画出起点。

说明：

在 AutoCAD 精确绘图中，经常需要了解两点间的距离，或两点间沿 X、Y 方向的距离（即 X 增量、Y 增量），使用“距离”（DIST）命令测量任意两点间的距离非常容易。具体操

作如下：

单击“测量工具”工具栏“距离”图标按钮 ，然后按命令行提示依次指定第一个点和第二个点，指定后在命令提示区中将显示这两点间的距离与两点间沿 X 和 Y 方向的距离等，如图 5.15 所示。

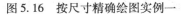

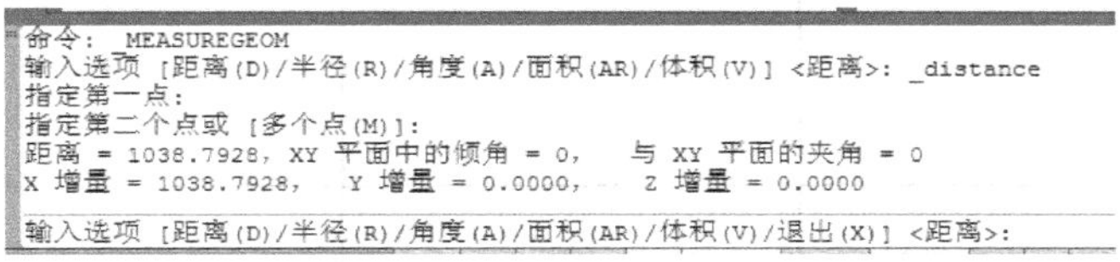
命令： _MEASUREGEOM
输入选项 [距离(D)/半径(R)/角度(A)/面积(AR)/体积(V)] <距离>: _distance
指定第一点：
指定第二个点或 [多个点(M)]:
距离 = 1038.7928， XY 平面中的倾角 = 0， 与 XY 平面的夹角 = 0
X 增量 = 1038.7928， Y 增量 = 0.0000， Z 增量 = 0.0000
输入选项 [距离(D)/半径(R)/角度(A)/面积(AR)/体积(V)/退出(X)] <距离>:

图 5.15　命令提示区中显示指定两点间距离的示例

5.6　组合体三视图和轴测图绘制实例

本节举例讲解按尺寸精确绘制组合体视图和轴测图的方法和技巧。

【例 5.7】 对图 5.16 所示轴承座（扫二维码 5.2 看“轴承座的形体分析”视频）进行读图分析，然后按尺寸 1:1 绘制轴承座的三视图（绘图基本环境已经设置，图幅为 A3）。

其绘图步骤如下：

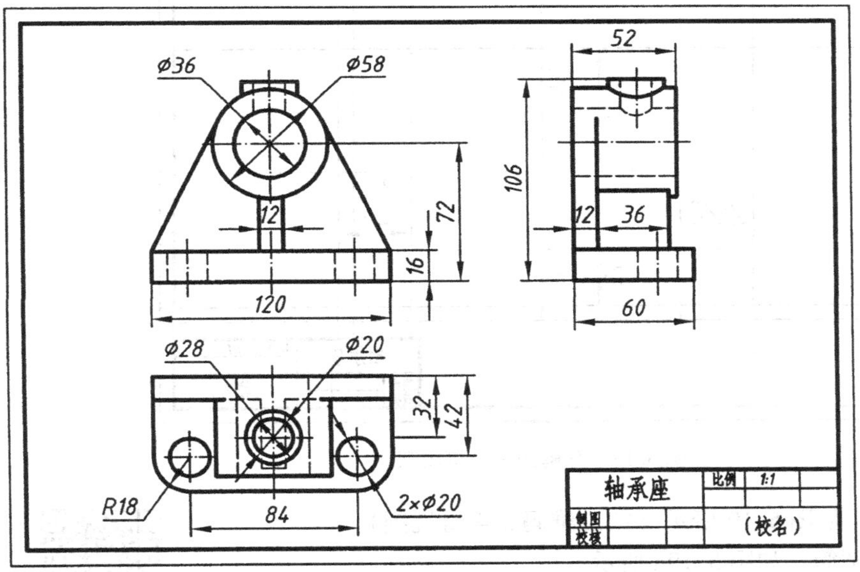

图 5.16　按尺寸精确绘图实例一

码 5.2　轴承座的形体分析

（1）画基准线、搭图架（扫二维码 5.3 看视频）

设“细实线”图层为当前图层，用“构造线”命令 ，目测定位以画三视图基准线，效果如图 5.17 所示。

用“偏移”图标按钮 （或“复制”命令）分别给距离“72”“106”“84/2”“42”“32”，绘制出所需的图架线，效果如图 5.18 所示。

码 5.3　画基准线和搭图架

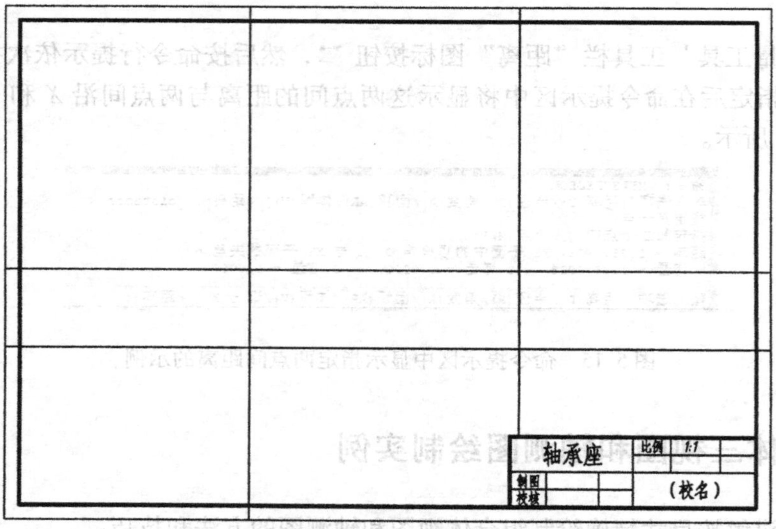

图 5.17　分解图——画基准线

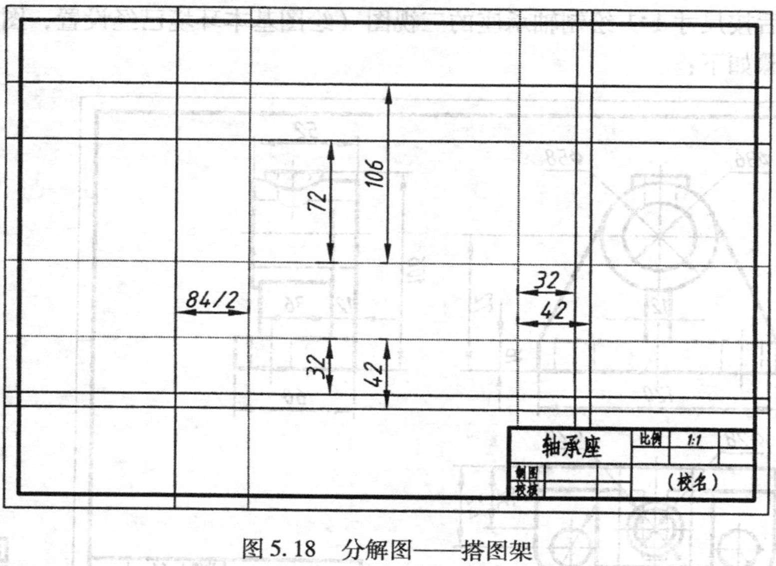

图 5.18　分解图——搭图架

（2）画主视图，如图 5.19 所示（扫二维码 5.4 看视频）

码 5.4　画轴承座主视图

① 画底板和大圆筒，如图 5.19a 所示。

- 画底板：换“粗实线”图层为当前图层，用“多段线”图标按钮，捕捉交点“*A*”为起点，用“直接距离”方式输入尺寸“120/2”、“16”画线，然后利用“极轴追踪”和“对象捕捉”画出底板原体；换“虚线”图层为当前图层，使用“多段线”命令画底板上的圆孔（如需再次使用该命令，可在该命令完成后再次右击），由交点“*B*”应用“临时追踪”直接给距离“20/2”方式画出虚线起点，然后使用极轴追踪捕捉交点画出一条虚线，同理可画出另一条虚线（也可用镜像命令绘制另一条虚线）。

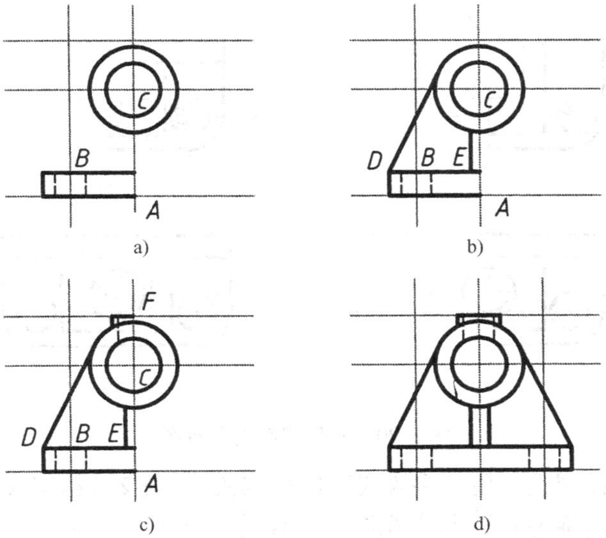

图 5.19　画主视图的分解图

- 画大圆筒：换“粗实线”图层为当前图层，用“圆”图标按钮，捕捉交点“*C*”为圆心，选直径方式输入直径尺寸“58”（小圆为“36”）画出两圆。

② 画支板和肋板，如图 5.19b 所示。

- 画支板：用“多段线”图标按钮画支板，捕捉交点“*D*”为起点，再用单一对象捕捉“切点”画出斜线。
- 画肋板：重复“多段线”图标按钮画肋板，应用“临时追踪”方式输入尺寸“12/2”画出“*E*”点，再使用“极轴追踪”捕捉交点来画出。

③ 画凸台，如图 5.19c 所示。

- 重复“多段线”图标按钮，捕捉交点“*F*”为起点，用“直接距离”方式输入尺寸“28/2”，再使用“极轴向下追踪”捕捉交点以画出凸台的粗实线；换“虚线”图层为当前图层，重复“多段线”图标按钮画凸台上的圆孔，由交点“*F*”应用“临时追踪”直接给距离“20/2”画出虚线起点，然后使用“极轴追踪捕捉”交点以画出。
- 用“镜像”图标按钮复制出右半图形，完成主视图，如图 5.19d 所示。

(3) 画俯视图，如图 5.20 所示（扫二维码 5.5 看视频）

码 5.5　画轴承座俯视图

① 画底板和大圆筒，如图 5.20a 所示。

- 画底板：设“粗实线”图层为当前图层，用“多段线”图标按钮画底板和大圆筒粗实线部分，长度尺寸应使用“对象捕捉追踪”从主视图“长对正”获取；用“圆角”图标按钮按半径“18”在底板上倒圆角；用“圆”图标按钮捕捉交点“*B*”为圆心，给直径“20/2”画出圆。
- 画大圆筒：用“多段线”图标按钮画大圆筒粗实线部分，在“虚线”图层上“长对正”画出虚线。

② 画支板和肋板，如图 5.20b 所示。

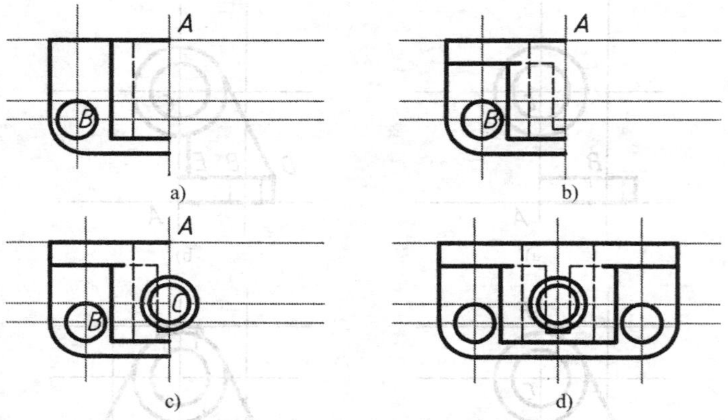

图 5.20　画俯视图的分解图

- 在“粗实线”图层上，用“多段线”图标按钮 画支板粗实线部分（注意：支板必须使用“对象捕捉追踪”与主视图切点保持“长对正”画出），然后用“修剪”图标按钮 修剪多余的线段；在“虚线”图层上画出支板和肋板的虚线。

③ 画凸台，如图 5.20c 所示。

- 在“粗实线”图层上，用“圆”图标按钮 捕捉交点“*C*”为圆心，给直径“28”“20”画出两圆。
- 用“镜像”图标按钮 复制出右半图形，完成俯视图，如图 5.20d 所示。

码 5.6　画轴承座左视图、画点画线、布图

(4) 画左视图，如图 5.21 所示（扫二维码 5.6 看视频）

① 画底板和大圆筒，如图 5.21a 所示。

- 画底板：用“多段线”图标按钮，捕捉交点“*A*”为起点画底板的粗实线部分，高度尺寸使用“对象捕捉追踪”从主视图“高平齐”方式获取；再画出底板的虚线。
- 画大圆筒：用“多段线”图标按钮，高度尺寸使用“对象捕捉追踪”从主视图“高平齐”方式获取，先画出大圆筒的粗实线，再画出虚线。

② 画支板和肋板，如图 5.21b 所示。

在“粗实线”图层上，用“多段线”图标按钮，捕捉交点“*B*”为起点画支板；再画肋板（注意：肋板相贯线处必须使用“对象捕捉追踪”与主视图保持“长对正”方式画出），然后用“修剪”图标按钮 修剪多余的线段。

③ 画凸台，如图 5.21c 所示。

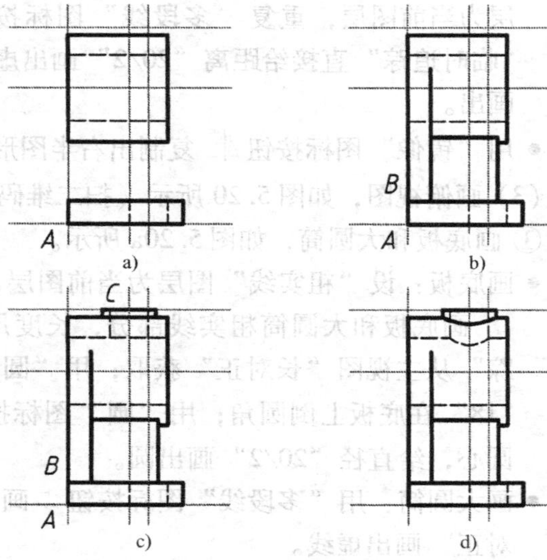

图 5.21　画左视图的分解图

在“粗实线”图层上，用“多段线”

图标按钮，画出凸台小圆筒的左半，再用“镜像”图标按钮复制出右一半。也可从主视图中复制，然后修剪。

④ 画相贯线，如图5.21d所示。

用“修剪”图标按钮修剪多余的线段；用“圆弧”图标按钮中“三点”方式画两圆筒相贯线（相贯线圆弧两端点要用“交点捕捉”定位，最低点要用“对象捕捉追踪”与主视图保持“高平齐”定位），完成左视图。

（5）画三视图中点画线（扫二维码5.6看视频）

换“点画线”图层为当前图层，用“直线”图标按钮画出三视图中所有点画线；用“删除”命令删掉所有图架线和基准线；用“夹点”功能修正点画线至合适的长度（超轮廓3～5 mm）。

（6）合理布图。

用“移动”图标按钮移动图形，使布图匀称（不能破坏投影关系），完成轴承座三视图。

> 提示：同一图样按尺寸绘图的途径有很多，要快速准确地绘图，根据尺寸合理选用精确绘图方式是重要的一环。

【例5.8】 按尺寸1:1绘制图5.22所示支架的三视图和轴测图（绘图基本环境已经设置，图幅为A2）。

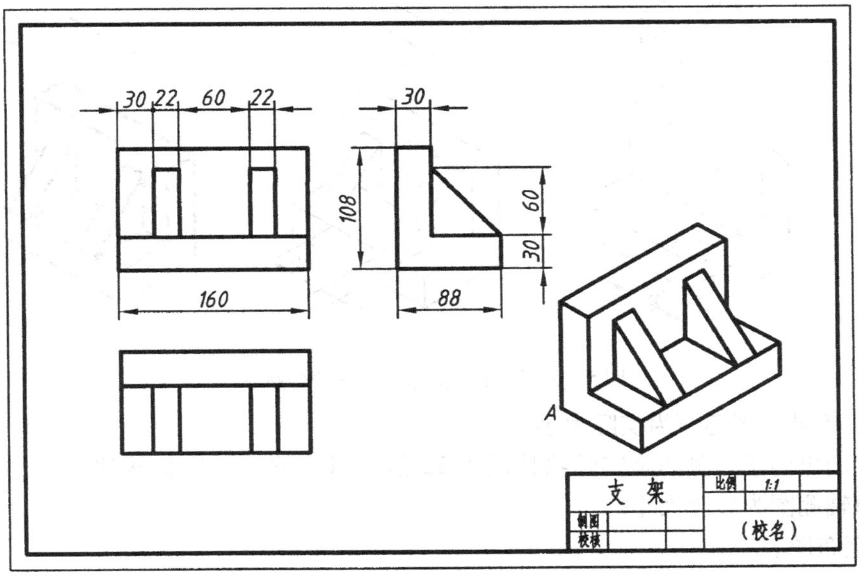

图5.22 按尺寸精确绘图实例二

首先，绘制支架的三视图。

支架的三视图各线段间定位比较简单，所以不需要搭图架，可直接确定起画点。先绘制“L柱”的三视图，再绘制三棱柱的三视图。绘图中要合理应用各种精确绘图的方式，要确保三视图间的投影规律，注意应用“捕捉自”图标按钮 利用参考点按尺寸直接绘图（可扫二维码 5.7 看视频）。

其次，绘制支架的正等轴测图。

在 AutoCAD 中画轴测图与画视图一样，只需将极轴追踪设成所需要的角度（如正等测设 30°、斜二测设 45°）。

具体绘图步骤如下（可扫二维码 5.8 看视频）。

码 5.7　画支架三视图

① 画支架主体 L 柱。

先以“*A*”为起画点，画支架主体的左底面，再画支架主体的可见侧棱，然后用“多段线”命令依次捕捉各可见侧棱的右端点，画出支架主体的右底面，如图 5.23a、b、c 所示。

② 画三棱柱。

先画左三棱柱，再用“复制”命令给距离“82(22+60)”，复制绘制出右三棱柱，如图 5.23d、e 所示。

码 5.8　画支架轴测图

③ 修剪多余的线段。

用“修剪”图标按钮 修剪多余的线段，如图 5.23f 所示。

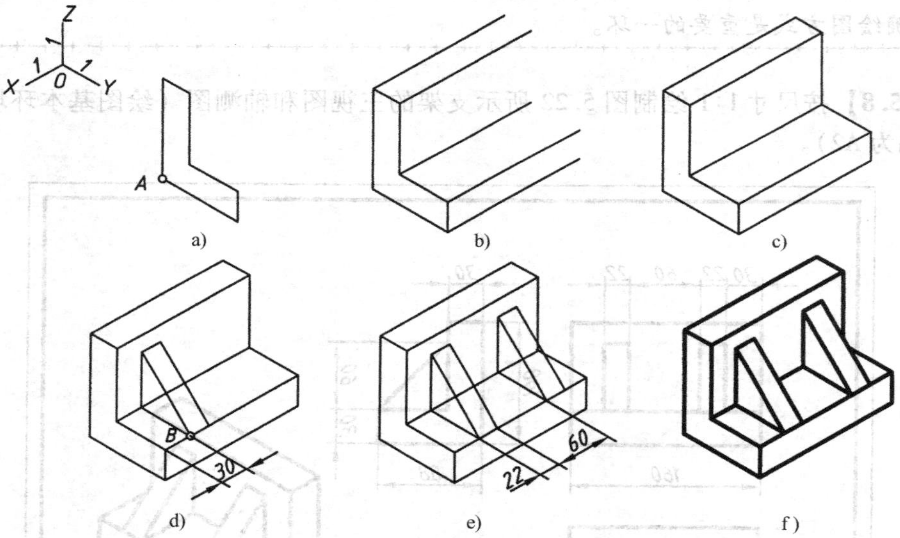

图 5.23　画支架正等轴测图的分解图

④ 将正等轴测图还原为实际大小。

按尺寸画出的正等测图是实际物体的 1.22 倍。用“缩放”图标按钮 ，选择“参照”方式，还原轴测图为实际大小。

⑤ 合理布图。

用“移动”图标按钮 移动图形，均匀布图。

上机练习与指导

练习 1：应用参考追踪，绘制图 5.14 所示图形。绘制工程图要掌握“参考追踪”的应用。

练习 1 指导：

可扫 5.5 节中二维码 5.1 看视频。

注意：画图形的外轮廓时，使用“捕捉自”“参考追踪”方式，不计算按尺寸直接绘图。画内部小矩形时，使用“临时追踪点”参考追踪方式，不画辅助线直接定位方式进行绘图。

练习 2：绘制图 5.16 所示“轴承座”三视图（尺寸标注在第 6 章介绍）。

要求：图幅为 A3(420,297)，比例为 1∶1；先读图进行形体分析。

练习 2 指导：

（1）用“新建”图标按钮新建一张图。

（2）进行绘图环境的基本设置。

注意：设置绘图环境时，在“线型管理器”对话框中不要忘记设置“全局比例因子”（A3 图幅一般设“0.36”），否则所画出的虚线和点画线都将太长，不符合制图标准。

> 提示：精确绘图时，正确设置状态栏上的模式非常重要，其主要有如下 3 条。
>
> ① 要打开“极轴”“对象捕捉”“对象追踪”和“线宽”4 种模式。
>
> ② 一般设极轴“增量角”为 90°，设对象捕捉追踪为“用所有极轴角设置追踪”。
>
> ③ 设“线宽”按实际情况显示（其他模式只在特殊需要时临时打开）。

（3）用“保存”图标按钮保存图，图名为“轴承座”。

（4）用“单行文字”图标按钮，填写标题栏。

（5）参照 5.6 节所讲绘图思路，绘制“轴承座”三视图（可扫 5.6 节中二维码 5.2 ~ 码 5.6 看视频）。

（6）检查、修正、存盘，完成绘制。

注意：绘图过程中要经常存盘。

> 提示：用 AutoCAD 精确绘图，图线不要重复（即不要线压线）。精确绘图时，除起画点外，每一个点都不能靠目测定位，都应给尺寸或捕捉，也可应用编辑命令定位。

练习 3：绘制图 5.22 所示“支架”的三视图和轴测图（不标注尺寸）。

要求：图幅为 A2(594,420)，比例 1∶1。

练习 3 指导：

（1）将“轴承座”三视图通过“另存为”命令得“支架”图形文件。

（2）用“删除”图标按钮，擦除图框中轴承座三视图。

（3）用“拉伸”图标按钮结合“参考追踪”，改图幅 A3 为 A2，再修改标题栏中的相应内容（扫二维码 5.9 看视频）。

码 5.9 改图幅大小的技巧

（4）参照 5.6 节所讲绘图思路，绘制“支架”三视图（可扫 5.6 节中二维码 5.7 看视频）。

（5）参照5.6节所讲绘图思路，绘制“支架”正等轴测图（可扫5.6节中二维码5.8看视频）。

注意：绘制正等轴测图时应首先将极轴的“增量角”设为30°。

（6）检查、修正、存盘，完成绘制。

注意：绘图过程中要经常存盘。

练习4：用1∶1的比例绘制图5.24中3种方位圆柱的正等轴测图。

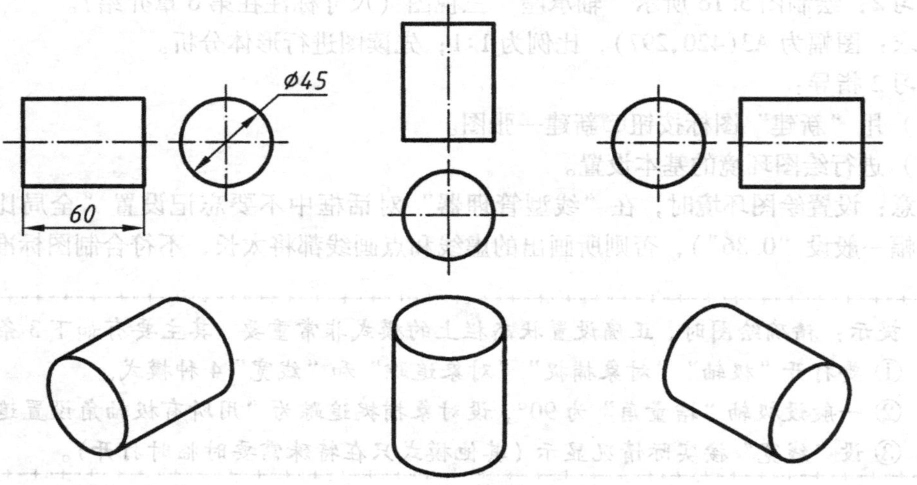

a)　　b)　　c)

图5.24　3种方位圆柱的三视图和正等轴测图

a）侧平圆柱　b）水平圆柱　c）正平圆柱

练习4指导：

（1）将“轴承座”三视图通过“另存为”命令得“圆柱正等测”图形文件。

（2）用“删除”图标按钮，擦除图框中轴承座三视图。

（3）在“草图设置”对话框中，改设极轴“增量角”为“30”度。

（4）画圆柱底面。输入“椭圆”图标按钮，然后按【F5】功能键以切换椭圆的方位直至所需位置，再按提示操作即可画出圆柱的一个底面；用极轴定方向、给尺寸复制方式绘制出另一个底面。

（5）画圆柱公切线。输入“直线”图标按钮，由椭圆圆心开始，沿椭圆长轴方向进行“极轴追踪”至椭圆线上可得公切线起点，再沿轴线方向进行“极轴”追踪至另一椭圆上可得公切线终点。

（6）用“修剪”命令，修剪多余的图线。

（7）同理绘制出另2种方位圆柱的正等轴测图。

注意：绘图过程中要经常存盘。

练习5：用1∶1的比例，A4图幅绘制图5.25所示机件的平面图形（尺寸标注在第6章介绍）。

练习5指导：

（1）用“新建”图标按钮新建一张图。

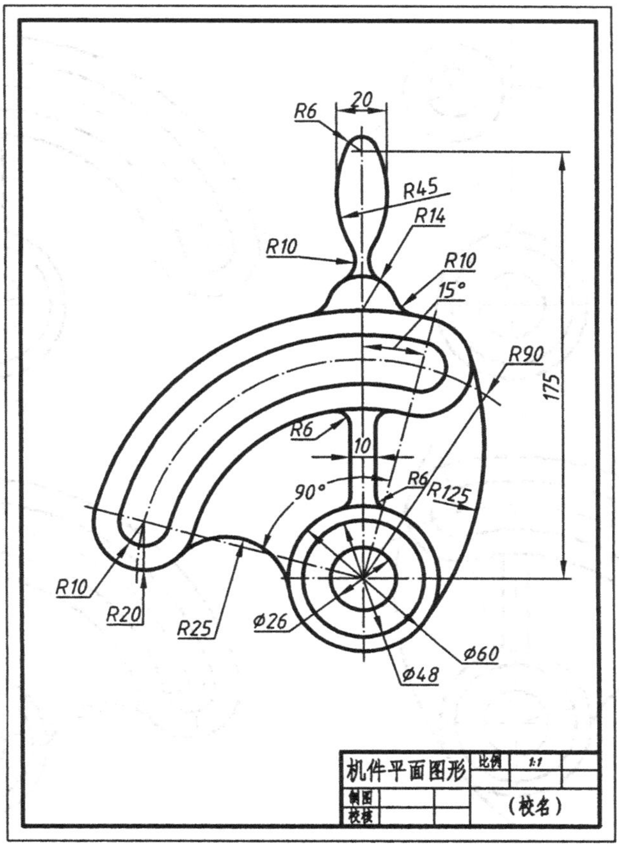

图 5.25　机件的平面图形

（2）进行绘图环境的基本设置。

（3）用“保存”图标按钮保存图，图名为“机件平面图形”。

（4）参照图 5.26 所示绘图思路，按尺寸精确绘制机件的平面图形。

（5）均匀布图。

（6）检查、修正、存盘，完成绘制。

注意：绘图过程中要经常存盘。

练习 6；分析图 5.27 所示机件的空间形状（扫二维码 5.10 看视频），用 1∶1 的比例，A4 图幅绘制该机件的两面视图（尺寸标注在第 6 章介绍）。

码 5.10　机件的形体分析

练习 6 指导：

（1）用“新建”图标按钮新建一张图。

（2）进行绘图环境的基本设置。

（3）用“保存”图标按钮保存图，图名为“机件两面视图”。

（4）读懂图 5.27 所示机件的空间形状，将机件分为 5 部分，按形体逐部地画出主视图和俯视图。

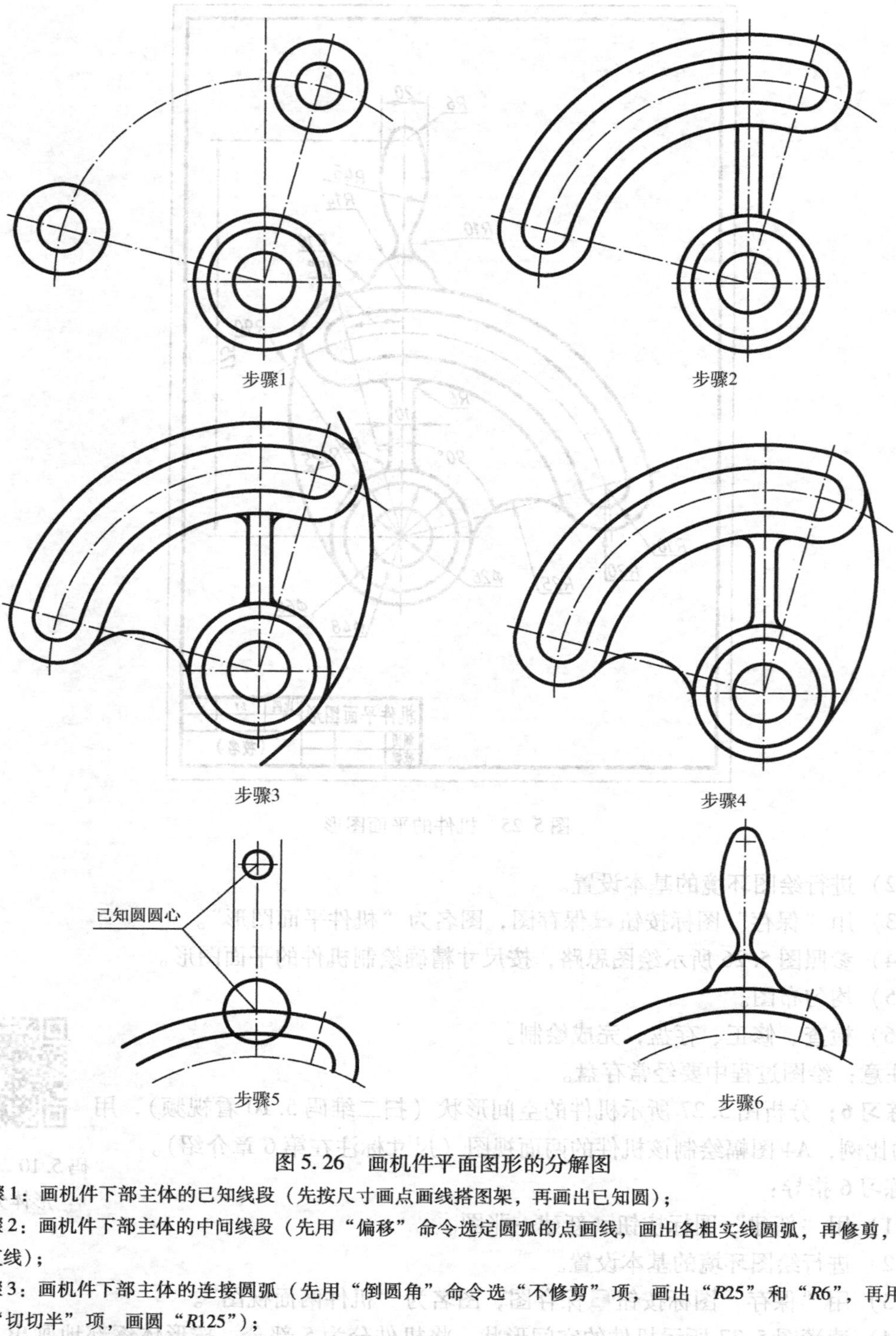

图 5.26　画机件平面图形的分解图

步骤1：画机件下部主体的已知线段（先按尺寸画点画线搭图架，再画出已知圆）；

步骤2：画机件下部主体的中间线段（先用“偏移”命令选定圆弧的点画线，画出各粗实线圆弧，再修剪，然后画出2条直线）；

步骤3：画机件下部主体的连接圆弧（先用“倒圆角”命令选“不修剪”项，画出“*R*25”和“*R*6”，再用“圆”命令选“切切半”项，画圆“*R*125”）；

步骤4：修剪完成机件下部主体（用“修剪”命令按图修剪，完成主体绘制）；

步骤5：画机件上部的已知线段（先确定已知圆的圆心，再画出已知圆和直线）；

步骤6：完成机件上部图形部分（用“圆”命令选“切切半”项，先画“*R*45”，再画4处的“*R*10”，然后修剪，完成绘制）

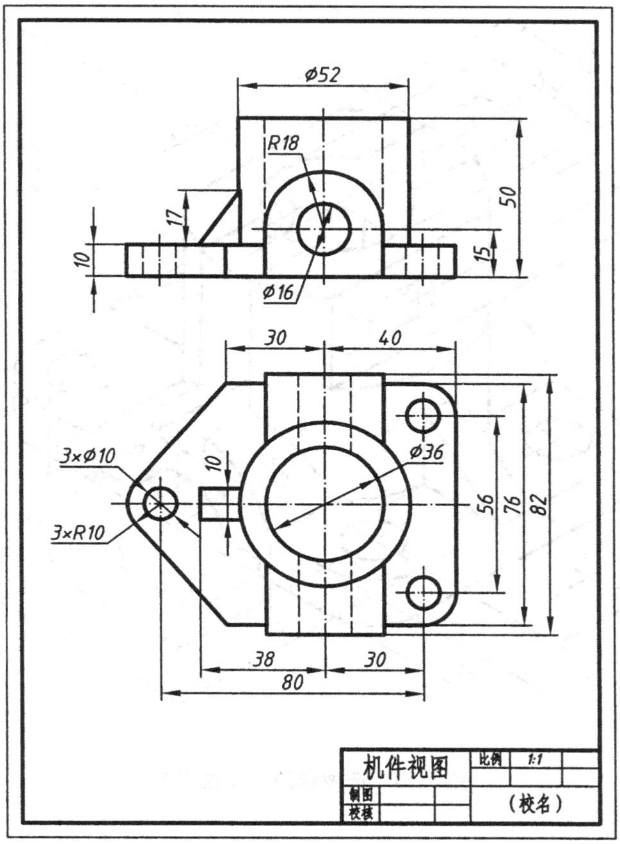

图 5. 27　机件的两面视图

注意：绘制该机件的两面视图时不必搭图架；主视图中的相贯线需在俯视图完成后才可确定；绘图中要合理使用编辑命令和精确绘图的方式。

（5）合理布图。

注意：均匀布图并且不要破坏视图之间的投影规律。

（6）检查、修正、存盘，完成绘制。

注意：绘图过程中要经常存盘。

练习 7：选做题。自定图幅和比例，绘制图 5. 28 所示立体的三视图和正等轴测图（不标注尺寸）。

练习 7 指导：

参照上述练习的绘图思路绘制该立体的三视图和正等轴测图。

提示：① 在 AutoCAD 中画三视图和正等轴测图的步骤与手工绘图一样，应将物体分成若干部分，一部分一部分地画。

② 在 AutoCAD 中按尺寸绘图，减少尺寸输入数值的计算及合理地使用编辑命令是提高绘图速度的关键。

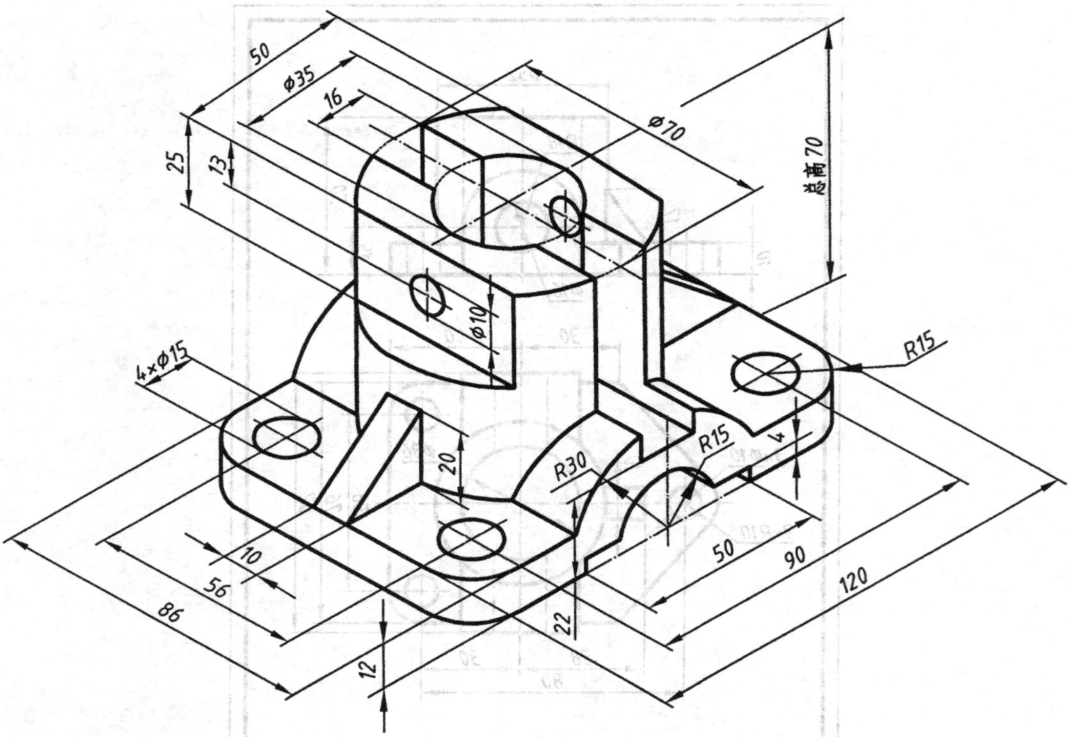

图 5.28　选做题的正等轴测图

第 6 章　工程图尺寸的标注

工程图中标注的尺寸必须符合制图标准。目前我国各行业制图标准中对尺寸标注的要求不完全相同。AutoCAD 是一个通用的绘图软件包，它允许用户根据需要自行创建标注样式。标注样式决定尺寸四要素（尺寸界线、尺寸线、尺寸终端符号、尺寸数字）的形式与大小。在 AutoCAD 中标注工程图中的尺寸，应首先根据制图标准创建所需要的标注样式。创建了标注样式后，就能很容易地进行尺寸标注。例如：要对图 6.1 所示的一条线段长度进行标注，可通过选取该线段的两个端点，即尺寸界线的第“1”起点和第“2”起点，再指定决定尺寸线位置的第“3”点，即可完成标注。

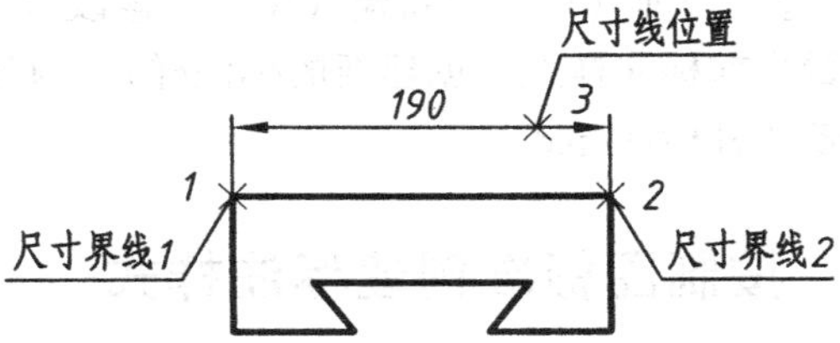

图 6.1　尺寸标注示例

6.1　“标注样式管理器”

在 AutoCAD 中，用“标注样式管理器”对话框创建和管理标注样式是最直观、最简捷的方法。

“标注样式管理器”对话框可用下列方法之一弹出：

- 从“样式”（或“标注”）工具栏单击“标注样式”图标按钮，如图 6.2 所示。
- 从菜单栏选取：“标注” ⇨“标注样式”。
- 从键盘键入：DIMSTYLE 。

输入命令后，AutoCAD 弹出“标注样式管理器”对话框，如图 6.3 所示。

图 6.2　“样式”工具栏

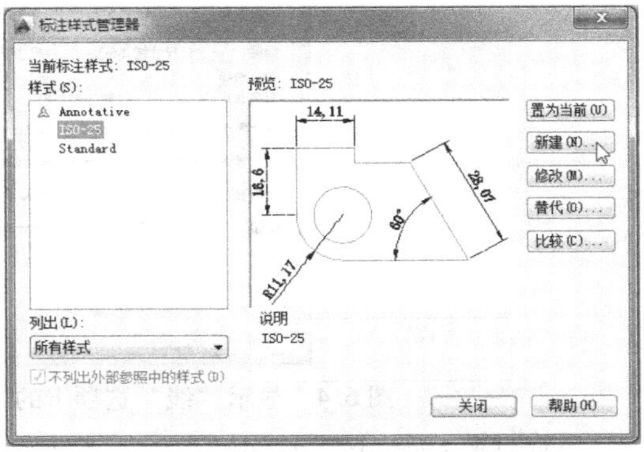

图 6.3　“标注样式管理器”对话框

该对话框主要包括：“样式（S）”选项区域、“预览”选项区域和右侧按钮。

1. “样式”选项区域

该选项区域中的“样式”列表框用于显示当前图中已有的标注样式名称。该选项区域下边的“列出”下拉列表中的选项，用来控制“样式”列表框中所显示标注样式名称的范围。图 6.3 所示是选择了“所有样式”选项，即在“样式”列表框中显示当前图中全部标注样式的名称。

2. “预览”选项区域

“预览”选项区域标题的冒号后，显示当前标注样式的名称。该选项区域中部的图形是当前标注样式的示例。“预览”选项区域下部“说明”文字区显示对当前标注样式的描述。

3. 右侧按钮

“置为当前（U）”“新建（N）”“修改（M）”“替代（O）”“比较（C）”5 个按钮用于设置当前标注样式、创建新的标注样式、修改已有的标注样式、替代当前对象的标注样式和比较两种标注样式。

6.2 按制图标准创建标注样式

6.2.1 “新建标注样式”对话框

标注样式决定尺寸四要素的形式与大小。按制图标准创建新的标注样式就应首先理解“新建标注样式”对话框中各选项的含义。

“新建标注样式”对话框可用下列方法弹出：单击“标注样式管理器”对话框中的“新建（N）”按钮，先弹出“创建新标注样式”对话框，在该对话框的“新样式名”文本框中输入标注样式名称，再单击“继续”按钮，将弹出“新建标注样式”对话框，如图 6.4 所示。

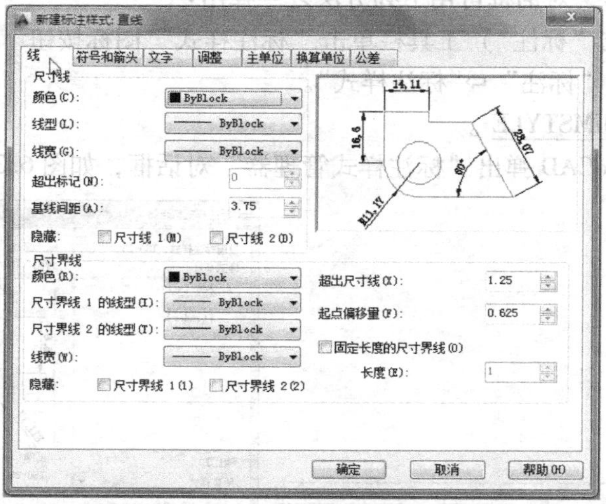

图 6.4 显示“线”选项卡的“新建标注样式”对话框（默认状态）

“新建标注样式”对话框中有 7 个选项卡，其各项含义如下。

1. “线”选项卡

图 6.4 所示是显示“线”选项卡的“新建标注样式”对话框，该选项卡用来控制尺寸

界线和尺寸线的标注形式。除预览区外，该选项卡中有“尺寸线”“延伸线”（即尺寸界线）2 个选项区域。

（1）“尺寸线”选项区域

“尺寸线”选项区域中共有 6 个操作项。

①“颜色”下拉列表：用于设置尺寸线的颜色，一般使用默认或设为 ByLayer。

②“线型”下拉列表：用于设置尺寸线的线型，一般使用默认或设为 ByLayer。

③“线宽”下拉列表：用于设置尺寸线的线宽，一般使用默认或设为 ByLayer。

④“超出标记”文本框：用来指定当尺寸终端符号为斜线时，尺寸线超出尺寸界线的长度，效果如图 6. 5 所示（一般使用默认值“0”）。

⑤“基线间距”文本框：用来指定执行基线尺寸标注方式时两尺寸线间的距离，效果如图 6. 6 所示（一般设“7 ~ 10”）。

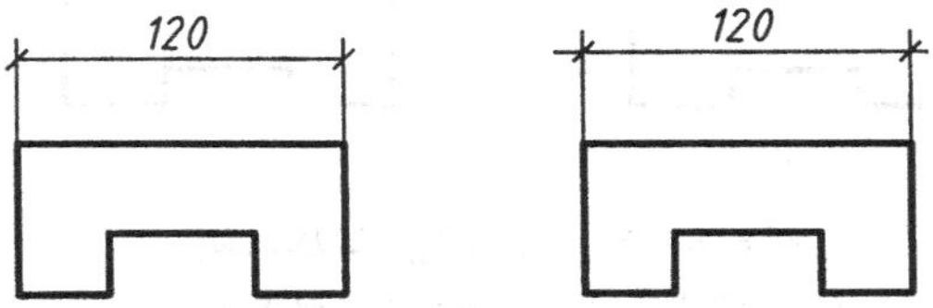

a)　　b)

图 6. 5 “超出标记”应用示例

a）超出值为“0”　b）超出值为“4”

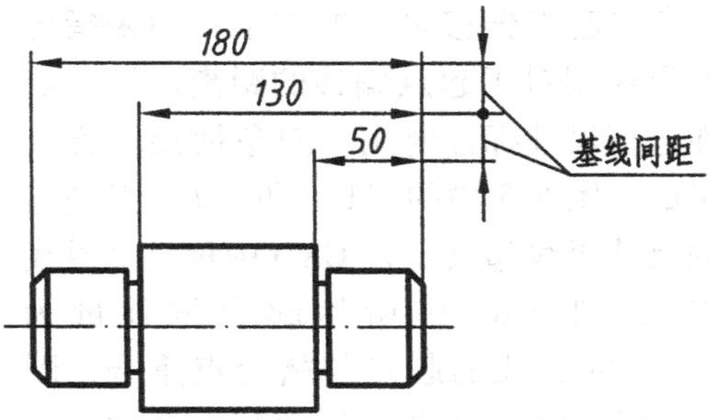

图 6. 6 基线间距控制示例

⑥“隐藏”复选按钮：该选项包括“尺寸线 1”和“尺寸线 2”两个复选框，其作用是分别控制“尺寸线 1”和“尺寸线 2”的消隐。所谓“尺寸线 1”即是靠近尺寸界线第“1”起点的大半个尺寸线，所谓“尺寸线 2”即是靠近尺寸界线第“2”起点的大半个尺寸线。它主要用于半剖视图的尺寸标注，效果如图 6. 7 所示。

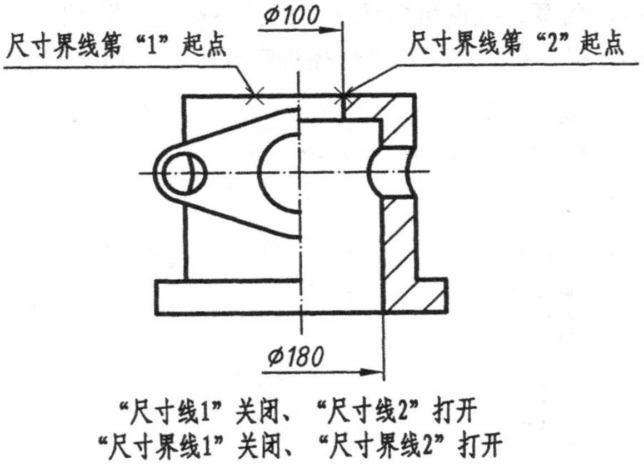

图 6. 7 隐藏尺寸线及尺寸界线的示例

（2）“尺寸界线”选项区域

“尺寸界线”选项区域中共有 8 个操作项。

①“颜色”下拉列表：用于设置尺寸界线的颜色，一般使用默认或设为 ByLayer。

②“尺寸界线 1 的线型”下拉列表：用于设置尺寸界线 1 的线型，一般使用默认或设为 ByLayer。

③“尺寸界线 2 的线型”下拉列表：用于设置尺寸界线 2 的线型，一般使用默认或设为 ByLayer。

④“线宽”下拉列表：用于设置尺寸界线的线宽，一般使用默认或设为 ByLayer。

⑤“隐藏”选项：该选项包括“尺寸界线 1”和“尺寸界线 2”两个复选框，其作用是分别控制“尺寸界线 1”和“尺寸界线 2”的消隐，它主要用于半剖视图的尺寸标注，效果如图 6.7 所示。

⑥“超出尺寸线”文本框：用来指定尺寸界线超出尺寸线的长度，一般按制图标准规定设为 2 mm。

⑦“起点偏移量”文本框：用来指定尺寸界线相对于起点偏移的距离。该起点是在进行尺寸标注时用“对象捕捉”方式指定的。图 6.8 中的“1”和“2”点是指定的尺寸界线起点（在 CAD 中称尺寸界线原点），图 6.8a 中所给起点偏移量为“0”，尺寸界线的起点与指定点重合，图 6.8b 中所给起点偏移量为“4”，即实际尺寸界线的起点与指定点空开“4”mm。

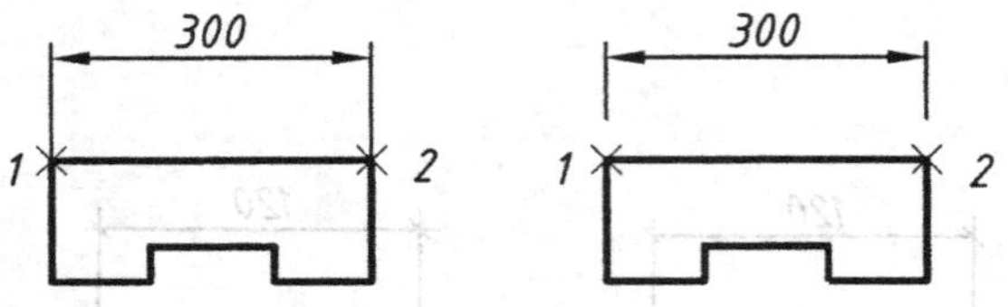

图 6.8　尺寸界线起点偏移示例

a）起点偏移量为“0”　b）起点偏移量为“4”

⑧“固定长度的尺寸界线”复选框：用来控制是否使用固定的尺寸界线长度来标注尺寸。若选中它，可在其下的“长度”文本框中输入尺寸界线的固定长度。

2.“符号和箭头”选项卡

图 6.9 所示是显示“符号和箭头”选项卡的“新建标注样式”对话框，该选项卡用来控制尺寸终端符号的形式与大小、圆心标记的形式与大小、折断标注时的折断长度、弧长符号的形式、半径折弯标注时的折弯角度、线性折弯标注时的折弯高度。除预览区外，该选项卡中有“箭头”“圆心标记”“折断标注”“弧长符号”“半径折弯标注”“线性折弯标注”6 个选项区域。

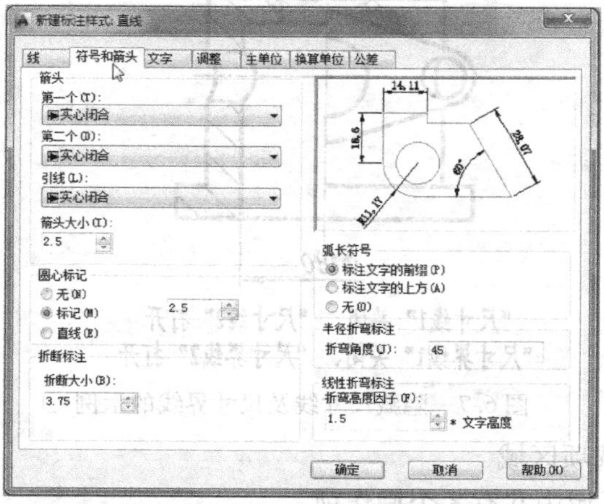

图 6.9　显示“符号和箭头”选项卡的“新建标注样式”对话框（默认状态）

（1）“箭头”（即尺寸终端符号）选项区域

“箭头”选项区域中共有 4 个操作项。

①“第一个”下拉列表：用以列出尺寸线第一端点起止符号形式及名称。

②“第二个”下拉列表：用以列出尺寸线第二端点起止符号形式及名称。

③“引线”下拉列表：用以列出执行引线标注方式时引线端点起止符号的形式及名称。

④“箭头大小”文本框：用于确定尺寸终端符号的大小。例如箭头的长度按制图标准一般应设成 2 ~ 3 mm 左右，45°斜线的长度一般设成 1.5 mm 左右。若选择自定义用户箭头，“箭头大小”处应输入比例值。

说明：

在上述下拉列表中有 20 种尺寸终端符号图例及名称。其中机械图样中常用的有：（“实心闭合”）、（“小点”）即小圆点、（“倾斜”）即细 45°斜线、（“无”）4 种形式。

（2）“圆心标记”选项区域

“圆心标记”选项区域用于单击“圆心标记”命令时，确定是否及如何画出圆心标记。

该选项区域中共有 3 个单选按钮。

① 选择“无”单选按钮：执行“圆心标记”命令时不绘制圆心标记。一般选择“无”。

② 选择“标记”单选按钮：执行“圆心标记”命令时，将在圆心处绘制一个十字标记，标记的大小可在其后的文本框中指定。

③ 选择“直线”单选按钮：单击“圆心标记”图标按钮时，将给圆绘制中心线，中心线超出的长度可在其后的文本框中指定。

（3）“折断标注”选项区域

“折断标注”选项区域用于单击“折断标注”图标按钮时，确定在所选尺寸上自动打断的长度。

该选项区域只有一个文本框，可在此指定尺寸界线上从起点开始自动打断的长度。

（4）“弧长符号”选项区域

“弧长符号”选项区域用于单击“弧长”图标按钮时，确定是否及如何画出弧长符号。

该选项区域中共有 3 个单选按钮，可按需要选择其中一项。

（5）“半径折弯标注”选项区域

“半径折弯标注”选项区域用于单击“折弯”图标按钮时，确定所标注的半径尺寸的折弯角度。

该选项区域只有一个文本框，可在此指定尺寸折弯的角度。

（6）“线性折弯标注”选项区域

“线性折弯标注”选项区域用于单击“折弯线性”图标按钮时，确定在所选尺寸上的折弯高度。

该选项区域只有一个文本框，可在此指定折弯高度因子，输入的数值与尺寸数字高度的乘积即为线性尺寸的折弯高度。

3.“文字”选项卡

图 6.10 所示是显示“文字”选项卡的“新建标注样式”对话框，该选项卡主要用来选

定尺寸数字的样式及设定尺寸数字高度、位置、字头方向等。除预览区外，该选项卡中有“文字外观”“文字位置”“文字对齐”3 个选项区域。

（1）“文字外观”选项区域

“文字外观”选项区域中共有 6 个操作项。

①“文字样式”下拉列表：用来选择尺寸数字的文字样式，在此应选择“工程图中的数字和字母”文字样式。

②“文字颜色”下拉列表：用来选择尺寸数字的颜色，一般使用默认或设成 ByLayer。

③“填充颜色”下拉列表：用来选择尺寸数字的背景颜色，一般设成“无”。

④“文字高度”文本框：用来指定尺寸数字的字高（即字号），一般设成“3.5”mm。

⑤“分数高度比例”文本框：用来设置尺寸中分数的高度。在“分数高度比例”文本框中输入一个数值，AutoCAD 将该数值与尺寸数字高度的乘积作为尺寸中分数的高度。

⑥“绘制文字边框”复选框：控制是否给尺寸数字绘制边框。例如：选中它，尺寸数字“70”将注写为“70”。

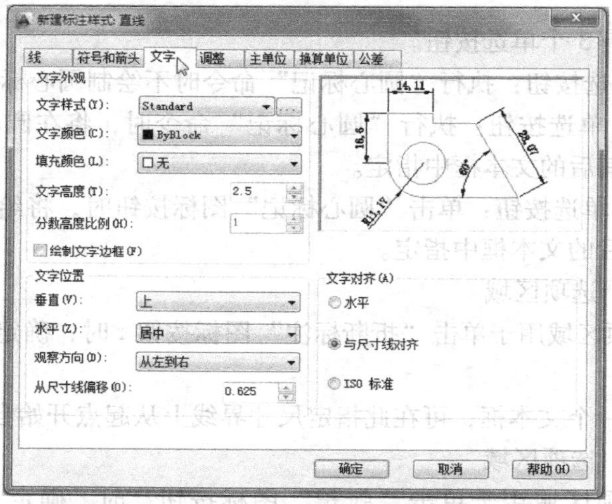

图 6.10　显示“文字”选项卡的“新建标注样式”对话框（默认状态）

（2）“文字位置”选项区域

“文字位置”选项区域中共有 4 个操作项。

①“垂直”下拉列表：用来控制尺寸数字沿尺寸线垂直方向的位置。该列表中有“居中”“上”“外部”“JIS（日本工业标准）”“下”5 个选项。

- “居中”选项：可使尺寸数字在尺寸线中断处放置，效果如图 6.11a 所示。
- “上”选项：可使尺寸数字在尺寸线上边放置，效果如图 6.11b 所示。
- “外部”选项：可使尺寸数字在尺寸线外（远离图形一边）放置，效果如图 6.11c 所示。
- “下”选项：可使尺寸数字在尺寸线下边放置，效果如图 6.11d 所示。

②“水平”下拉列表：用来控制尺寸数字沿尺寸线水平方向的位置。该列表中有 5 个选项。

- “居中”选项：可使尺寸界线内的尺寸数字居中放置，效果如图 6.12a 所示。

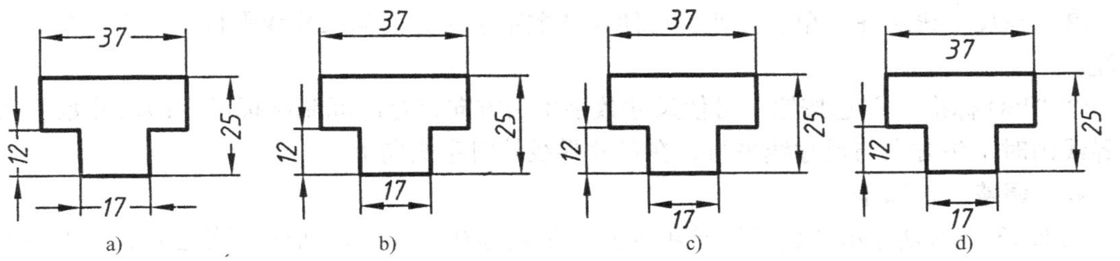

图 6.11 “文字位置”选项区域“垂直”列表中各选项的标注示例

a）“居中”选项 b）“上”选项 c）“外部”选项 d）“下”选项

- “第一条尺寸界线”选项：可使尺寸界线中的尺寸数字靠向第一条尺寸界线放置，效果如图 6.12b 所示。
- “第二条尺寸界线”选项：可使尺寸界线中的尺寸数字靠向第二条尺寸界线放置，效果如图 6.12c 所示。
- “第一条尺寸界线上方”选项：可将尺寸数字放在尺寸界线上并平行第一条尺寸界线，效果如图 6.12d 所示。
- “第二条尺寸界线上方”选项：可将尺寸数字放在尺寸界线上并平行第二条尺寸界线，效果如图 6.12e 所示。

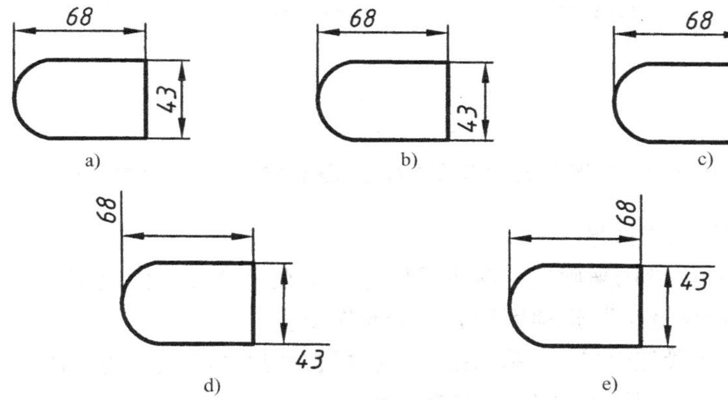

图 6.12 文字位置“水平”列表中各选项标注示例

a）“居中”选项 b）“第一条尺寸界线”选项 c）“第二条尺寸界线”选项

d）“第一条尺寸界线上方”选项 e）“第二条尺寸界线上方”选项

③“观察方向”下拉列表：用来控制尺寸数字的排列方向。该列表中有 2 个选项。

- “从左到右”选项：可使尺寸数字从左到右排列，一般用此默认项。
- “从右到左”选项：可使尺寸数字从右到左排列并字头倒置。

④“从尺寸线偏移”文本框：用来确定尺寸数字与尺寸线之间的间隙，一般设“1”mm。

（3）“文字对齐”选项区域

“文字对齐”选项区域用来控制尺寸数字的字头方向是水平向上还是与尺寸线平行，该区共有 3 个单选按钮。

①“水平”单选按钮：可使尺寸数字字头永远向上，用于引出标注和角度尺寸标注。

②“与尺寸线对齐”单选按钮：可使尺寸数字字头方向与尺寸线平行，用于直线等尺寸标注。

③“ISO 标准”单选按钮：可使尺寸数字字头方向符合国际制图标准，即尺寸数字在尺寸界线内时字头方向与尺寸线平行，在尺寸界线外时字头向上。

4. “调整”选项卡

图 6. 13 所示是显示“调整”选项卡的“新建标注样式”对话框，该选项卡主要用来调整各尺寸要素之间的相对位置。除预览区外，该选项卡中有“调整选项”“文字位置”“标注特征比例”“优化”4 个选项区域。

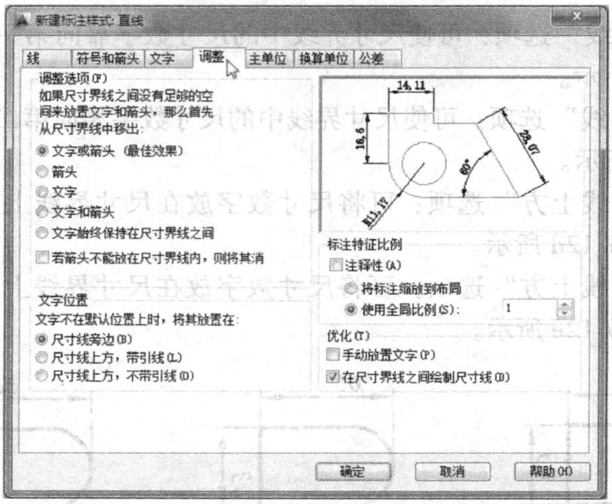

图 6. 13　显示“调整”选项卡的“新建标注样式”对话框（默认状态）

（1）“调整选项”选项区域

“调整选项”选项区域用来确定当箭头或尺寸数字在尺寸界线内放不下时，在何处绘制箭头和尺寸数字。“调整选项”选项区域有 6 个操作项。

①“文字或箭头（最佳效果）”单选按钮：将根据两尺寸界线间的距离，用以确定方式放置尺寸数字与箭头。其相当于以下方式的综合。

②“箭头”单选按钮：如果尺寸数字与箭头两者仅够放一种，可将箭头放在尺寸界线外，尺寸数字放在尺寸界线内。

③“文字”单选按钮：如果箭头与尺寸数字两者仅够放一种，可将尺寸数字放在尺寸界线外，尺寸箭头放在尺寸界线内。

④“文字和箭头”单选按钮：如果空间允许，可将尺寸数字与箭头都放在尺寸界线之内，否则都放在尺寸界线之外。

⑤“文字始终保持在尺寸界线之间”单选按钮：任何情况下都可将尺寸数字放在两尺寸界线之间。

⑥“若不能放在尺寸界线内，则将其消除”复选框：如果尺寸界线内空间不够，可省略箭头。

（2）“文字位置”选项区域

“文字位置”选项区域共有 3 个单选按钮。

①“尺寸线旁边”单选按钮：当尺寸数字不在默认位置时，用以在第二条尺寸界线旁放置尺寸数字，效果如图6.14a所示。

②“尺寸线上方，带引线”单选按钮：当尺寸数字不在默认位置，并且尺寸数字与箭头都不足以放到尺寸界线内时，用以自动绘出一条引线标注尺寸数字，效果如图6.14b所示。

说明：图6.14b所示铅垂方向的尺寸数字引出方向不符合制图标准（应水平），应进行修改。

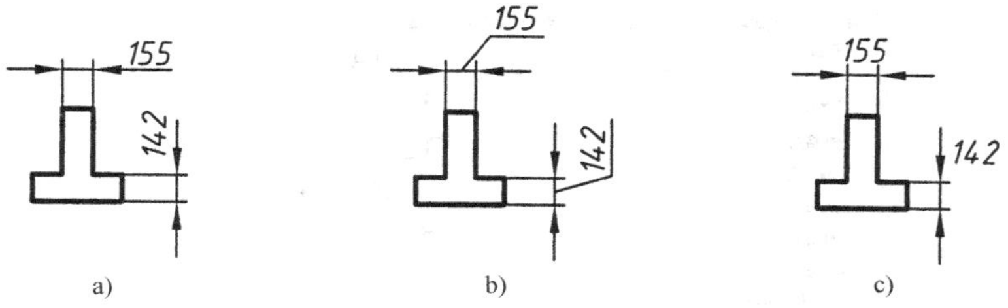

图6.14 “文字位置”区各选项标注示例

a)“尺寸线旁边” b)“尺寸线上方，带引线” c)“尺寸线上方，不带引线”

③“尺寸线上方，不带引线”单选按钮：当尺寸数字不在默认位置，并且尺寸数字与箭头都不足以放到尺寸界线内时，用以显示引线模式标注，但不画出引线，效果如图6.14c所示。

（3）“标注特征比例”选项区域

“标注特征比例”选项区域共有两个操作项。

①“将标注缩放到布局”单选按钮：控制是否在图纸空间使用全局比例。

②“使用全局比例”单选按钮：用来设定全局比例系数。全局比例系数控制各尺寸要素，即该标注样式中所有尺寸四要素的大小及偏移量都会乘上全局比例系数。全局比例的默认值为“1”，可以在右边的文本框中重新指定，一般不改变它。

（4）“优化”选项区域

“优化”选项区域共有两个操作项。

①“手动放置文字”复选框：进行尺寸标注时，用以允许自行指定尺寸数字的位置。

②“在尺寸界线之间绘制尺寸线”复选框：用以控制尺寸箭头在尺寸界线外时，两尺寸界线间是否画尺寸线。选中它画尺寸线，关闭不画尺寸线。一般设置为选中。

5.“主单位”选项卡

图6.15所示是显示“主单位”选项卡的“新建标注样式”对话框，该选项卡主要用来设置尺寸的单位格式和精度，指定绘图比例（以实现按形体的实际大小标注尺寸），并能设置尺寸数字的前缀和后缀。除预览区外，该选项卡中有“线性标注”、“角度标注”2个选项区域。

（1）“线性标注”选项区域

“线性标注”选项区域用于控制线性尺寸度量单位、尺寸比例、尺寸数字中的前缀后缀和“0”的显示。该选项区域主要有11个操作项。

①“单位格式”下拉列表：用来设置所注线性尺寸单位。该列表中包括“科学”“小数（即十进制）”“工程”“建筑”“分数”等单位，一般使用十进制即默认设置“小数”。

②“精度”下拉列表：用来设置线性尺寸数字中小数点后保留的位数。

③“分数格式”下拉列表：用来设置线性尺寸中分数的格式，其中包括“对角”“水平”“非重叠”3个选项。

④“小数分隔符”下拉列表：用来指定十进制单位中小数分隔符的形式。其中包括“句点”“逗点”“空格”3个选项。

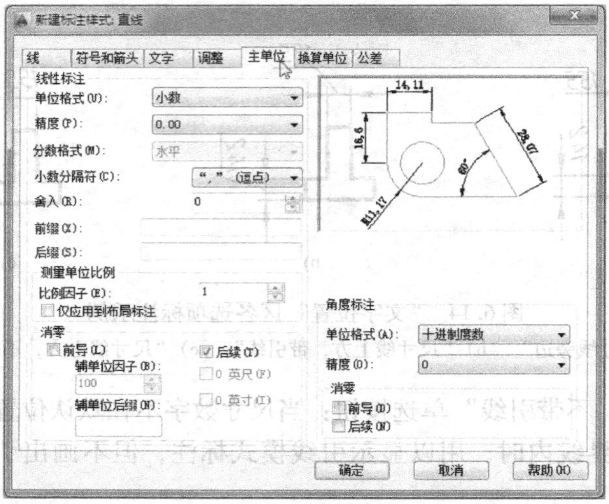

图6.15　显示“主单位”选项卡的“新建标注样式”对话框（默认状态）

⑤“舍入”文本框：用于设置线性尺寸值舍入（即取近似值）的规定。

⑥“前缀”文本框：用来在尺寸数字前加一个前缀。前缀文字将替换掉任何默认的前缀（如注半径尺寸时输入前缀，默认的半径符号“R”将被替换掉）。

⑦“后缀”文本框：用于在尺寸数字后加上一个后缀（如：cm）。

⑧“比例因子”文本框：用于直接标注形体的真实大小。按绘图比例，输入相应的数值，图中的尺寸数字将会乘以该数值注出。例如：绘图比例为1∶150，即图形缩小150倍来绘制，在此输入比例因子“150”，AutoCAD就将把测量值扩大150倍，使用形体真实的尺寸数值标注尺寸。

⑨“仅应用到布局标注”复选框：用来控制是否把比例因子仅用于布局中的尺寸。

⑩“前导”复选框：用来控制是否对前导“0”加以显示。选中“前导”复选框，将不显示十进制尺寸整数“0”，如：“0.80”显示为“.80”。

⑪“后续”复选框：用来控制是否对后续“0”加以显示。选中“后续”复选框，将不显示十进制尺寸小数后末尾的“0”，如：“0.80”显示为“0.8”。

说明：“辅单位因子”和“辅单位后缀”文本框，只有选中“前导”复选框时才可用。

(2)“角度标注”选项区域

“角度标注”选项区域用于控制角度尺寸度量单位、精度和尺寸数字中“0”的显示。该选项区域共有4个操作项。

①“单位格式”下拉列表：用来设置角度尺寸单位。该列表中包括“十进制度数”、“度/分/秒”、“百分度”、“弧度”4种角度单位。一般使用“十进制度数”即默认设置。

②“精度”下拉列表：用来设置角度尺寸小数点后保留的位数。

③“前导”复选框：用来控制是否对角度尺寸前导“0”加以显示。

④“后续”复选框：用来控制是否对角度尺寸后续“0”加以显示。

6.“换算单位”选项卡

图 6.16 所示是显示“换算单位”选项卡的“新建标注样式”对话框，该选项卡主要用来设置换算尺寸的单位格式、精度、前缀和后缀。“换算单位”选项卡在特殊情况时才使用（默认设置为不显示）。该选项卡中的各操作项与“主单位”选项卡的同类项基本相同，不再详述。

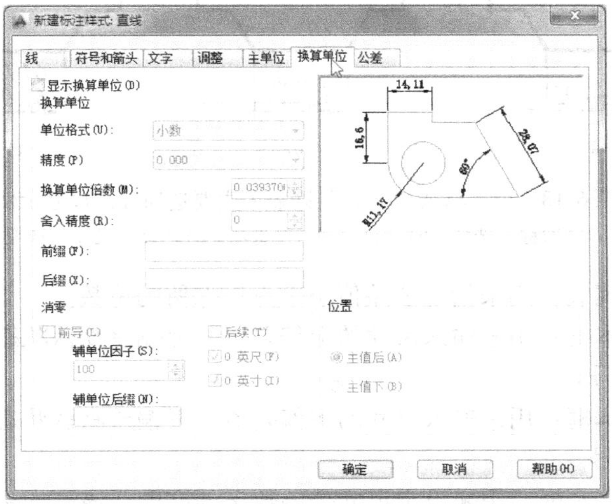

图 6.16　显示“换算单位”选项卡的“新建标注样式”对话框（默认状态）

7.“公差”选项卡

图 6.17 所示是显示“公差”选项卡的“新建标注样式”对话框，该选项卡主要用来控制尺寸公差标注形式、公差值的大小及公差数字的高度及位置。

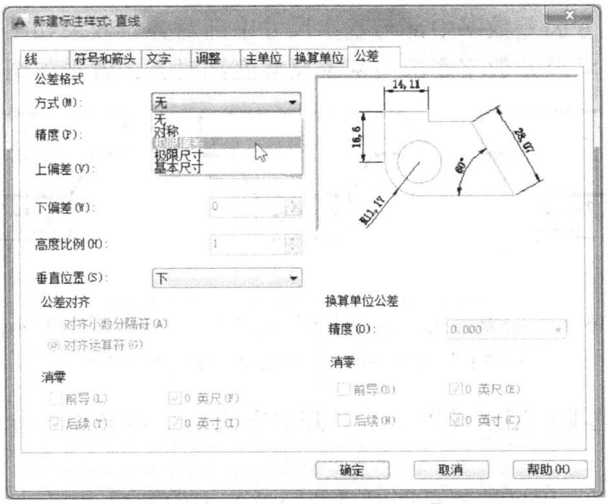

图 6.17　显示“公差”选项卡的“新建标注样式”对话框

该对话框主要应用部分是左边的9个操作项。

①“方式”下拉列表：用来指定公差标注方式，其中包括5个选项。

- “无”选项表示不标注公差。
- “对称”选项表示上下偏差同值标注，效果如图6.18a所示。
- “极限偏差”选项表示上下偏差不同值标注，效果如图6.18b所示。
- “极限尺寸”选项表示用上下极限值标注，效果如图6.18c所示。
- “基本尺寸”选项表示要在基本尺寸数字上加一矩形框。

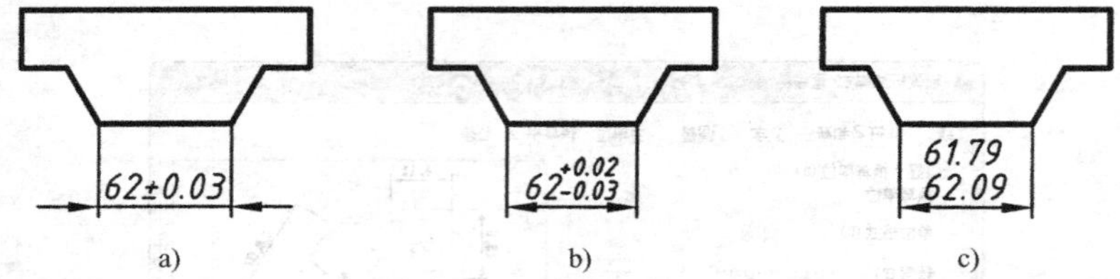

图6.18　公差格式“方式”列表中主要选项标注尺寸示例

a)“对称”选项　b)“极限偏差”选项　c)“极限尺寸”选项

②“精度”下拉列表：用来指定公差值小数点后保留的位数。

③“上偏差”文本框：用来输入尺寸的上偏差值。上偏差默认状态是正值，若是负值应在数字前输入“-”号。

④“下偏差”文本框：用来输入尺寸的下偏差值。下偏差默认状态是负值，若是正值应在数字前输入“-”号。

⑤“高度比例”文本框：用来设定尺寸公差数字的高度。该高度是由尺寸公差数字字高与基本尺寸数字高度的比值来确定的。例如“0.7”这个值使尺寸公差数字的字高是基本尺寸数字其字高高的0.7倍。

⑥“垂直位置”下拉列表：用来控制尺寸公差相对于基本尺寸的上下位置，其包括3个选项。

- “上”选项使尺寸公差数字顶部与基本尺寸顶部对齐，效果如图6.19a所示。
- “中”选项使尺寸公差数字中部与基本尺寸中部对齐，效果如图6.19b所示。
- “下”选项使尺寸公差数字底部与基本尺寸底部对齐，效果如图6.19c所示。

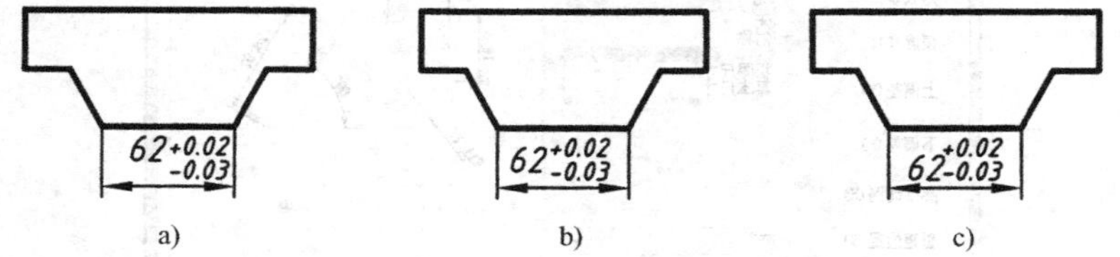

图6.19　公差格式“垂直位置”列表中各选项标注尺寸示例

a)“上”选项　b)“中”选项　c)“下”选项

⑦“公差对齐”选项：用来设置公差对齐的方式是“对齐小数分隔符”还是“对齐运算符”。

⑧“前导”复选框：用来控制是否对尺寸公差值中的前导“0”加以显示。

⑨“后续”复选框：用来控制是否对尺寸公差值中的后续“0”加以显示。

提示：上下偏差值的精度（即小数点后保留的位数）要用“公差”选项卡中的“精度”下拉列表来控制。

6.2.2 按制图标准创建标注样式实例

在绘制工程图中，尺寸的形式有多种，应把常用的尺寸标注形式创建为标注样式。在标注尺寸时，需用哪种标注样式，就将它设为当前标注样式，这样可提高绘图效率，并且便于修改。下面介绍机械工程图中最常用的“直线”和“圆引出与角度”两种标注样式的创建，它们也是工程图中两种基础标注样式。

【例 6.1】 创建“直线”标注样式（该标注样式不仅用于直线段的尺寸标注，还用于字头与尺寸线平行的任何尺寸的标注）。该标注样式的应用示例如图 6.20 所示。

码 6.1 创建标注样式实例

其具体操作过程（扫二维码 6.1 看视频）：

① 从“样式”（或“标注”）工具栏单击“标注样式”图标按钮，弹出“标注样式管理器”对话框。单击该对话框中的“新建（N）”按钮，弹出“创建新标注样式”对话框，如图 6.21 所示。

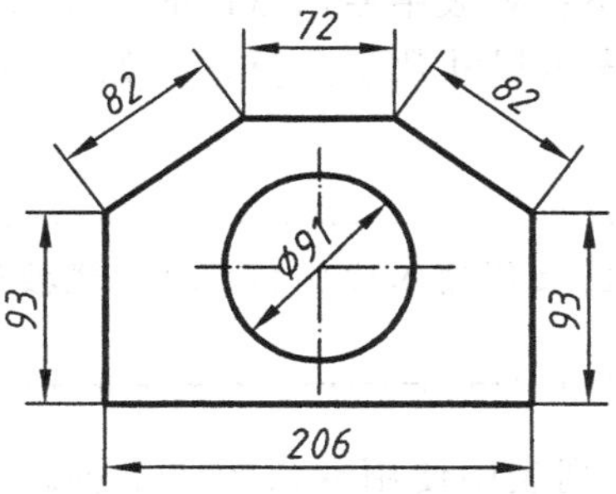

图 6.20 “直线”标注样式标注尺寸的形式

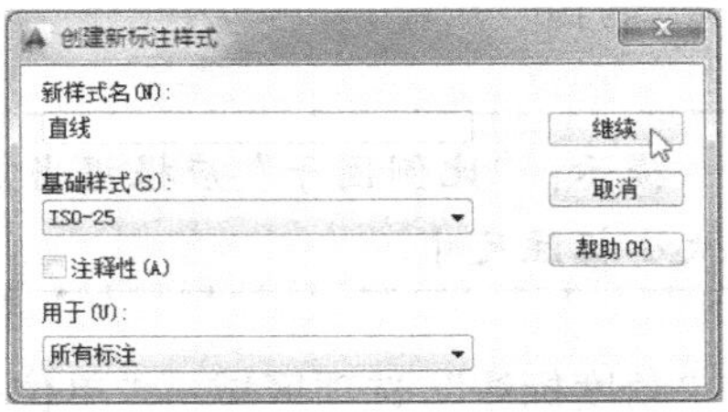

图 6.21 “创建新标注样式”对话框

② 在“创建新标注样式”对话框中的“基础样式”下拉列表中选择一种与所要创建的标注样式相近的标注样式作为基础样式（第一次创建时，“基础样式”中默认是“ISO - 25”）；在“新样式名”文本框中输入所要创建标注样式的名称“直线”；单击“创建新标注样式”对话框中的“继续”按钮，弹出“新建标注样式”对话框。

③ 在“新建标注样式”对话框中选择“线”选项卡，进行如下设置。

- 在“尺寸”选项区域：“颜色”“线型”和“线宽”使用默认或设为 ByLayer；“超出标记”设为“0”；“基线间距”输入“7”；“隐藏”选项的两个复选框使用默认关闭。
- 在“尺寸界线”选项区域：“颜色”“线型”和“线宽”使用默认或设为 ByLayer；“超出尺寸线”值输入“2”；“起点偏移量”输入“0”；“隐藏”选项的两个复选框使用默认关闭。

④ 在“新建标注样式”对话框中选择“符号和箭头”选项卡，进行如下设置。

- 在“箭头”选项区域的“第一个”和“第二个”下拉列表：选择“实心闭合箭头”选项；“箭头大小”输入“3”。
- 在“圆心标记”选项区域：选择“无”单选按钮。
- 在“弧长符号”选项区域：选择“标注文字的前缀”单选按钮。
- 在“半径标注折弯”选项区域：在“折弯角度”文本框中输入数值“30”度。

⑤ 在“新建标注样式”对话框中选择“文字”选项卡，进行如下设置。

- 在“文字外观”选项区域：“文字样式”下拉列表中选择“工程图中数字和字母”文字样式；“文字高度”输入数值“3.5”；其他使用默认。
- 在“文字位置”选项区域：“垂直”下拉列表中选择“上”；“水平”下拉列表中选择“居中”；“观察方向”下拉列表中选择“从左到右”；“从尺寸线偏移”值输入“1”。
- 在“文字对齐”选项区域：选择“与尺寸线对齐”单选按钮。

⑥ 在“新建标注样式”对话框中选择“调整”选项卡，进行如下设置。

- 在“调整选项”选项区域：选择“文字”单选按项。
- 在“文字位置”选项区域：使用默认“尺寸线旁边”单选按钮。
- 在“标注特征比例”选项区域：使用默认“使用全局比例”单选按钮。
- 在“优化”选项区域：使用默认项，仅选中“在尺寸界线之间绘制尺寸线”复选框。

⑦ 在“新建标注样式”对话框中选择“主单位”选项卡，进行如下设置。

- 在“线性标注”选项区域：“单位格式”下拉列表中使用默认的“小数”项（即十进制）；“精度”下拉列表中选择“0”（表示尺寸数字是整数，如是小数应按需要选择）。

> 提示：“比例因子”应根据当前图样的绘图比例输入比例值，以实现按形体的实际大小标注尺寸。

- “角度标注”选项区域：“单位格式”下拉列表中使用默认的“十进制度数”；“精度”下拉列表中也使用默认的“0”。

⑧ 设置完成后，单击“确定”按钮，将保存新创建的“直线”标注样式，返回“标注样式管理器”对话框，并在“样式”列表框中显示“直线”标注样式名称，完成该标注样式的创建。

完成“直线”标注样式后，可再单击“标注样式管理器”对话框中的“新建（N）”按钮，按以上操作进行另一新标注样式的创建。所有标注样式创建完成后，再单击“标注样式管理器”对话框中“关闭”按钮，结束命令。

说明：“公差”选项卡只有在标注公差时才进行设置，“换算单位”选项卡也只在需要时才进行设置。

【例 6.2】 创建“圆引出与角度”标注样式，该标注样式应用示例如图 6.22 所示。“圆引出与角度”标注样式的创建应基于“直线”标注样式。

其具体操作过程（扫上一页二维码 6.1 看视频）：

① 单击“标注样式管理器”对话框框中的“新建（N）”按钮，弹出“创建新标注样

式”对话框。

② 在“创建新标注样式”对话框中的“基础样式”下拉列表中选择“直线”标注样式为基础样式；在“新样式名”文本框中输入所要创建的标注样式的名称“圆引出与角度”；单击“创建新标注样式”对话框中的“继续”按钮，弹出“新建标注样式”对话框。

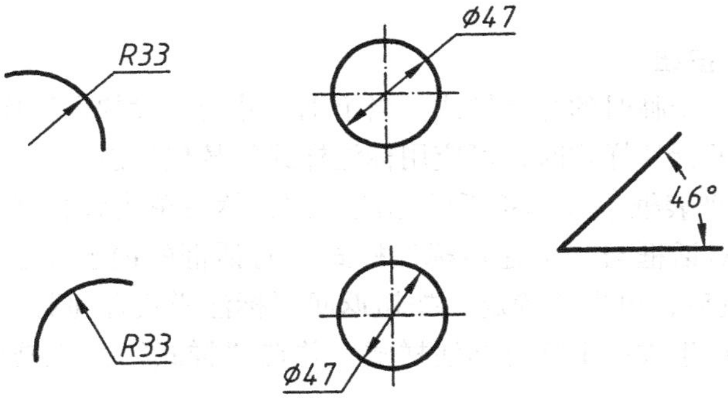

图 6.22 “圆引出与角度”标注样式的应用示例

③ 在“新建标注样式”对话框中只需修改与“直线”标注样式不同的两处。

- 选择“文字”选项卡：在“文字对齐”选项区域改“与尺寸线对齐”为“水平”单选按钮（即使尺寸数字的字头方向永远向上）。
- 选择“调整”选项卡：在“优化”选项区域选中“手动放置文字”复选框（即使尺寸数字的位置用光标拖动指定）。

④ 设置完成后，单击“确定”按钮，可保存新创建的“圆引出与角度”标注样式，返回“标注样式管理器”对话框，并在“样式”列表框中显示“圆引出与角度”标注样式名称，完成该标注样式的创建。

提示：在绘制工程图时，一般都应创建“直线”和“圆引出与角度”两种基础标注样式，其他可根据需要创建。

6.2.3 “标注样式管理器”对话框中的其他按钮

1.“置为当前（U）”按钮

该按钮用于设置当前标注样式。创建了所需的标注样式后，要标注哪一种尺寸就应把相应的标注样式设为当前标注样式。

提示：设置当前标注样式常用的方法是：从“样式”工具栏的“标注样式名”下拉列表中选择一个标注样式，使其显示在窗口中。

2.“修改（M）”按钮

该按钮用于修改已有的标注样式。单击该按钮，将弹出“修改标注样式”对话框（该对话框与“创建新标注样式”对话框内容完全相同，操作方法也一样)，进行所需的修改后，确定即可。

提示：标注样式被修改后，所有按该标注样式标注的尺寸（包括已经标注和将要标注的尺寸）均自动按修改后的标注样式进行更新。

3.“替代（O)”按钮

该按钮用于设置一个临时的标注样式。当个别尺寸与所设的标注样式相近但不相同，又不需要保存这些尺寸的标注样式时，可应用标注样式的替代功能。

首先从“样式”列表框中选择相近的标注样式，然后单击该按钮，将弹出“替代标注样式”对话框，（该对话框与“创建新标注样式”对话框的内容完全相同，操作方法也一样)，进行所需的修改后，单击“确定”按钮返回“标注样式管理器”对话框，AutoCAD 将在所选标注样式下自动生成一个临时标注样式，并在“样式”列表框中显示 AutoCAD 定义的临时标注样式名称。

当设另一个标注样式为当前样式时，AutoCAD 将自动取消替代样式，结束替代功能。

4.“比较（C)”按钮

该按钮用于比较两种标注样式，主要是显示两种标注样式之间标注系统变量的不同之处。

首先从“样式”列表中选择要比较的两种标注样式之一，然后单击该按钮，弹出“比较标注样式”对话框，在“比较标注样式”对话框上部的“与”下拉列表中选择另一种标注样式，该对话框列表中将显示两者的不同之处。

6.3 尺寸标注的方式

在绘制工程图进行尺寸标注时，用图 6.23 所示的“标注”工具栏输入尺寸标注方式命令最为快捷，应将它固定放在绘图区外的下方。

图 6.23 “标注”工具栏

6.3.1 标注水平或铅垂方向的线性尺寸

用“线性”（DIMLINEAR）命令可标注水平或铅垂方向的线性尺寸。图 6.24 所示是设“直线性”标注样式为当前标注样式的线性尺寸。

提示：在标注线性尺寸时，仍应打开“极轴追踪”“对象捕捉”“对象捕捉追踪”绘图模式，这样可准确、快速地进行尺寸标注。

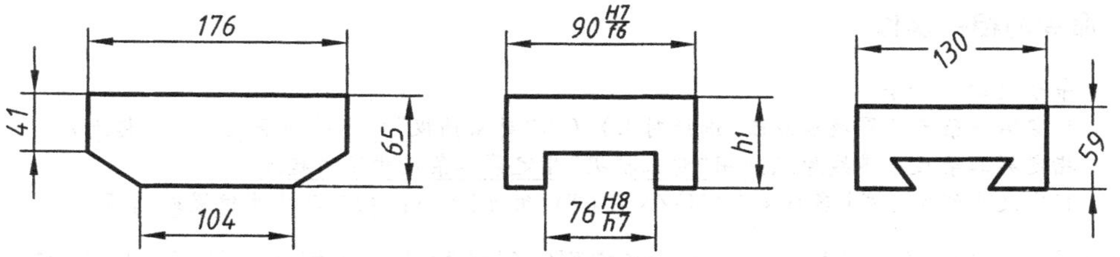

图 6.24　用“线性”标注样式标注水平或铅垂方向线性尺寸的示例

1. 输入命令

● 从“标注”工具栏单击：“线性”图标按钮⊢。

● 从菜单栏选取：“标注” ⇨“线性”。

● 从键盘键入：DIMLINEAR。

2. 命令的相关操作

命令：(输入命令)
指定第一条尺寸界线原点或〈选择对象〉：(用“对象捕捉”指定第一条尺寸界线起点)
指定第二条尺寸界线原点：(用“对象捕捉”指定第二条尺寸界线起点)
指定尺寸线位置或[多行文字(M)/文字(T)/角度(A)/水平(H)/垂直(V)/旋转(R)]：(指定尺寸线位置或选项)

若直接指定尺寸线位置，AutoCAD 将按所测尺寸数值完成标注，效果如图 6.24a 所示。

若需要可设置选项，相关命令提示行各选项含义如下。

①“多行文字（M）”项：用多行文字编辑器重新指定尺寸数字，常用于特殊的尺寸数字，如图 6.24b 所示。

②“文字（T）”：用单行文字方式重新指定尺寸数字。

③“角度（A）”：用以指定尺寸数字的旋转角度，如图 6.24c 所示（其默认值是“0”，即字头向上）。

④“水平（H）”：用以指定尺寸线呈水平标注（实际可直接拖动）。

⑤“垂直（V）”：用以指定尺寸线呈铅垂标注（实际可直接拖动）。

⑥“旋转（R）”：用以指定尺寸线和尺寸界线旋转的角度（以原尺寸线为零起点）。

选项操作后，AutoCAD 会再一次提示要求给出尺寸线位置，指定后，完成标注。

6.3.2　标注倾斜方向的线性尺寸

用“对齐”（DIMALIGNED）命令可标注倾斜方向的线性尺寸。图 6.25 所示是设“直线”标注样式为当前标注样式所标注的倾斜方向的线性尺寸。

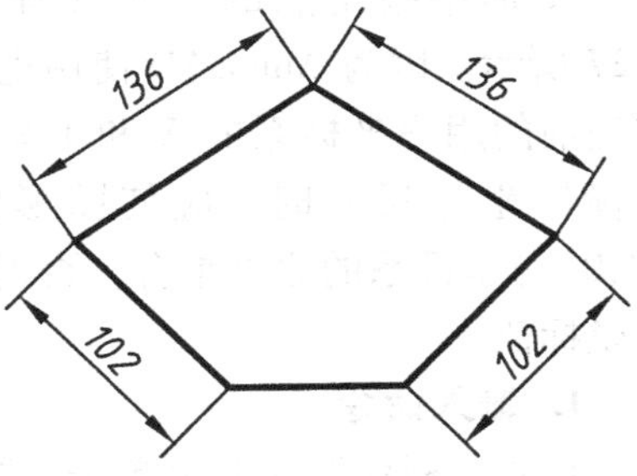

图 6.25　用“直线”标注样式标注倾斜方向线性尺寸的示例

1. 输入命令

● 从“标注”工具栏单击：“对齐”图标按钮↖。

● 从菜单栏选取：“标注” ⇨“对齐”。

● 从键盘键入：DIMALIGNED。

2. 命令的相关操作

命令:(输入命令)
指定第一条尺寸界线原点或〈选择对象〉:(用“对象捕捉”指定第一条尺寸界线起点)
指定第二条尺寸界线原点:(用“对象捕捉”指定第二条尺寸界线起点)
指定尺寸线位置或[多行文字(M)/文字(T)/角度(A)]:(指定尺寸线位置或选项)

若直接指定尺寸线位置，AutoCAD 将按测定尺寸数值完成标注，效果如图 6.22 所示。若需要可设置选项，相关命令提示行中各选项含义与“线性”命令中的同名选项相同。

6.3.3 标注弧长尺寸

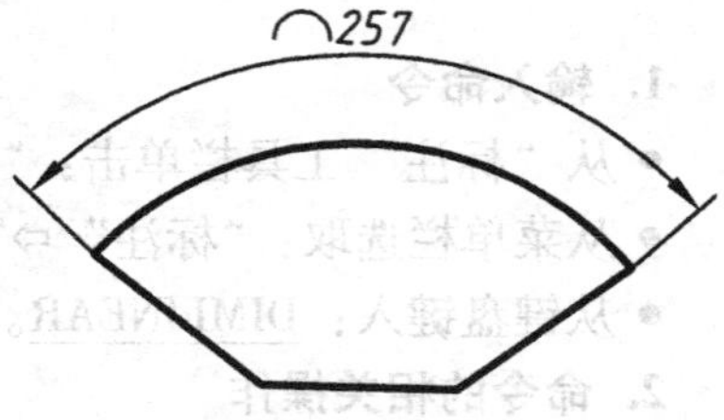

图 6.26 用“直线”标注样式标注弧长尺寸的示例

用“弧长”（DIMARC）命令可标注弧长尺寸，图 6.26 所示是设“直线”标注样式为当前标注样式所标注的弧长尺寸。

1. 输入命令

- 从“标注”工具栏单击：“弧长”图标按钮。
- 从菜单栏选取：“标注”⇨“弧长”。
- 从键盘键入：DIMARC。

2. 命令的相关操作

命令:(输入命令)
选择弧线段或多段线圆弧线段:(用直接单击选取的方式选择需标注的圆弧)
指定弧长标注位置或[多行文字(M)/文字(T)/角度(A)/部分(P)]:(拖动确定尺寸线位置或选项)

若直接给出尺寸线位置，AutoCAD 将按测定尺寸数值并加上弧长符号完成弧长尺寸标注。效果如图 6.26 所示。

若需要可设置选项。相关命令提示行各选项含义：

①“多行文字（M）”“文字（T）”“角度（A）”选项与“线性”命令中的同名选项相同。

②“部分（P）”：用于标注选中圆弧中某一部分的弧长。

6.3.4 标注坐标尺寸

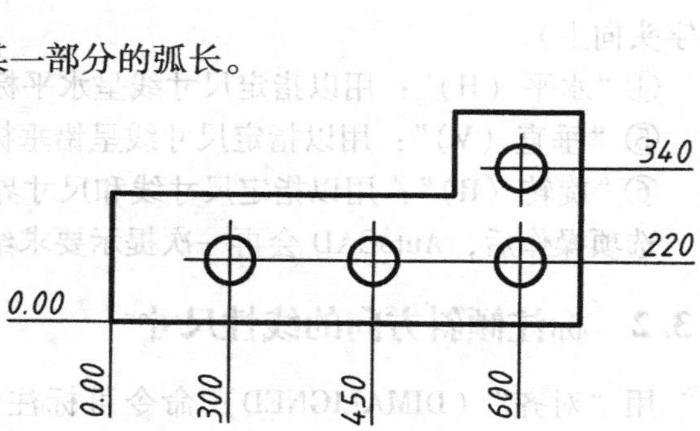

图 6.27 标注坐标尺寸的示例

用“坐标”（DIMORDINATE）命令可标注图形中指定点的 X 和 Y 坐标，如图 6.27 所示。因为 AutoCAD 使用世界坐标系或当前的用户坐标系的 X 和 Y 坐标轴，所以标注坐标尺寸时，应使图形的基准点 (0,0) 与坐标系的原点重合，否则应重新输入坐标值。

1. 输入命令

- 从“标注”工具栏单击：“坐标”图标按钮。
- 从菜单栏选取：“标注”⇨“坐标”。

- 从键盘键入：DIMORDINATE。

2. 命令的相关操作

命令：(输入命令)
指定点坐标：(选择引线的起点)
指定引线端点或[X基准(X)/Y基准(Y)/多行文字(M)/文字(T)/角度(A)]：(指定引线终点或选项)

若直接指定引线终点，AutoCAD将按测定坐标值来标注引线起点的 X 或 Y 坐标，完成尺寸标注。若需改变坐标值，应选“文字（T）”或“多行文字（M）”选项，给出新坐标值，再指定引线终点即完成标注。

说明：坐标标注中尺寸数字的位置由当前标注样式决定。

6.3.5 标注半径尺寸

用“半径”（DIMRADIUS）命令可标注圆弧的半径。图6.28a所示是“直线”标注样式所标注的半径尺寸，图6.28b所示是“圆引出与角度”标注样式所标注的半径尺寸。

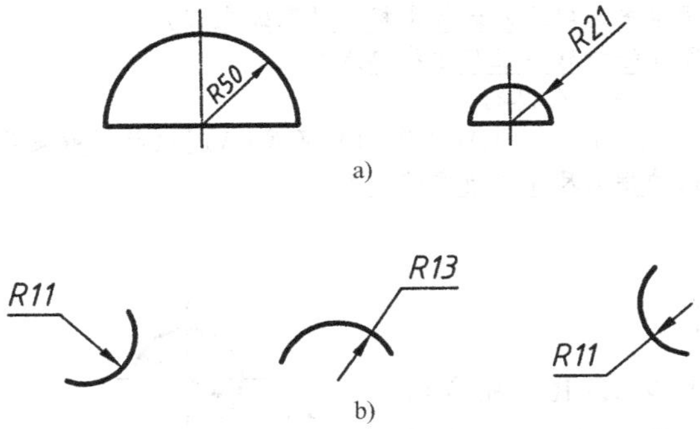

图6.28 半径尺寸标注的示例

a）用“直线”标注样式标注半径尺寸 b）用“圆引出与角度”标注样式标注半径尺寸

1. 输入命令

- 从“标注”工具栏单击：“半径”图标按钮。
- 从菜单栏选取：“标注”⇨“半径”。
- 从键盘键入：DIMRADIUS。

2. 命令的相关操作

命令：(输入命令)
选择圆弧或圆：(用直接单击选取方式选择需标注的圆弧或圆)
标注文字=50 ——信息行
指定尺寸线位置或[多行文字(M)/文字(T)/角度(A)]：(拖动确定尺寸线位置或选项)

若直接给出尺寸线位置，AutoCAD将按测定尺寸数值并加上半径符号“R”完成半径尺寸的标注。

若需要可进行选项，相关命令提示行各选项含义与“线性”命令的同类选项相同，但用“多行文字（M）”或“文字（T）”选项重新指定尺寸数字时，半径符号R需与尺寸数字一起重新输入。

6.3.6 标注折弯的半径尺寸

用“折弯”（DIMJOGGED）命令可标注较大圆弧的折弯的半径尺寸，图 6.29 所示是“直线”标注样式所标注的折弯的半径尺寸。

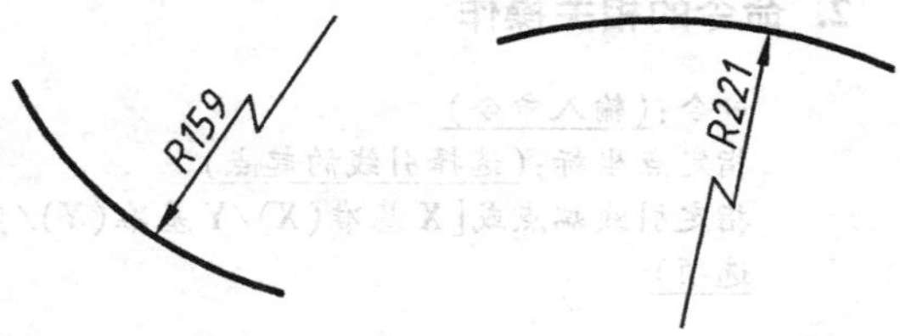

图 6.29 用“直线”标注样式标注折弯半径尺寸的示例

1. 输入命令

- 从“标注”工具栏单击：“折弯”图标按钮。
- 从菜单栏选取：“标注”⇨“折弯”。
- 从键盘键入：DIMJOGGED。

2. 命令的相关操作

命令：(输入命令)
选择圆弧或圆：(用单击选取方式选择需标注的圆弧或圆)
指定图示中心位置：(给折弯半径尺寸线起点)
标注文字 =221　　——信息行
指定尺寸线位置或［多行文字(M)/文字(T)/角度(A)］：(拖动确定尺寸线位置或选项)
指定折弯位置：(拖动指定尺寸线折弯的位置)
命令：

6.3.7 标注直径尺寸

用“直径”（DIMDIAMETER）命令可标注圆与圆弧的直径。图 6.30a 所示是“直线”标注样式所标注的直径尺寸，图 6.30b 所示是“圆引出与角度”标注样式所标注的直径尺寸。

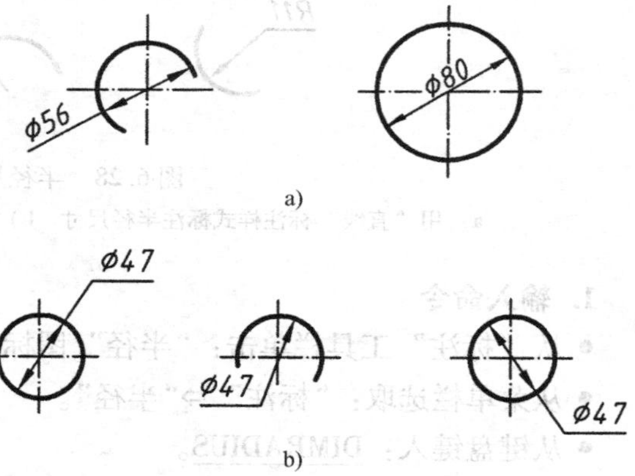

图 6.30 直径尺寸标注的示例
a) 用“直线”标注样式标注直径尺寸
b) 用“圆引出与角度”标注样式标注直径尺寸

1. 输入命令

- 从“标注”工具栏单击：“直径”图标按钮。
- 从菜单栏选取：“标注”⇨“直径”。
- 从键盘键入：DIMDIAMETER。

2. 命令的相关操作

命令：(输入命令)
选择圆弧或圆：(用单击选取方式选择需标注的圆弧或圆)
标注文字 =56　　——信息行
指定尺寸线位置或［多行文字(M)/文字(T)/角度(A)］：(拖动确定尺寸线位置或选项)

若直接指定尺寸线位置，AutoCAD 将按测定尺寸数值并加上直径符号“ϕ”完成直径尺寸标注。

若需要可设置选项，命令提示行各选项含义与“线性”命令的同名选项相同，但用“多行文字（M）”或“文字（T）”选项重新指定尺寸数字时，直径符号 ϕ（%%C）需与尺寸数字一起重新输入。

6.3.8 标注角度尺寸

用“角度”（DIMANGULAR）命令可标注角度尺寸。将“圆引出与角度”标注样式设为当前标注样式，操作该命令可标注两非平行线间、圆弧及圆上两点间的角度，如图 6.31 所示。

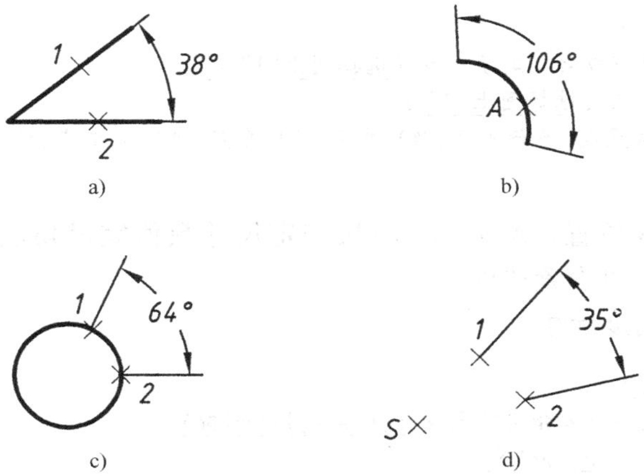

图 6.31 用“圆引出与角度”标注样式标注角度尺寸的示例

a）标注两直线间的角度 b）标注整段圆弧的角度 c）标注圆上某部分的角度 d）三点形式标注角度

1. 输入命令

- 从“标注”工具栏单击：“角度”图标按钮△。
- 从菜单栏选取：“标注”⇨“角度”。
- 从键盘键入：DIMANGULAR。

2. 命令的相关操作

（1）标注两直线间的角度尺寸

命令:(输入命令)
选择圆弧、圆、直线或 <指定顶点>:(直接单击选取第一条直线)
选择第二条直线:(直接单击选取第二条直线)
指定标注弧线位置或[多行文字(M)/文字(T)/角度(A)/象限点(Q)]:(拖动定尺寸线位置或选项)

若直接指定尺寸线位置，AutoCAD 将按测定尺寸数值再加上角度单位符号“°”完成角度尺寸的标注，效果如图 6.31a 所示。

若需要可设置选项，各选项含义与“线性”命令的同名选项相同，但用“多行文字（M）”或“文字（T）”选项重新指定尺寸数字时，角度单位符号“°”（应从键盘输入“%%D”时，系统将显示“°”）应与尺寸数字一起输入；若选择“象限点”选项，可按指定点的象限方位标注角度。

(2) 标注整段圆弧的角度尺寸

命令：(输入命令)
选择圆弧、圆、直线或 <指定顶点>：(选择圆弧上任意一点"*A*")
指定标注弧线位置或[多行文字(M)/文字(T)/角度(A)/象限点(Q)]：(拖动定尺寸线位置或选项)

若直接指定尺寸线位置，AutoCAD 将按测定尺寸数值完成尺寸标注，效果如图 6.31b 所示。若需要可设置选项。

(3) 标注圆上某部分的角度尺寸

命令：(输入命令)
选择圆弧、圆、直线或 <指定顶点>：(选择圆上"1"点)
指定角的第二端点：(选择圆上"2"点)
指定标注弧线位置或[多行文字(M)/文字(T)/角度(A)/象限点(Q)]：(拖动定尺寸线位置或选项)

若直接指定尺寸线位置，AutoCAD 将按测定尺寸数值完成角度尺寸的标注，效果如图 6.31c 所示。若需要可设置选项。

(4) 三点形式的角度标注

命令：(输入命令)
选择圆弧、圆、直线或 <指定顶点>：(直接按【Enter】键)
指定角的顶点：(给角顶点"*S*")
指定角的第一个端点：(给端点"1")
指定角的第二个端点：(给端点"2")
指定标注弧线位置或[多行文字(M)/文字(T)/角度(A/象限点(Q)]：(拖动确定尺寸线位置或选项)

若直接指定尺寸线位置，AutoCAD 将按测定尺寸数字完成角度尺寸的标注，效果如图 6.31d 所示。若需要可设置选项。

6.3.9 标注具有同一基准的平行尺寸

用"基线"（DIMBASELINE）命令可快速地标注具有同一基准的若干个相互平行的尺寸。图 6.32 所示是用"直线"标注样式所标注的同一基准的一组平行尺寸。

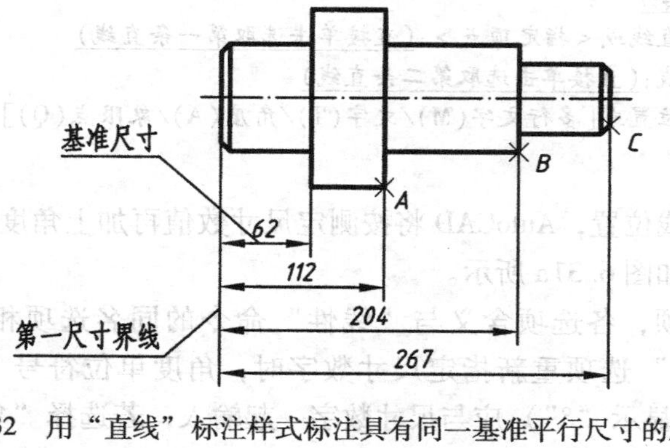

图 6.32 用"直线"标注样式标注具有同一基准平行尺寸的示例

1. 输入命令

- 从“标注”工具栏单击：“基线”图标按钮⊢。
- 从菜单栏选取：“标注”⇨“基线”。
- 从键盘键入：DIMBASELINE。

2. 命令的相关操作

以图 6.32 所示的一组水平尺寸为例：先用“线性”命令标注一个基准尺寸，然后再标注其他尺寸，每一个尺寸都将基准尺寸的第一条尺寸界线作为第一尺寸界线进行尺寸标注。“基线”命令的操作过程如下：

命令：(输入命令)
指定第二条尺寸界线原点或[放弃(U)/选择(S)]<选择>：(给点“*A*”)——注出一个尺寸
标注文字 =112　　——信息行
指定第二条尺寸界线原点或[放弃(U)/选择(S)]<选择>：(给点“*B*”)——注出一个尺寸
标注文字 =204　　——信息行
指定第二条尺寸界线原点或[放弃(U)/选择(S)]<选择>：(给点“*C*”)——注出一个尺寸
标注文字 =267　　——信息行
指定第二条尺寸界线原点或[放弃(U)/选择(S)]<选择>：(按【Enter】键结束该基线标注)
选择基准标注：(可再选择一个基准尺寸重复进行基线尺寸标注或按【Enter】键结束命令)

说明：

① 命令提示行中“放弃（U）”选项，可撤消前一个基线尺寸；“选择（S）”选项，可重新指定基准尺寸。

② 各基线尺寸间距离是在标注样式中给定的（在“直线”标注样式中是“7” mm）。

③ 所注基线尺寸数值只能使用 AutoCAD 内所测数值，标注中不能重新指定。

6.3.10　标注在同一线上的连续尺寸

用“连续”（DIMCONTINUE）命令可快速地标注在同一线上首尾相接的若干个连续尺寸。图 6.33 所示是用“直线”标注样式所标注的一组同一线上的连续尺寸。

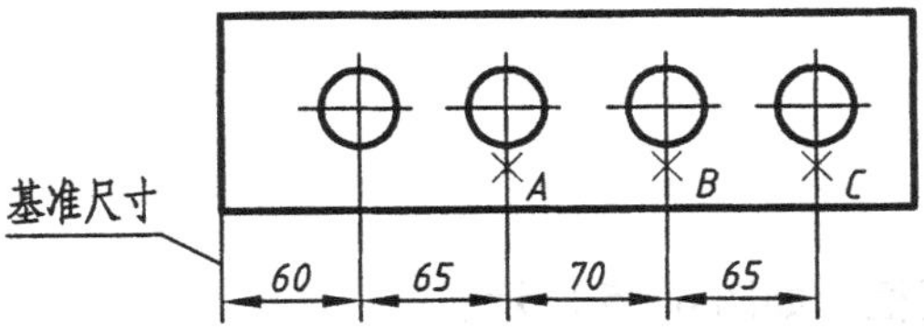

图 6.33　用“直线”标注样式标注在同一线上连续尺寸的示例

1. 输入命令

- 从“标注”工具栏单击：“连续”图标按钮⊢⊢。
- 从菜单栏选取：“标注”⇨“连续”。
- 从键盘键入：DIMCONTINUE。

2. 命令的相关操作

以图 6.33 所示为例：先用“线性”命令注出一个基准尺寸，然后再进行连续尺寸标注，每一个连续尺寸都将前一尺寸的第二尺寸界线作为第一尺寸界线进行标注。“连续”标注命令的操作过程如下：

命令:(输入命令)
指定第二条尺寸界线原点或[放弃(U)/选择(S)]<选择>:(给点“*A*”)——注出一个尺寸
标注文字=65　　——信息行
指定第二条尺寸界线原点或[放弃(U)/选择(S)]<选择>:(给点“*B*”)——注出一个尺寸
标注文字=70　　——信息行
指定第二条尺寸界线原点或[放弃(U)/选择(S)]<选择>:(给点“*C*”)——注出一个尺寸
标注文字=65　　——信息行
指定第二条尺寸界线原点或[放弃(U)/选择(S)]<选择>:(按【Enter】键结束该连续标注)
选择连续标注:(可再选择一个基准尺寸重复进行连续尺寸标注或按【Enter】键结束命令)

说明:

① 命令提示行中“放弃(U)”“选择(S)”选项含义与“基线”命令同名选项相同。

② 所注连续尺寸数值也只能使用 AutoCAD 内的测数值，标注中不能重新指定。

6.3.11 注写几何公差

用“公差”(TOLERANCE)命令可确定几何公差(原制图标准称形位公差)的注写内容，并可动态地将注写内容拖动到指定位置。该命令不能注写基准代号。

1. 输入命令

- 从“标注”工具栏单击：“公差”图标按钮。
- 从菜单栏选取：“标注”⇨“公差”。
- 从键盘键入：TOLERANCE。

2. 命令的相关操作

下面以图 6.34 所示 3 种情况为例，介绍该命令的操作。

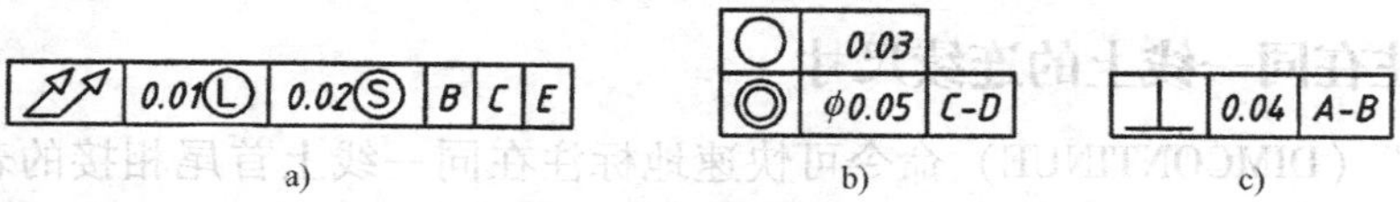

a)　b)　c)

图 6.34　几何公差注写示例

其操作步骤如下:

① 输入命令。

命令:(输入命令)

则弹出“形位公差”对话框，如图 6.35 所示。

② 注写公差符号。

单击“形位公差”对话框中“符号”图标按钮，将弹出“特征符号”对话框(图 6.36)，从中选取全跳动位置公差符号后，AutoCAD 自动关闭“符号”对话框，并在“形位公差”对话框“符号”图标按钮处显示所选取的全跳动位置公差符号。

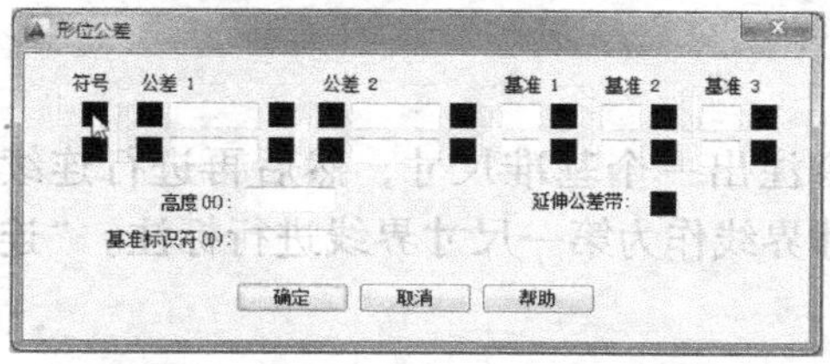

图 6.35 “形位公差”对话框

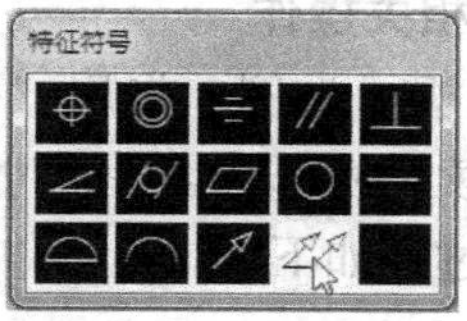

图 6.36 “特征符号”对话框

③ 注写公差框格内的其他内容。

与注写公差符号相同，在“形位公差”对话框中输入或选定所需各项：

- 输入如图 6.37 所示内容，其效果如图 6.34a 所示。
- 输入如图 6.38 所示内容，其效果如图 6.34b 所示。
- 输入如图 6.39 所示内容，其效果如图 6.34c 所示。

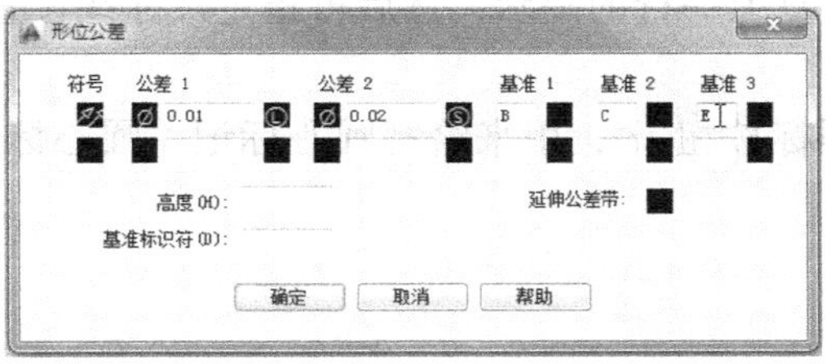

图 6.37 “形位公差”对话框输入示例（a）

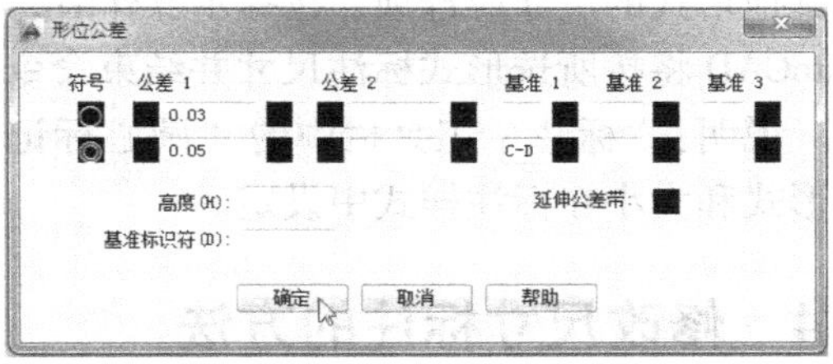

图 6.38 “形位公差”对话框输入示例（b）

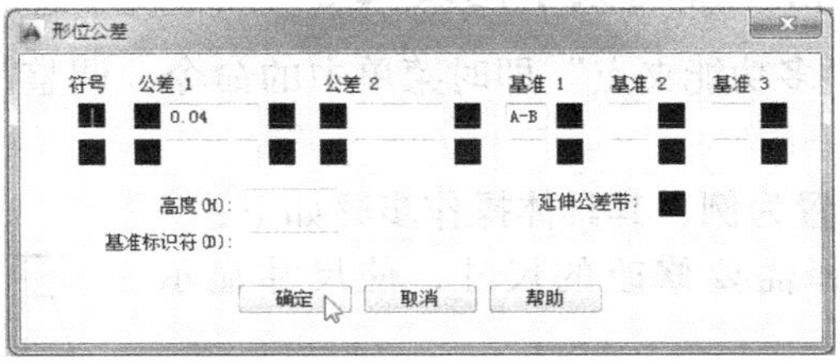

图 6.39 “形位公差”对话框输入示例（c）

④ 单击“确定”按钮，退出“形位公差”对话框，命令提示行：

输入公差位置:(拖动确定几何公差框位置)
命令:

说明：公差框内文字高度、字型均由当前标注样式控制。

提示：几何公差的引线可用引线命令绘制，几何公差的基准代号可设成图块（有关图块详见第 8 章）。

6.3.12 快速标注尺寸

“快速标注”（QDIM）命令是用更简捷的方法来标注线性尺寸、坐标尺寸、半径尺寸、直径尺寸、连续尺寸等的标注方式。操作该命令可一次标注一批尺寸形式相同的尺寸。

1. 输入命令

- 从“标注”工具栏单击：“快速标注”图标按钮。
- 从菜单栏选取：“标注” ⇨“快速标注”。
- 从键盘键入：QDIM。

2. 命令的相关操作

命令:(输入命令)

选择要标注的几何图形:(选择一个对象)
选择要标注的几何图形:(再选择一个对象或按【Enter】键结束选择)
指定尺寸线位置或[连续(C)/并列(S)/基线(B)/坐标(O)/半径(R)/直径(D)/基准点(P)/编辑(E)/设置(T)]〈连续〉:(拖动指定尺寸线位置或选项)

若直接指定尺寸线位置，确定后将按默认设置标注出一批连续尺寸并结束命令；若要标注其他形式的尺寸应选项，按提示操作后，将重复上一行的提示，然后再指定尺寸线位置，AutoCAD 将按所选形式标注尺寸并结束命令。

说明：“标注”工具栏中的“圆心标记”图标按钮 ⊙，用来绘制圆心标记，圆心标记的形式和大小在标注样式中设定。

6.4 修改尺寸标注的方法

6.4.1 用“多功能夹点”即时菜单修改尺寸

在 AutoCAD 中，用“多功能夹点”即时菜单中的命令，调整尺寸数字的位置、翻转尺寸箭头非常方便。

以调整尺寸数字的位置为例，其具体操作步骤如下：

① 在待命状态下选择需要修改的尺寸，使尺寸显示夹点。

② 移动光标至尺寸数字的夹点处，AutoCAD 自动显示即时菜单，如图 6.40 所示。

③ 从即时菜单中选择“仅移动文字”命令，AutoCAD 进入绘图状态，移动光标可将尺寸数字拖动到所希望的任意位置（或选择其他选项，将尺寸数字调整到设定的位置）。

若要翻转箭头，在显示夹点后，将光标移至尺寸箭头的夹点处，就会显示不同内容的即时菜单，从中选择“翻转箭头”命令，AutoCAD 会立即翻转该箭头。

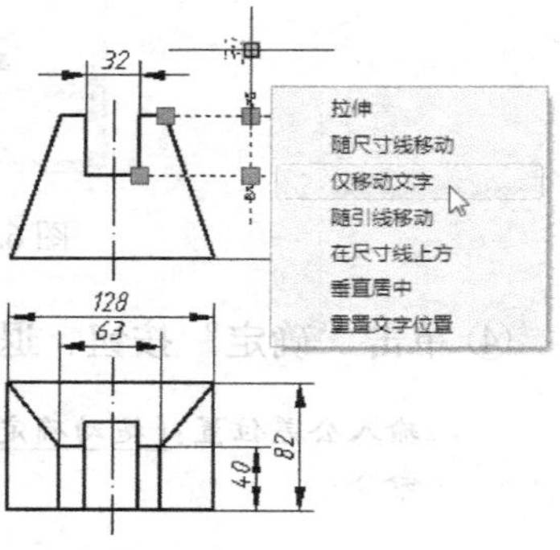

图 6.40 调整尺寸数字位置的即时菜单

> 提示：① 调整尺寸数字的位置、翻转尺寸箭头，用“多功能夹点”即时菜单中的命令修改最方便。
>
> ② 若要修改尺寸数字的内容，只需双击它，AutoCAD 将显示“多行文字编辑器”对话框，可在其中进行修改。

6.4.2 用“标注”工具栏修改尺寸

在 AutoCAD 中，“标注”工具栏中有 7 个修改尺寸的命令，可根据需要选用它们。

1.“等距标注”

用“等距标注”图标按钮 可将选中的尺寸以指定的尺寸线间距均匀整齐地排列，效果如图 6.41 所示。

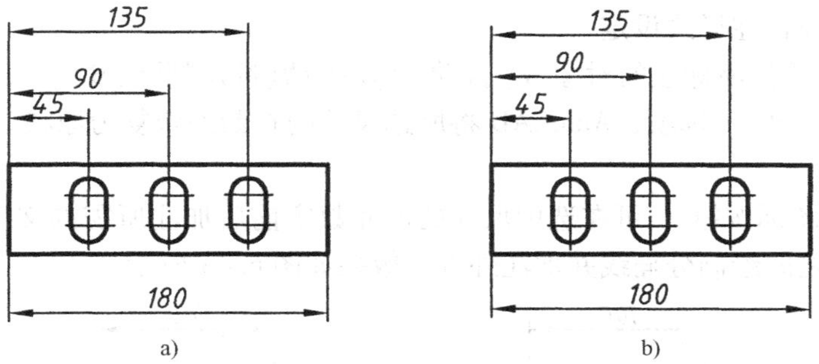

图 6.41 用“等距标注”修改尺寸标注示例

a）等距标注前 b）等距标注后

以图 6.41a 为例的相关操作：

命令：(输入“等距标注”图标按钮)
选择基准标注：(选择尺寸“54”)
选择要产生间距的标注：(选择尺寸“90”)
选择要产生间距的标注：(选择尺寸“135”)
选择要产生间距的标注：(按【Enter】键结束选择)
输入值或［自动(A)］<自动>：(输入尺寸线间距“7”)
命令：

2. “折断标注”

用“折断标注”图标按钮可将已有线性尺寸的尺寸线或尺寸界线按指定位置删除一部分，其效果如图 6.42 所示。

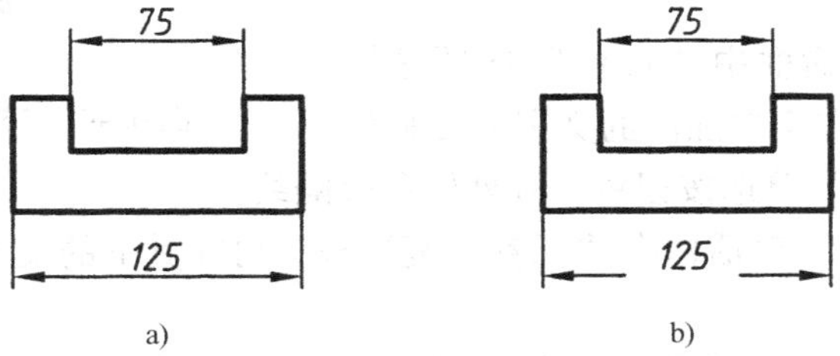

图 6.42 用“折断标注”修改尺寸标注示例

a）打断前 b）手动打断尺寸线

以图 6.42a 为例的相关操作：

命令：(输入“折断标注”图标按钮)
选择要添加/删除折断的标注［多个(M)］：(选择线性尺寸“125”)
选择要打断标注的对象或［自动(A)/手动(M)/删除(R)］<自动>：(选择“手动(M)”方式)
指定第一个打断点：(在尺寸线上指定第一个打断点)
指定第二个打断点：(在尺寸线上指定第二个打断点)
命令：

说明：

① 在“选择要打断标注的对象或［自动(A)/手动(M)/删除(R)］<自动>：”命令提示行中选“自动（A)”选项，AutoCAD 将所选尺寸的尺寸界线从起点开始打断一段长度，其

打断的长度由当前标注样式设定。

② 在“选择要打断标注的对象或[自动(A)/手动(M)/删除(R)] <自动>:”命令提示行中选“删除（R）”选项，AutoCAD将所选尺寸的打断处恢复为原状。

3.“检验”

用“检验”图标按钮可在选中尺寸的尺寸数字前后加注所需的文字，并可在尺寸数字与加注的文字之间绘制分隔线并加注外框，效果如图6.43所示。

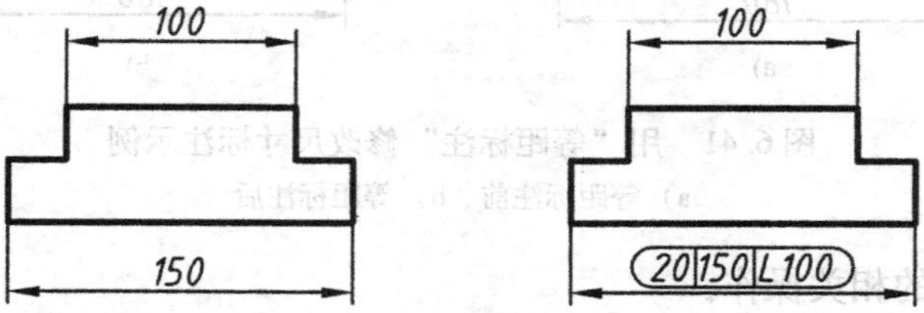

a)　　b)

图6.43　用“检验”命令修改尺寸标注示例

a）检验标注前　b）检验标注后

单击“检验”图标按钮后，AutoCAD弹出“检验标注”对话框，如图6.44所示。

在该对话框中进行相应的设置，单击“选择标注”图标按钮返回绘图界面，选择所要修改的尺寸，再右击返回“检验标注”对话框，然后单击“确定”按钮完成修改。

说明：

①“检验标注”对话框中“形状”选项区域有3个单选按钮，用来选定在加注的文字上加画外框的形状，若选中“无”单选按钮将不画外框和分隔线。

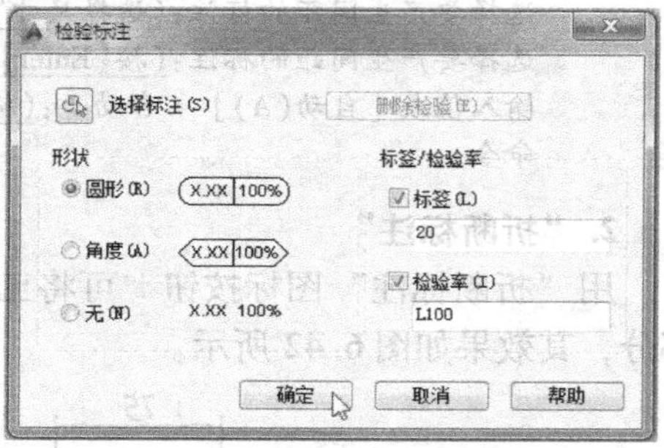

图6.44　“检验标注”对话框

② 选中“检验标注”对话框中“标签”复选框，可在其下的文本框中输入要加注在尺寸数字前的文字。

③ 选中“检验标注”对话框中“检验率”复选框，可在其下的文本框中输入要加注在尺寸数字后的文字。

4.“折弯线性”

用“折弯线性”图标按钮可在已有线性尺寸的尺寸线上加一个折弯效果，如图6.45所示。

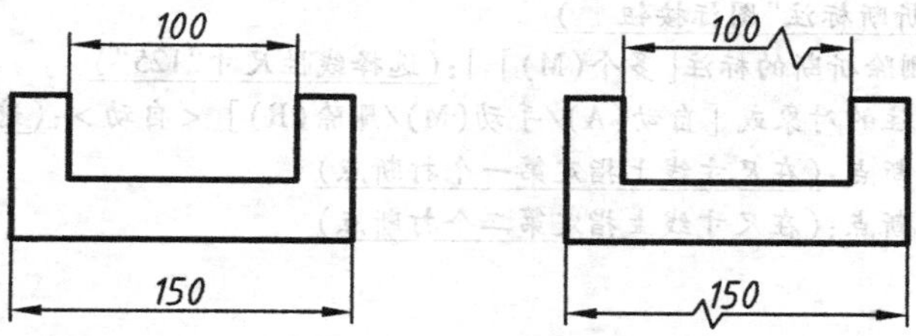

a)　　b)

图6.45　用“折弯线性”修改尺寸标注示例

a）折弯前　b）折弯后

该命令的操作如下：

命令：(输入"折弯线性"命令)
选择要添加折弯的标注或［删除（R）］：(选择一个线性尺寸)
指定折弯位置（或按 ENTER 键）：(指定折弯位置)
命令：

说明：

① 折弯的高度由当前标注样式设定。

② 在"选择要添加折弯的标注或［删除（R）］："命令提示行中选择"删除（R）"选项，按提示操作，可删除已有的折弯。

5. "编辑标注"

用"编辑标注"（DIMEDIT）图标按钮可改变尺寸数字的大小、旋转尺寸数字、使尺寸界线倾斜。输入该命令后，AutoCAD 在命令提示行显示：

输入编辑标注类型［默认(H)/新建(N)/旋转(R)/倾斜(O)］<默认>：(选项)

命令提示行中各选项含义及操作如下。

（1）"新建（N）"选项

"新建（N）"选项可将新键入的尺寸数字代替所选尺寸的尺寸数字。该选项主要应用于多个尺寸需要改为同一尺寸数字的情况，具体操作如下：

命令：(输入"编辑标注"图标按钮)
输入编辑标注类型［默认(H)/新建(N)/旋转(R)/倾斜(O)］<默认>：(选"新建(N)"选项，在显示的"多行文字编辑器"对话框中键入新的文字，按【Enter】键确定)
选择对象：(选择需更新的尺寸)
选择对象：(可继续选择，也可按【Enter】键结束命令)

（2）"旋转（R）"选项

"旋转（R）"选项可将所选尺寸数字以指定的角度旋转。具体操作如下：

命令：(输入"编辑标注"图标按钮)
输入编辑标注类型［默认(H)/新建(N)/旋转(R)/倾斜(O)］<默认>：(选"旋转(R)"选项)
指定标注文字的角度：(输入尺寸数字的旋转角度)
选择对象：(选择尺寸数字需旋转的尺寸)
选择对象：(可继续选择，也可按【Enter】键结束命令)

说明：选择"默认（H）"选项可将所选尺寸标注回退到"旋转（R）"编辑前的状况。

（3）"倾斜 O"选项

"倾斜 O"选项可将所选尺寸的尺寸界线以指定的角度倾斜，如图 6.46 所示。

具体操作如下：

命令：(输入"编辑标注"图标按钮)
输入编辑标注类型［默认(H)/新建(N)/旋转(R)/倾斜(O)］<默认>：(选"倾斜(O)"选项)
选择对象：(选择需倾斜的尺寸)
选择对象：(可继续选择，也可按【Enter】键结束选择)

输入倾斜角度(按 ENTER 表示无):(输入尺寸界线旋转后的倾斜角度)
命令:

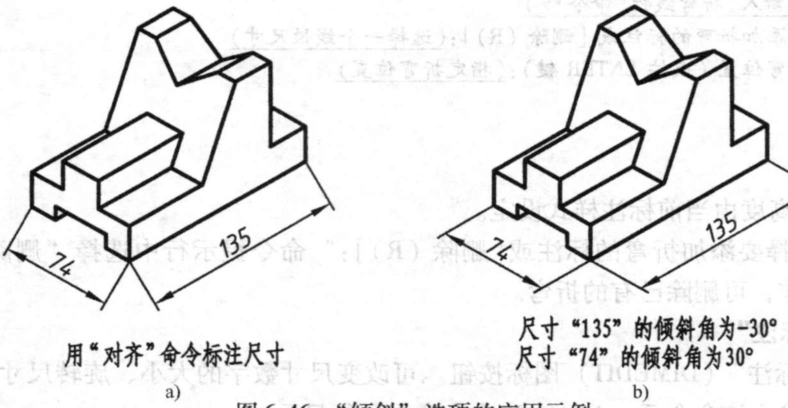

图 6.46 "倾斜"选项的应用示例

a) 倾斜前 b) 倾斜后

> 提示:"编辑标注"图标按钮 中的"倾斜 O"选项是标注轴测图尺寸必用的命令操作项。

6. "编辑标注文字"

用"编辑标注文字"(DIMTEDIT)图标按钮 可改变尺寸数字的放置位置。

该命令具体操作如下:

命令:(输入"编辑标注文字"图标按钮)
选择标注:(选择需要编辑的尺寸)
为标注文字指定新位置或[左对齐(L)/右对齐(R)/居中(C)/默认(H)/角度(A)]:(此时可动态拖动所选尺寸进行修改,也可选项进行编辑)

各选项含义如下。

①"左对齐(L)":用以将尺寸数字移到尺寸线左边。

②"右对齐(R)":用以将尺寸数字移到尺寸线右边。

③"居中(C)":用以将尺寸数字移到尺寸线正中。

④"默认(H)":用以回退到编辑前的尺寸标注状态。

⑤"角度(A)":用以将尺寸数字旋转指定的角度。

7. "标注更新"

用"标注更新"(DIMUPDATE)图标按钮 可将已有尺寸的标注样式改为当前标注样式。

该命令具体操作如下:

命令:(输入"标注更新"图标按钮)
输入标注样式选项
[注释性(AN)/保存(S)/恢复(R)/状态(ST)/变量(V)/应用(A)/?]<恢复>:apply
选择对象:(选择要更新为当前标注样式的尺寸)
选择对象:(继续选择或按【Enter】键结束命令)
命令:

6.4.3 用“特性”命令全方位修改尺寸

要全方位地修改一个尺寸，应使用“特性”（PROPERTIES）图标按钮，它不仅能修改所选尺寸的颜色、图层、线型，还可修改所选尺寸的各项设定内容，而且不改变标注样式。

> 提示：① 标注个别的半剖尺寸时（图 6.7），先将其标注为完整尺寸，再用“特性”命令修改是一种实用的方法。
>
> ② 标注连续小尺寸，中间的尺寸终端符号需要设为“小点”（即小圆点）、或“倾斜”（即细 45°斜线）时，先用“直线”样式标注尺寸，再用“特性”命令修改也是一种很实用的方法。

6.5 组合体尺寸标注实例

本节举例讲解标注组合体尺寸的方法和技巧。

【例 6.3】 按图 5.16 所示，标注“轴承座”三视图的尺寸（扫二维码 6.2 看视频）。

码 6.2 标注轴承座尺寸

操作步骤如下：

① 打开已绘制的“轴承座”图形文件。

② 创建“直线”和“圆引出与角度”两种标注样式（扫二维码 6.1 看视频）。

③ 设“直线”标注样式为当前样式，用“线性”图标按钮标注直线尺寸。

④ 设“圆引出与角度”标注样式为当前样式，用“直径”图标按钮和“半径”图标按钮标注圆和圆角尺寸。

注意：当箭头在两尺寸界线之间可以宽松地放下时，不必按教材的图形翻转箭头。

⑤ 若需要，用“移动”图标按钮平移图形，使布图匀称。

⑥ 用“保存”图标按钮存盘，完成轴承座三视图的尺寸标注。

上机练习与指导

练习 1：进行工程绘图环境的设置。

练习 1 指导：

（1）进行工程绘图环境的 7 项基本设置（A3）。

（2）设置极轴追踪角度为“90”度、对象捕捉追踪为“用所有极轴角设置追踪”、固定对象捕捉在默认的基础上再增加“切点”“象限点”模式。

（3）按 6.2.2 小节所述，创建绘制工程图中常用的“直线”和“圆引出与角度”（简称“圆引出”）两种基础标注样式（扫 6.2.6 小节二维码 6.1 看视频）。

练习2：熟悉“标注”工具栏上各命令的用途与操作。

练习2指导：

(1) 在所创建的A3图幅中，在“粗实线”图层上随意绘制几个简单的图形，然后换“尺寸”图层为当前图层，设相应的标注样式为当前，依次操作“标注”工具栏上每个命令。

(2) 在所标注的尺寸上，练习用“多功能夹点”即时菜单中的命令和“特性”对话框修改尺寸。

练习3：按6.5节所述，规范标注“轴承座”三视图的尺寸（扫6.5节二维码6.2看视频）。

练习3指导：

> 提示：① 要**规范**标注尺寸不仅要设置符合国标的标注样式，还要合理给定尺寸的位置，这样所标注的尺寸才能正确、清晰，美观。
>
> ② 修改尺寸标注时，如果是标注样式的设置问题，不要一个一个尺寸地修改，只需修改该标注样式。

练习4：完成第5章上机练习中“机件平面图形”的尺寸标注（按图5.25标注尺寸）。

练习4指导：

(1) 用“打开”图标按钮打开“机件平面图形”图形文件。

(2) 创建“直线”和“圆引出与角度”两种标注样式。

(3) 用“直线”标注样式标注机件平面图形中的所有直线尺寸和“$R45$”、“$R125$”。

(4) 用“圆引出与角度”标注样式标注机件平面图形中的角度及其他圆和圆弧的尺寸。需要时可用“多功能夹点”即时菜单中的命令调整尺寸数字的位置和翻转箭头。

注意：若在标注其他圆和圆弧尺寸时出现问题，可将“圆引出与角度”标注样式中“文字位置”选中“尺寸线上方，带引线”单选按钮。

(5) 检查、修正，完成尺寸标注。用“移动”命令使布图居中。

注意：绘图中应经常保存。

练习5：完成第5章上机练习中“机件两面视图”的尺寸标注（按图5.27标注尺寸）。

练习5指导：

(1) 用“打开”图标按钮打开“机件两面视图”图形文件。

(2) 创建“直线”和“圆引出与角度”两种标注样式。

(3) 设所需标注样式为当前，用“标注”工具栏中相关命令标注尺寸。

注意：标注“$3\times R10$”和“$3\times\phi10$”尺寸时，在确定尺寸线位置前，要选择“多行文字（M）”或“文字（T）”选项重新输入尺寸数字。

(4) 检查、修正，完成尺寸标注。用“移动”图标按钮合理布图。

练习6：用A3图幅，绘制图6.47所示“轴”零件图（图中的剖面线、剖切符号、表面粗糙度代号、基准代号在第8章练习中完成）。

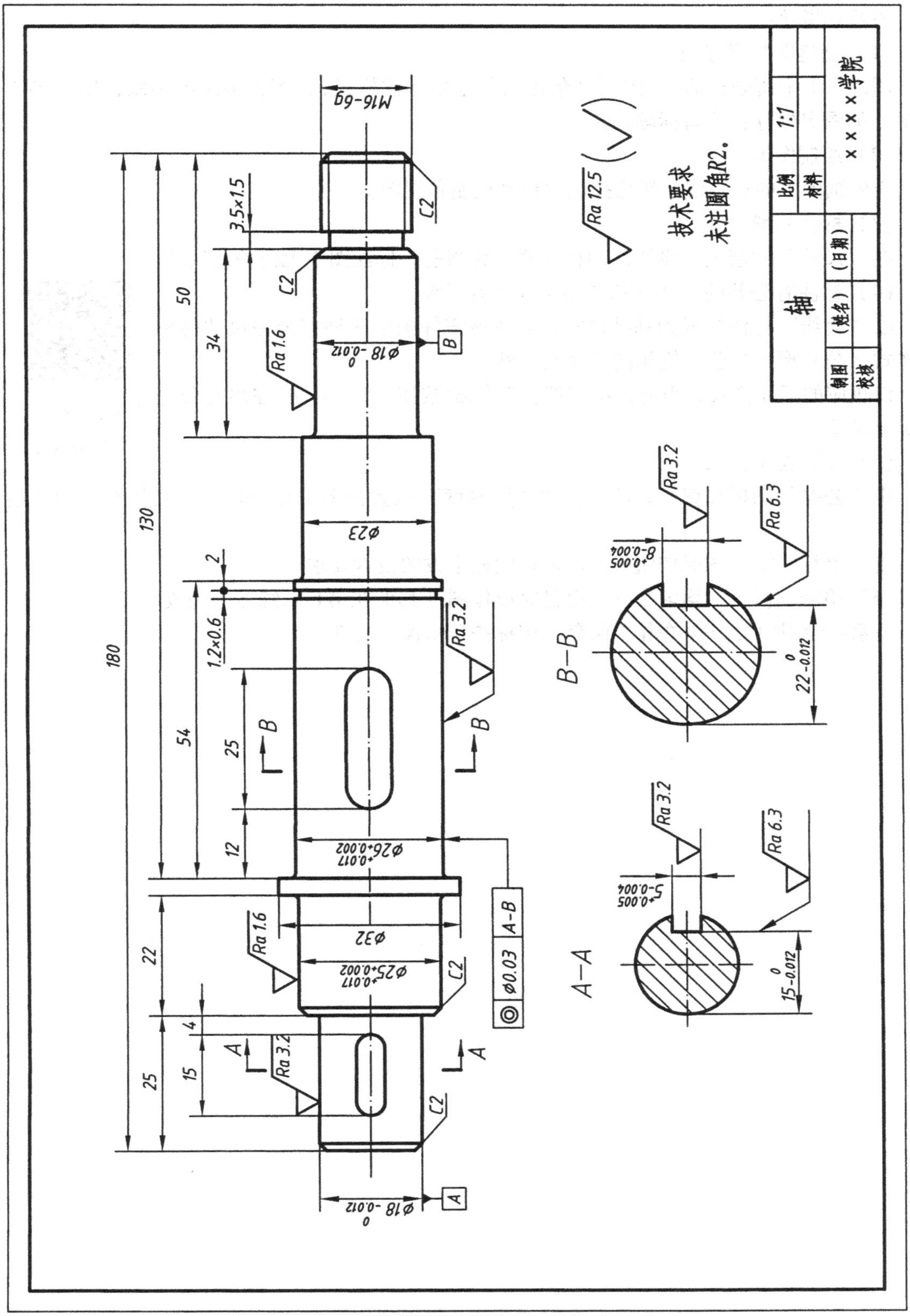
M16-6g
3.5×1.5
C2
50
34
Ra 1.6
$\phi 18_{-0.012}^{0}$
B
130
180
$\phi 23$
2
1.2×0.6
Ra 3.2
54
25
12
B
B—B
$\phi 26_{+0.002}^{+0.017}$
$\phi 32$
$\phi 25_{+0.002}^{+0.017}$
$\phi 0.03$ A–B
22
4
15
A
A—A
A
$\phi 18_{-0.012}^{0}$
Ra 12.5
技术要求
未注圆角R2。
Ra 6.3
$8_{-0.004}^{+0.005}$
$22_{-0.012}^{0}$
$5_{-0.004}^{+0.005}$
$15_{-0.012}^{0}$
轴
比例
1:1
材料
制图
(姓名)
(日期)
校核
××××学院

图6.47　绘制轴零件图

练习 6 指导：

（1）创建图与保存图。

用练习 1 中所创建的 A3 图幅（包括两种基础标注样式），擦去多余的图线；用“轴零件图”的图名保存；注写标题栏。

（2）绘制图形。

应先画图中的点画线，然后按尺寸精确绘制各视图。

（3）标注一般尺寸。

在“尺寸”图层上，设所需的标注样式为当前，标注图中无公差的尺寸。

（4）标注有公差的尺寸（扫二维码 6.3 看视频）。

以“直线”标注样式为基础样式，创建该零件图中 3 种有公差尺寸的标注样式（公差形式与公差值相同的为同一种）。

设相应的标注样式为当前，用“线性”图标按钮，逐一标注出有公差的 8 个尺寸。

码 6.3　标注有公差的尺寸

（5）注写技术要求。

用“公差”图标按钮，注写图中“同轴度”位置公差框格和内容，并用绘图命令绘制引线。

用“单行文字”图标按钮，注写标题栏上方的技术要求。

（6）检查、修正、均匀布图，存盘完成作图（其他在第 8 章练习中完成）。

注意：绘图中要经常单击“保存”图标按钮来保存文件。

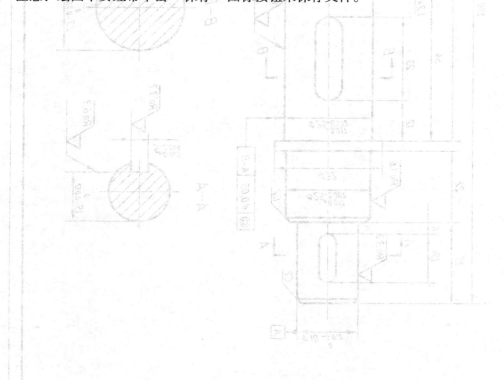

第 7 章　剖面线的绘制

工程图样中采用剖视图和断面图来表示机件的内部形状，剖视图和断面图形中需要绘制剖面线。在 AutoCAD 中，可以方便地绘制剖面线，还可以方便地修改它。本章介绍绘制剖面线的方法和相关技术。

7.1 “图案填充和渐变色”对话框

用“图案填充”（BHATCH）命令弹出“图案填充和渐变色”对话框，操作它可方便地绘制工程图中的剖面线，并可按需要设置它们。

“图案填充”命令可用下列方法之一输入。

- 从“绘图”工具栏单击：“图案填充”图标按钮。
- 从菜单栏选取：“绘图” ⇨“图案填充”。
- 从键盘键入：BHATCH 。

输入命令后，AutoCAD 弹出显示“图案填充”选项卡的“图案填充和渐变色”对话框，如图 7.1 所示。

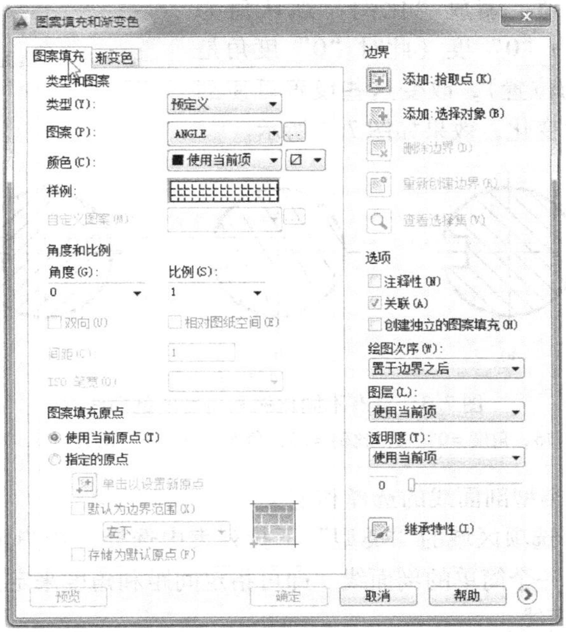

图 7.1　显示“图案填充”选项卡的“图案填充和渐变色”对话框

该对话框分为“类型和图案”选项区域“边界”选项区域“选项”选项区域“继承特

性”图标按钮和“预览”按钮 5 部分。

1.“类型和图案”选项区域

“类型和图案”选项区域用于选择和定义剖面线的类型和间距。该选项区域有“图案填充”和“渐变色”2 个选项卡，其中“图案填充”选项卡的“类型”下拉列表中提供有“预定义”“自定义”和“用户定义”3 种类型的图案供选择和定义；“渐变色”选项卡用于填充渐变颜色（渐变颜色主要用于示意图，以增加图形的可视性，本书不做详细介绍）。选择和定义图案剖面线的操作方法如下。

(1)“预定义”类型剖面线的选择和定义

在“类型和图案”选项区域的“类型”下拉列表中选择“预定义”选项。该选项允许从 ACAD. PAT 文件内的图案中选择一种剖面线。

选择“预定义”选项后，单击该选项区域内“图案”下拉列表后的图标按钮[...]，将弹出“填充图案对话框”对话框，如图 7.2 所示。该对话框中有 4 个选项卡，除“自定义”选项卡外（自定义图案需要用户自己创建，创建方法可查阅有关书籍），每个选项卡中都有 AutoCAD 预定义的图案，可从中选择一种所需的剖面线。如对图案名称很熟悉也可从“图案”下拉列表中选择“预定义”的剖面线。

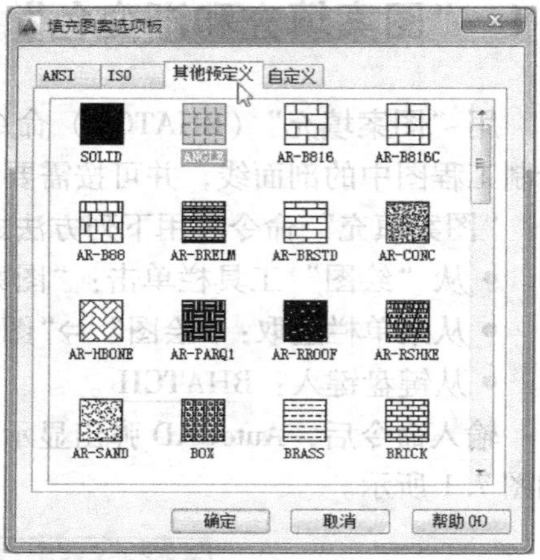

图 7.2 “填充图案对话框”对话框

选择“预定义”类型中的剖面线，可在该选项区域下边的“角度”和“比例”文本框中改变剖面线的缩放比例和角度值。缩放“比例”默认值为“1”，“角度”默认值为“0”度（此时“0”度角是指所选剖面线中线段的位置），改变这些设置可使剖面线的间距和角度发生变化，效果如图 7.3 所示。

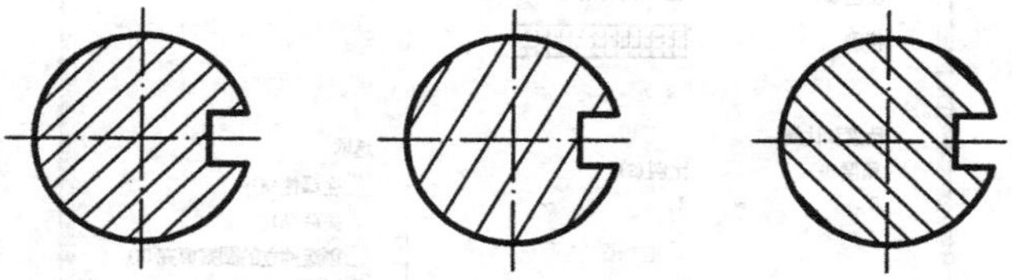

a)　　b)　　c)

图 7.3　具有不同比例和角度的剖面线

a）比例 =15，角度 =0°　b）比例 =25，角度 =15°　c）比例 =15，角度 =90°

(2)“用户定义”类型剖面线的选择和定义

在“类型和图案”选项区域的“类型”下拉列表中选择“用户定义”选项。该选项允许用户用当前线型定义一个简单的剖面线。即可指定间距和角度来定义一组平行线或两组平行线（90°交叉）的剖面线。

选择了“用户定义”类型来定义剖面线，该选项区域下部的“双向”复选框和“间距”文本框变成可用，可输入剖面线的间距值和角度值（“0”度角对应当前坐标系 UCS 的 *X* 轴，默认状态是东方向）。

提示：用此方法绘制机械图样中的“金属材料”和“非金属材料”剖面线最直观。

如图7.4所示，选择“用户定义”选项后，在“角度”文本框中输入“45”度，在“间距”文本框中输入剖面线间距“5”mm。

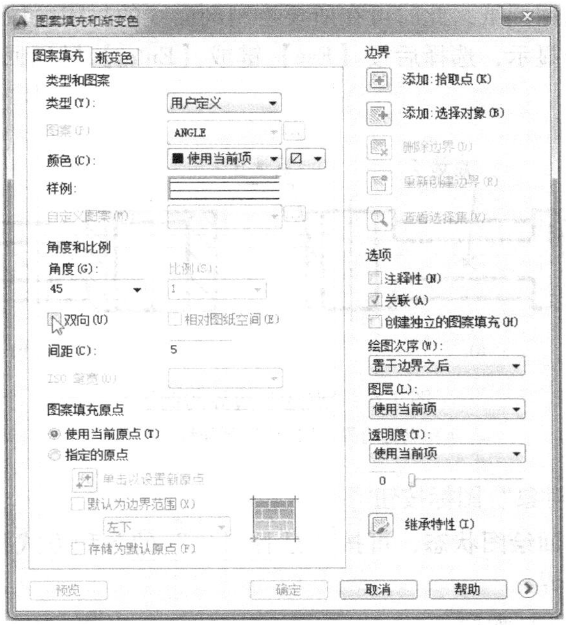

图7.4 显示“用户定义”设定值的“图案填充和渐变色”对话框

要定义“非金属材料”剖面线，只需在以上设定的基础上，选中该选项区域的“双向”复选框。选中了“双向”复选框，AutoCAD在与原来的平行线成90°的方向上再画出一组平行线，效果如图7.5所示。

a) b)

图7.5 “用户定义”剖面线

a）金属材料 b）非金属材料

（3）“自定义”类型剖面线的选择和定义

在“图案类型”选项区域的“类型”下拉列表中选择“自定义”选项。该选项允许从其他的“.PAT”文件中指定一种剖面线。

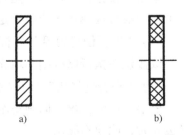

选择“自定义”类型中的剖面线，应在该选项区域“自定义图案”文本框中键入剖面线的名称来选择。另外，可在“角度”和“比例”文本框中改变自定义图案的缩放比例和角度值。

说明：

①“类型和图案”选项区域的“颜色”项有两个下拉列表，左边的下拉列表用来定义剖面线的颜色（一般使用默认“使用当前项”），右边的下拉列表用来定义绘制剖面线区域的底色（一般使用默认“无”）。

② 该命令中默认的图案填充原点（当前原点）在图案的左下角点，若选中“图案类

型”选项区域中“指定的原点”单选按钮，可重新指定图案填充的原点。

2. “边界”选项区域

“边界”选项区域用来选择剖面线的边界并控制定义剖面线边界的方法，该选项区域包含5个图标按钮，其含义及操作如下。

（1）“添加：拾取点”图标按钮

单击该按钮，将返回图纸，此时可在所要绘制剖面线的封闭区域内各点取一点来选择边界，选中的边界以虚像显示，选择后按【Esc】键或【Enter】键返回“图案填充和渐变色”对话框，如图7.6所示。

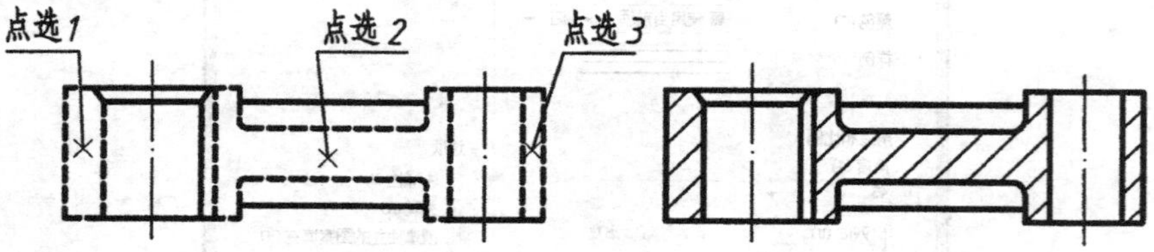

a)　　b)

图7.6 “点选”边界的例子

a）点选边界　b）绘制剖面线的效果

（2）“添加：选择对象”图标按钮

单击该按钮，将返回绘图状态，可按“选择对象”的各种方式指定边界。该方式可选择不封闭的对象作为边界。

（3）“删除边界”图标按钮

单击该按钮，将返回绘图状态，可用拾取框选择该命令中已定义的边界，选择一个取消一个。当没有选择边界或没有定义边界时，此项不能用。

（4）“重新创建边界”图标按钮

该按钮在执行修改图案填充命令时才可用。

（5）“查看选择集”图标按钮

单击该按钮，将返回到绘图状态，可查看当前已选择的边界。当没有选择边界或没有定义边界时，此项不能用。

3. “选项”选项区域

“选项”选项区域包含“注释性”复选框、“关联”复选框、“创建独立的图案填充”复选框和“绘图次序”下拉列表、“图层”下拉列表、“透明度”下拉列表6项。

（1）“注释性”复选框

选中“注释性”复选框，所填充的剖面线将成为注释性对象。“注释性”应用于布局。

（2）“关联”复选框

所谓“关联”是指填充的剖面线与其边界关联，它用于控制当前边界改变时，剖面线是否跟随变化。

选中“关联”复选框绘制剖面线，修改边界时，绘制的剖面线将随边界变化，效果如图7.7a所示。不选中“关联”复选框绘制剖面线，边界改变时，剖面线不变化，效果如

图 7. 7b所示。

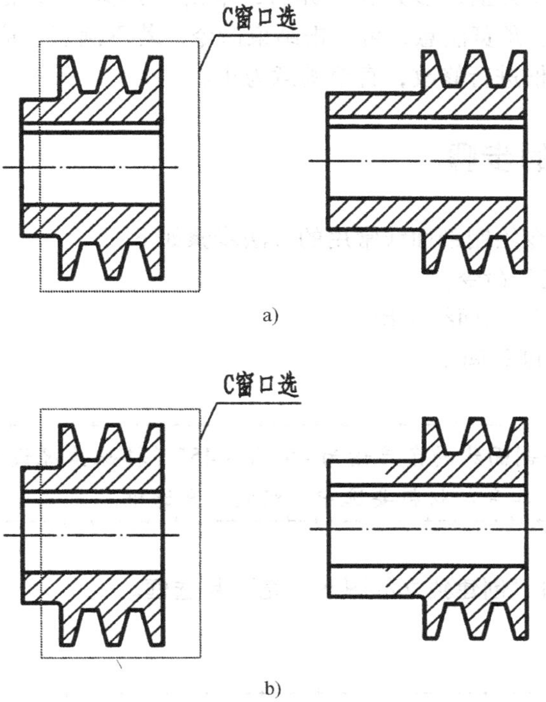

图 7. 7 “关联”的概念

a）剖面线与边界“关联”拉伸 b）剖面线与边界“不关联”拉伸

（3）“创建独立的图案填充”复选框

不选中“创建独立的图案填充”复选框，同一个命令中指定的各边界所绘制的剖面线是一个对象。选中“创建独立的图案填充”复选框，将使同一个命令指定的各边界中所绘制的剖面线相互独立，即各是一个独立的对象。一般应选中它。

（4）“绘图次序”下拉列表

所谓“绘图次序”是指绘制的剖面线与其边界的绘图次序，它控制两者重叠处的显示顺序。默认状态是绘制的剖面线采用“置于边界之后”选项（一般应用默认）。

（5）“图层”下拉列表

“图层”下拉列表用来定义剖面线所在的图层。“图层”下拉列表中显示当前图的所有图层名称（一般选择自创的“剖面线”图层）。

（6）“透明度”下拉列表

“透明度”下拉列表用来定义绘制剖面线区域的透明度。可从“透明度”下拉列表中选择一项，也可拖动列表下的滑块来设定透明度值（一般使用默认值“0”）。

4.“继承特性”图标按钮

单击“继承特性”图标按钮，返回图纸，可选择已填充在对象中的剖面线作为当前剖面线。

5. “预览” 按钮

选择并定义了剖面线类型、参数和边界后，单击“预览”按钮，AutoCAD 将返回图纸显示绘制剖面线的结果。预览满意，可右击结束命令；若不满意，应按【Esc】键返回“图案填充和渐变色”对话框进行修改，直至满意为止。

7.2 绘制剖面线的步骤

用“图案填充”命令绘制剖面线常用的方法步骤如下：

① 输入“图案填充”命令。

② 选择“用户定义”剖面线类型。

③ 输入剖面线的角度和间距。

> 提示：金属材料剖面线的角度设为45°或-45°（特殊情况设为30°或60°），间距一般设在3～10 mm。非金属材料要选中“双向”复选框。

④ 选中“关联”和“创建独立的图案填充”复选框。

⑤ 设置剖面线边界。

> 提示：一般用“添加：拾取点”方式设置剖面线边界（点选的边界必须封闭）。

⑥ 预览设置效果。

⑦ 预览结果满意后，单击“确定”按钮结束命令，绘制出剖面线。

说明：

① 在绘制剖面线时，也可先定边界再选图案，然后进行相应设置。

② 如果被选边界中包含有文字，AutoCAD 默认设置在文字区域内不进行填充，以使文字清晰显示。

7.3 修改剖面线

在 AutoCAD 中，用“图案填充编辑”对话框可直观地修改已绘制的剖面线，可用下列方法之一输入命令。

- 从右键菜单中选择：选择剖面线后右击，从弹出的右键菜单中选择“编辑图案填充”命令。
- 从菜单栏选择：“修改”⇨“对象”⇨“图案填充”。
- 从键盘输入：HATCHEDIT。

输入命令后，AutoCAD 将弹出“图案填充编辑”对话框，如图 7.8 所示。

该对话框中的内容与“图案填充和渐变色”对话框一样。在该对话框中可根据需要进行修改：可重新选择剖面线的图案；可修改缩放比例和角度；可单击“继承特性”图标按

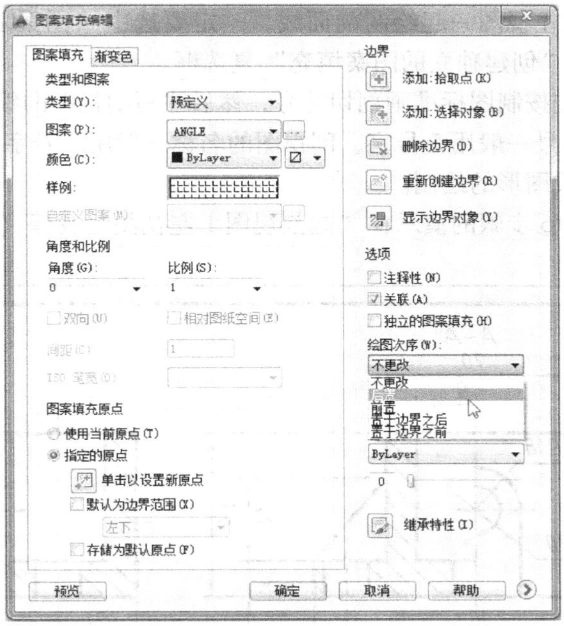

图 7.8 “图案填充编辑”对话框

钮选定一个已填充剖面线作为当前的剖面线；可重新选项等。在“图案填充编辑”对话框中进行了必要的修改后，单击“确定”按钮完成修改。

说明：

① 在 AutoCAD 中，用“多功能夹点”即时菜单中的命令可修改剖面线的顶点。

② 用“修剪”图标按钮，可修剪图案填充的剖面线。

③ 用“特性”图标按钮，也可修改剖面线。

7.4 剖视图绘制实例

本节举例讲解绘制剖视图的方法和相关技术。

【例 7.1】 用 A3 图幅，按尺寸 1:1 绘制图 7.9 所示“剖视图 1”的图形。

操作步骤如下：

① 新建一张图，进行工程绘图环境的 7 项基本设置。图幅 A3，保存图，图名“剖视图 1”。

② 进行形体分析，弄清形体的空间形状和剖视图的形成过程（扫二维码 7.1 看视频）。

③ 绘制图形。先画俯视图的左一半，镜像得俯视图右一半；再画主视图的左半和右半剖视；最后画单一全剖的左视图（扫二维码 7.2 ~ 码 7.4 看视频）。

注意：画每一个视图都要按形体逐部进行绘制。视图间要遵守投影规律。

④ 绘制剖面线。设“剖面线”图层为当前图层，选用“图案填充”图标按钮中的“用户定义”图案，绘制出图中的金属材料剖面线。可画完三个视图后一起绘制，也可分别绘制。

注意：若主视图和左视图一起绘制剖面线，一定要选中“图案填充和渐变色”对话框“选项”选项区域中的“创建独立的图案填充”复选框。

⑤ 标注剖视图。先按制图标准画剖切符号，然后注写剖视图的编号和名称。

注意：剖视图的编号一般用5号字，剖视图的名称一般用7号字。

⑥ 均匀布图，完成图形的绘制。

说明：第④、⑤、⑥步骤的演示在“画剖视图1左视图”视频（二维码7.4）中。

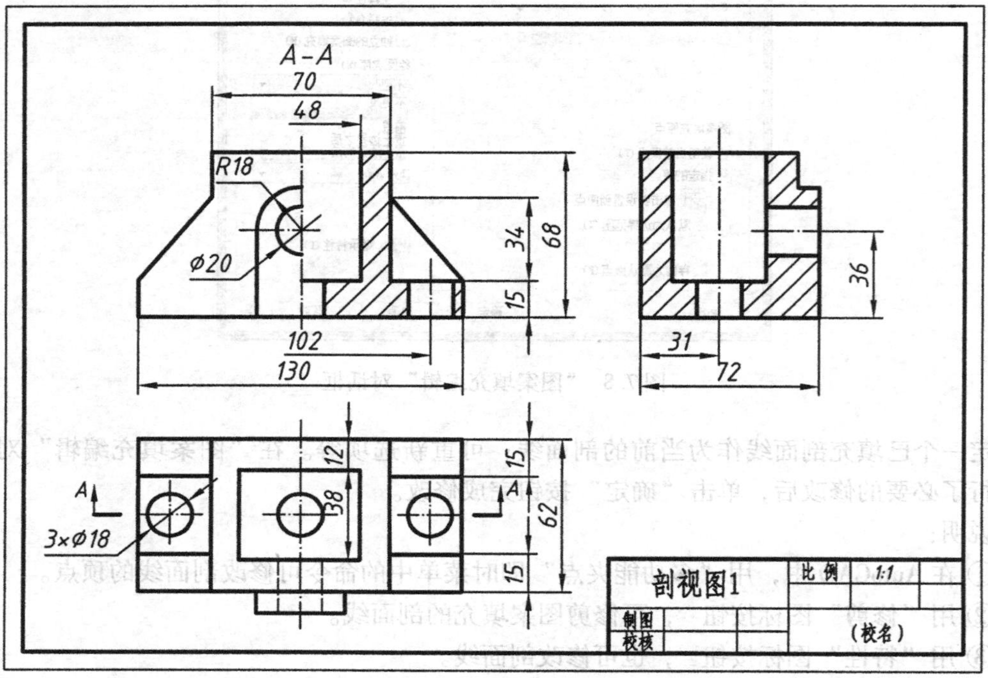

图7.9　绘制剖视图1

码7.1　剖视图1的形体分析

码7.2　画剖视图1俯视图

码7.3　画剖视图1主视图

码7.4　画剖视图1左视图

上机练习与指导

练习1：绘制图7.9所示“剖视图1”的图形并标注尺寸。

练习1指导：

（1）按7.4节所述，首先新建一张图，进行工程绘图基本环境设置，然后进行形体分析（扫二维码7.1看视频）。

（2）按 7.4 节所述，绘制“剖视图 1”的图形（扫二维码 7.2～码 7.4 看视频）。

（3）创建两种基础标注样式，用相关的命令标注尺寸。

注意：半剖的尺寸应先标出完整尺寸，然后可用“特性”对话框来修改（扫二维码 7.5 看视频）。

码 7.5　标注半剖尺寸

练习 2：用 A3 图幅、1∶1 的比例，绘制图 7.10 所示的图形并标注尺寸。

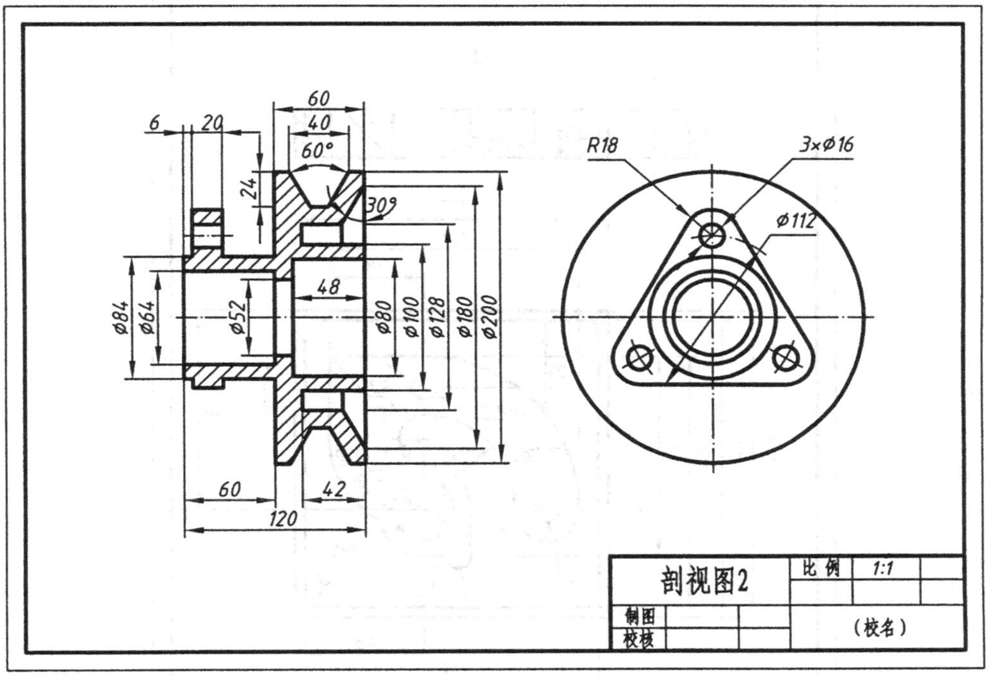

图 7.10　绘制剖视图 2

练习 2 指导：

（1）将“剖视图 1”图形文件用“另存为”命令保存，图名为“剖视图 2”。

（2）擦除图框中多余的图线。

（3）进行形体分析，弄清形体的空间形状和剖视图的形成过程（扫二维码 7.6 看视频）。

码 7.6　剖视图 2 的形体分析

（4）在相应的图层上按尺寸精确绘制各图形。可先画出图中所有的点画线为图架线，然后按形体逐部分绘制。

（5）设“剖面线”图层为当前图层，选用“图案填充”图标按钮中的“用户定义”图案，绘制图中的剖面线（若绘制的剖面线不合适，可弹出“图案填充编辑”对话框修改）。

（6）设“尺寸”图层为当前图层，并将相应的标注样式设置为当前，标注图中尺寸。

注意：需要时可用“夹点”功能即时菜单中的命令调整尺寸数字的位置和翻转箭

头等。

（7）检查、修正、均匀布图，存盘完成作图。

注意：绘图中要经常单击“保存”图标按钮来保存文件。

练习 3：用 A4 图幅、1∶1 的比例，绘制图 7.11 所示的图形并标注尺寸。

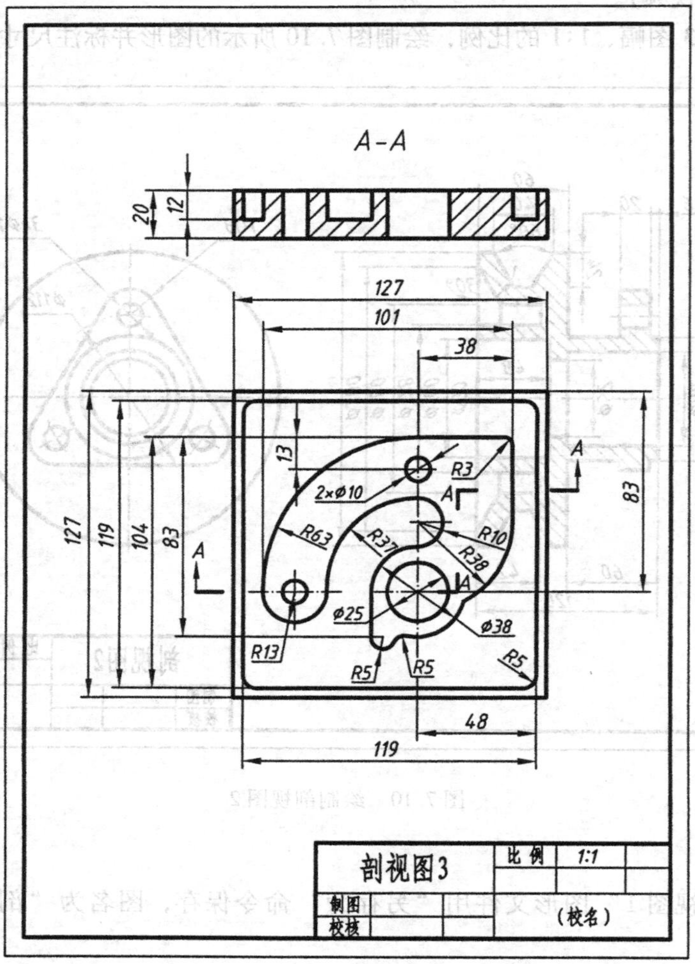

图 7.11　绘制剖视图 3

练习 3 指导：

（1）将“剖视图 1”图形文件用“另存为”图标按钮保存，图名为“剖视图 3”。

（2）擦除图框中多余的图线。

（3）用“拉伸”图标按钮修改图框大小为 A4(210,297)。

（4）进行形体分析，弄清形体的空间形状和剖视图的形成过程（扫二维码 7.7 看视频）。

（5）在相应的图层上按尺寸精确绘制各图形。

码 7.7　剖视图 3 的形体分析

(6) 设“剖面线”图层为当前图层，选用“图案填充”图标按钮中的“用户定义”图案，绘制图中的剖面线（若绘制的剖面线不合适，可弹出“图案填充编辑”对话框修改）。

(7) 绘制剖切符号，并注写剖视图的编号和名称。

(8) 设“尺寸”图层为当前图层，并将相应的标注样式设置为当前，标注图中尺寸。

注意：若在标注圆弧尺寸时出现问题，可将“圆引出与角度”标注样式中“文字位置”选中“尺寸线上方，带引线”单选按钮。需要时可用“夹点”功能即时菜单中的命令调整尺寸数字的位置和翻转箭头等。

(9) 检查、修正、均匀布图，存盘完成作图。

注意：绘图中要经常单击“保存”图标按钮来保存文件。

第 8 章　图块的创建和使用

应用 AutoCAD 的“图块”功能，可将图样中常用的符号创建为符号库，使用时可方便地调用它们。本章介绍使用“图块”功能创建符号库的方法和相关技术。

8.1　认识块

图块简称为块。AutoCAD 把块当作一个单一的对象来处理，利用 AutoCAD 的图块功能，可把一图多用或多图常用的一组对象定义为块，即创建为块，绘图时可根据需要将制作的块插入到图中的任意位置，插入时可以指定比例和旋转角度改变它的大小和方位，并可方便地修改它。

1. 块的功能

（1）建立符号库

在工程图中常有一些重复出现的符号和结构，如表面粗糙度代号、对称符号、标准件等，如果把这些经常出现的符号做成块存放在一个符号库中，当需要使用它们时，就可以用插入块的方法来实现，这样可避免大量的重复工作提高绘图速度，并可节省存储空间。

（2）便于修改图形

修改一组相同的块非常方便。如绘制完一张图样后，发现表面粗糙度代号绘制得不标准，如果表面粗糙度符号不是块，就需要一处一处地修改，既费时又不方便。如果绘图时将表面粗糙度代号定义成块，这样只需要将其中的一个块修改（或重新绘制），然后进行重新定义，则图中所有该表面粗糙度代号均会自动修改。

（3）便于图形文件间的交流

将工程图中常用的符号和重复结构创建为块，通过 AutoCAD 的设计中心可将这些块方便地复制到当前图形文件中，即块可以在图形文件之间被相互调用。

2. 块与图层的关系

组成块的对象所处的图层非常重要。插入块时，AutoCAD 有如下约定：

① 块中位于 0 图层上的对象被绘制在当前图层上；

② 块中位于其他图层上的对象仍在它原来的图层上；

③ 若没有与块同名的图层，AutoCAD 将给当前图形增加相应的图层。

提示：创建块的对象必须事先画出，并应绘制在相应的图层上。

8.2 创建和使用普通块

普通块用于形状和文字内容都不需要变化的情况，如工程图中的对称符号。

1. 创建普通块

用“创建块”（BLOCK）命令可在当前图形文件中创建块。

（1）输入命令

- 从“绘图”工具栏单击：“创建块”图标按钮 。
- 拉菜单栏选取：“绘图” ⇨“块” ⇨“创建（M）”。
- 从键盘键入：BLOCK 。

（2）命令的操作

命令:(输入命令)

可弹出图 8.1 所示的“块定义”对话框。

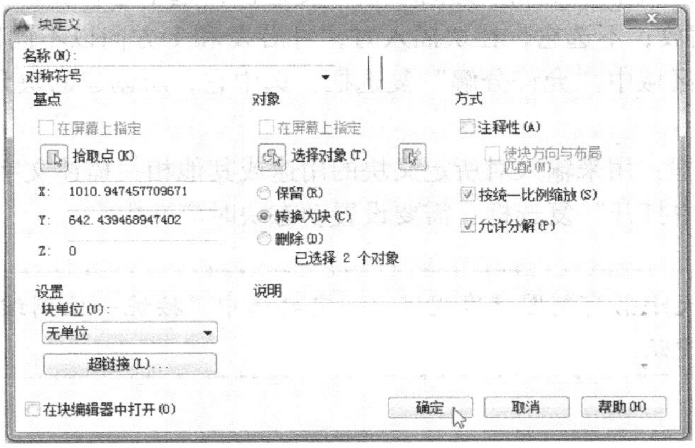

图 8.1 “块定义”对话框

其具体操作如下：

① 输入要创建的块名称。

在“名称”文本框中输入要创建的块名称。

② 确定块的插入点。

单击“基点”选项区域的“拾取点”图标按钮 进入绘图状态，同时命令区出现提示：

指定插入点:(在图上指定块的插入点)

指定插入点后，又重新显示“块定义”对话框。也可在该按钮下边的“X”、“Y”、“Z”文本框中输入坐标值来指定插入点。

③ 选择要定义的对象。

单击“对象”选项区域的“选择对象”图标按钮 进入绘图状态，同时命令提示行出现提示：

选择对象:(选择要定义的对象)

选择对象:↙

选定对象后，又重新显示“块定义”对话框。

④ 进行相关的设置，完成创建。

根据需要设定其他操作项，然后单击“确定”按钮，完成块的创建。

“块定义”对话框中其他操作项的含义。

- “对象”选项区域中“保留”单选按钮：用以原特性保留用来定义块的对象。
- “对象”选项区域中“转换为块”单选按钮：用以将定义块的对象转换为块。
- “对象”选项区域中“删除”单选按钮：用以删除当前图形中定义块的对象。
- “对象”选项区域中“快速选择”图标按钮：用以弹出的对话框中定义选择集。
- “设置”选项区域中“块单位”下拉列表：用来选择块插入时的单位，一般使用默认选项“无单位”。
- “方式”选项区域中“注释性”复选框：选中它，所创建的块将成为注释性对象。
- “方式”选项区域中“按统一比例缩放”复选框：选中它，在块插入时，X 和 Y 方向以同一比例缩放；不选它，在块插入时，可沿 X 和 Y 方向以不同比例缩放。
- “方式”选项区域中“允许分解”复选框：选中它，所创建的块允许用“分解”命令分解。
- “说明”文本框：用来输入对所定义块的用途或其他相关描述文字。
- “在块编辑器中打开”复选框：需要设置动态块时应选中它。

提示：块的大小若有制图标准规定，一定要选中“按统一比例缩放”复选框。其他选项一般使用默认。

2. 使用普通块

用“插入块”（INSERT）命令可将已创建的块插入到当前图形文件中，也可选择某图形文件作为块插入到当前图形文件中。

（1）输入命令

- 从“绘图”工具栏单击：“插入块”图标按钮。
- 从菜单栏选取：“插入”⇨“块”。
- 从键盘键入：INSERT 。

（2）命令的操作

命令:(输入命令)

输入命令后，弹出“插入”对话框，如图8.2所示。其具体操作如下。

① 选择块。

从“插入”对话框的“名称”下拉列表中选择一种块，该块的名称将出现在

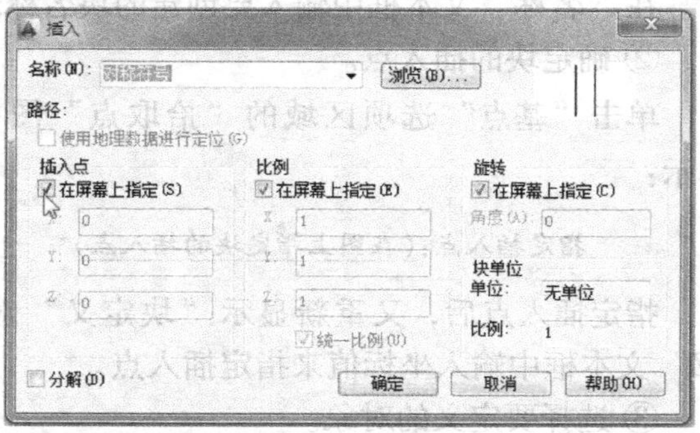

图 8.2 “插入”对话框

“插入”对话框的“名称”下拉列表框中。

若单击“名称”下拉列表框右边的“浏览”按钮，可从随后弹出的对话框中指定路径，选择一个块文件，被选中的块文件名称将出现在“插入”对话框的“名称”窗口中。

② 指定插入点、缩放比例、旋转角度。

若在“块定义”对话框中选中了“按统一比例缩放”复选框，“插入”对话框中“统一比例”复选框将灰显，即不可用。以此状态为例：

将“插入点”“比例”“旋转”3个选项区域中“在屏幕上指定”的复选框都选中，单击“确定”按钮，AutoCAD退出“插入”对话框进入绘图状态。同时命令提示区将出现提示：

> 指定插入点或［基点(B)/比例(S)/旋转(R)］:(在图纸上用“目标捕捉”指定插入点)
> 指定比例因子 <1>:(若不改变大小直接按【Enter】键,若改变大小应从键盘输入比例因子或拖动指定)
> 指定旋转角度 <0>:(若不改变角度直接按【Enter】键,若改变角度应从键盘输入插入后块绕插入点旋转的角度或拖动指定)
> 命令:

> 提示：插入块时，若给比例因子小于1将缩小块，大于1将放大块。所以，定义块的对象应按标准或常用大小绘制，以便插入。

说明：

① 定义块时在“块定义”对话框若没有选中“按统一比例缩放”复选框，在“插入”对话框中“统一比例”复选框将可用，选中它，AutoCAD将会同上提示，不选它，AutoCAD在提示行中将会让用户分别指定 X 和 Y 方向的比例因子。

② 插入块时，比例因子可正可负，若为负值，其结果是插入镜像图。

③ 在“插入”对话框中，如果打开了“分解”复选框，表示块插入后要分解成一个个单一的对象。一般使用默认状态不选“分解”复选框，需要编辑某个块时，再使用“分解”命令将该块分解。

8.3 创建和使用属性块

属性块用于形式相同而文字内容需要变化的情况，如机械图中的明细表行、表面粗糙度代号等，将它们创建为有属性文字的块，插入时可按需要指定块中的文字内容。

1. 创建属性块

以创建零件图时注写在标题栏附近的“其余去除材料表面粗糙度代号”（GB/T 131—2006）为例讲述创建过程。

（1）绘制属性块中不变化的部分

在“尺寸”图层上，按制图标准1:1绘制出块中不变化的部分“”。

（2）定义块中内容需要变化的文字（即属性文字）

从菜单栏选取：“绘图”⇨“块”⇨“定义属性”，输入命令后，AutoCAD弹出“属性定义”对话框，如图 8.3 所示。

在“属性”选项区域的“标记”文本框中输入属性文字的标记“08”（标记将在创建后作为属性文字的编号显示在图形中）；在“提示”文本框中输入“其余去除材料表面粗糙度参数值”（该提示将在定义和使用属性块时显示在有关对话框和命令行中）；在“默认”文本框中输入需要变化的文字“Ra12.5”或其他。

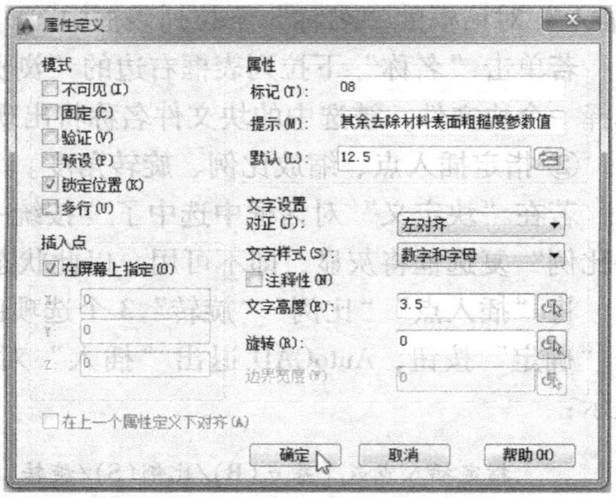

图 8.3 “属性定义”对话框应用示例

在“文字设置”选项区域的“对正”下拉列表中选择“左对齐”文字对正模式，在“文字样式”下拉列表框中选择“工程图中的数字和字母”文字样式，在“文字高度”文本框中输入属性文字的字高“3.5”；在“旋转”文本框中输入属性文字行的旋转角“0”度。

在“插入点”选项区域选中“在屏幕上指定”复选框。

单击“确定”按钮以关闭对话框，进入绘图状态，指定属性文字的插入点，完成属性文字的创建，图形中将显示“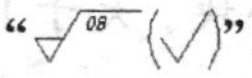”。

说明：在“模式”选项区域可根据需要进行选项，一般使用默认。

（3）定义属性块

从工具栏单击“创建块”图标按钮以输入命令，弹出“块定义”对话框，在该对话框中以“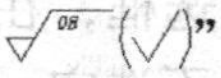”为要定义的对象，以图形符号最下点为块的插入点，创建名称为“其余去除材料粗糙度代号”的块。单击“确定”按钮后，AutoCAD 关闭“块定义”对话框，并弹出“编辑属性”对话框，单击“确定”按钮，完成属性块的创建，图形中将显示“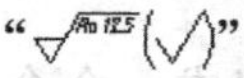”。

2. 使用属性块

以使用“其余去除材料粗糙度代号”属性块为例介绍操作过程。

从工具栏单击“插入块”图标按钮以输入命令，选择属性块“其余去除材料粗糙度代号”，指定插入点、比例因子和旋转角度后，AutoCAD 将弹出“编辑属性”对话框，在其中修改默认文字为“Rz25”，确定后 AutoCAD 将插入一个属性块“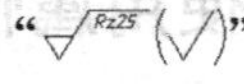”。

8.4 创建和使用动态块

动态块用于形式相似但需要变化的情况，可对动态块进行拉伸、翻转、阵列、旋转、对齐等，动态块中可包括属性文字。零件视图中的表面粗糙度代号、标准件等均可创建为动态块。

1. 创建动态块

零件视图中的表面粗糙度代号（GB/T 131—2006），标注时有多种方位，如图 8.4 所示。图中选中的表面粗糙度代号可显示动态块的动作位置标记。以创建零件视图中常用的上和左（包括斜面）表面粗糙度代号为例讲述创建过程。按制图标准应将其创建为代号与所注表面对齐（即垂直），符号的水平线长度可拉伸（即能与文字的长度一致）的动态块。

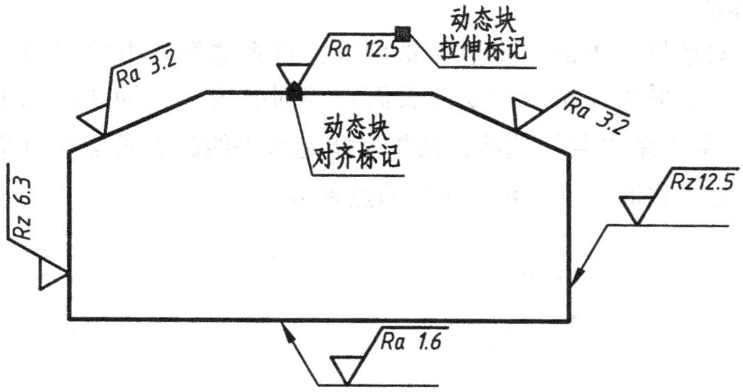

图 8.4　使用“零件表面粗糙度代号”动态块示例

（1）绘制动态块中的图形部分

在“尺寸”图层上，按制图标准画出块中的图形部分“√　”。

（2）定义动态块中内容需要变化的属性文字

从菜单栏选取：“绘图” ⇨“块” ⇨“定义属性”，输入命令后，弹出“属性定义”对话框，在“属性”选项区域的“标记”文本框中输入属性文字的标记“R”，在“提示”文本框中输入“上和左表面粗糙度代号”，在“默认”文本框中输入需要变化的文字“Ra”（其他操作同前），完成属性文字的创建后，图形中将显示“√R　”。

（3）操作“创建块”命令进入“块编辑器”对话框

从工具栏单击“创建块”图标按钮来输入命令，弹出“块定义”对话框，在该对话框中以“√R　”为要定义的对象，以图形最下点为块的插入点，名称定义为“上和左表面粗糙度代号”，然后选中“块定义”对话框左下角的“在块编辑器中打开”复选框，单击“确定”按钮后，AutoCAD 进入“块编辑器”对话框，在其中显示定义为块的对象和“块编写对话框”，如图 8.5 所示。

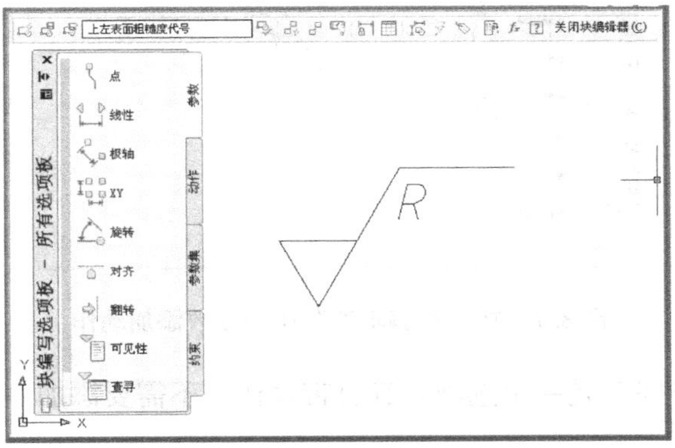

图 8.5　进入“块编辑器”对话框

（4）在“块编辑器”对话框中设置动作

在“块编辑器”对话框中设置动作，首先应为块添加参数。具体步骤如下。

① 为块添加参数。

单击“块编写对话框”上的“参数”选项卡，首先选择其中的“对齐”选项，按提示指定插入点为基点、水平线（相当于零件表面）为对齐方向，为块添加上如图 8.6 中所示的对齐参数“ ”；再选择“点”选项，按提示指定水平线的右端点为基准点、标签位置定在基准点附近，即为块添加上了“位置 1”的点参数。

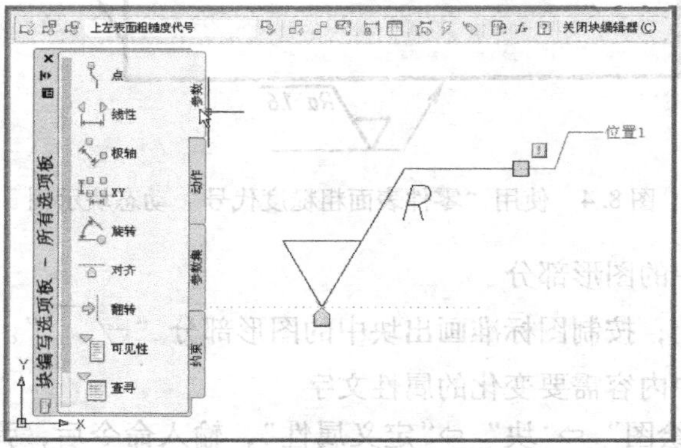

图 8.6　在“块编辑器”中为块添加参数

② 为参数添加动作。

单击“块编写对话框”上的“动作”选项卡，选择其中的“拉伸”动作项，按提示选择“点”选项，给出拉伸的 C 窗口位置，选择粗糙度符号为对象，即可为块中符号的右端点添加上图 8.7 中所示的“拉伸”动作。

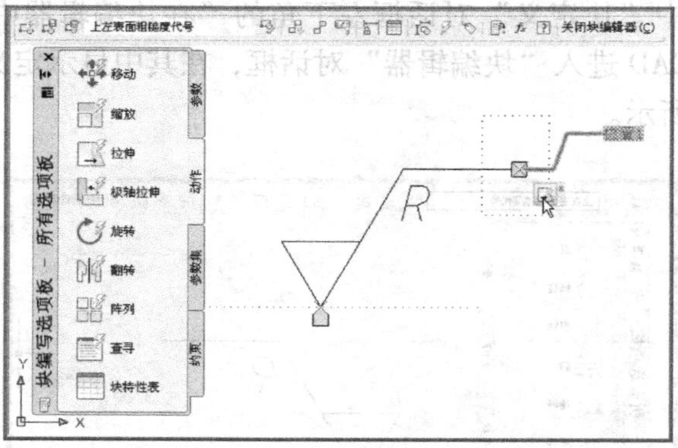

图 8.7　在“块编辑器”中为参数添加动作

AutoCAD 中的“对齐”是一个选项，其自带动作，不需要添加。

（5）保存动态块

单击“块编辑器”对话框的 关闭块编辑器(C) 按钮，在弹出的“保存”对话框中选择“将更改保存到 上和左表面粗糙度代号（S）”，AutoCAD 将退出“块编辑器”对话框，完成动态块的创建。

说明：

①“块编写对话框”中“参数集”用以将参数和动作关联，即可直接选项，按提示操作为块一并添加参数和动作。

②“块编写对话框”中“约束”用来给动态块添加相应的几何约束，添加约束可简化动作的设置。

2. 使用动态块

以使用“上和左表面粗糙度代号”动态块为例讲述操作过程。

（1）操作“插入块”命令

从“绘图”工具栏单击“插入块”图标按钮以输入命令，选择动态块“上和左表面粗糙度代号”，在图形中指定插入点时该动态块会自动与零件表面“对齐”，应使用默认的比例因子“1”和旋转角度“0”度，按需要输入属性文字数值（也可插入后双击属性文字进行修改），单击“确定”按钮后结束命令，AutoCAD 将在指定位置插入动态块，效果如图 8.14所示。

提示：在零件外表面上标注具有对齐功能的粗糙度代号，插入块时应从零件内表面靠近插入点，反之，将会插入方向相反的粗糙度代号。

（2）单击动态块以显示夹点

若表面粗糙度代号中的水平线长度与文字行长度不一致，应在待命状态下单击动态块使其显示夹点。

（3）激活参数按需要进行操作

显示动态块夹点后，再单击拉伸夹点“■”使其显示为红色，即激活了“点”参数，可用拖动的方法拉伸水平线右端至所需的位置。

说明：

① 若所标注的表面粗糙度代号有其他需要，可同理进行相应设置。

②“参数”选项卡中有的选项可与多个动作协作，有的选项仅对应一个动作。动态块中的“可见性”可创建系列块，实现一块多用。

8.5 修改块

1. 修改普通块或块中不变的部分

修改普通块或块中不变部分的方法是：先修改块中的任意一个（修改前应先分解该块或重新绘制），然后以相同的块名再用“创建块”命令重新定义一次，重新定义后，AutoCAD 将立即修改该图形中所有已插入的同名块。

2. 修改块中的属性文字

修改块中属性文字的方法是：在属性文字处双击，AutoCAD 将弹出显示“属性”选项卡的“增强属性编辑器”对话框，如图 8.8 所示。当属性块中有多个属性文字时（如装配图中的明细表行），应先选择该对话框“属性”选项卡列表中要修改的属性文字，选择后 AutoCAD 在“值”文本框将显示该属性文字的值，在此输入一个新值，确定后即修改。

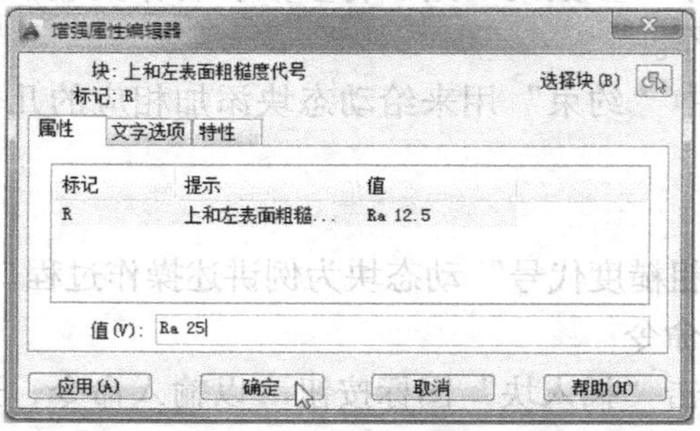

图 8.8　显示“属性”选项卡的“增强属性编辑器”对话框

说明：“增强属性编辑器”对话框有 3 个选项卡，选择“文字选项”选项卡，可修改属性文字的字高、文字样式等；选择“特性”选项卡可修改属性文字的图层、颜色、线型等。

3. 修改块中的动作

修改块中动作的方法是：在待命状态下选择动态块使其显示夹点，然后右击可弹出右键菜单，从中选择“块编辑器”命令，AutoCAD 将把块带入“块编辑器”对话框，在“块编辑器”中可添加参数和动作，也可用删除参数和动作，保存后即修改。

上机练习与指导

练习 1：进行工程绘图环境的设置。

练习 1 指导：

（1）进行工程绘图环境的 7 项基本设置。图幅 A3，图名“绘图环境”。

（2）创建“直线”和“圆引出与角度”两种标注样式。

（3）创建符号库。如图 8.9 所示，创建后面练习中用到的几种块（扫二维码 8.1 ~ 码 8.3看视频）。

注意：创建块时，一般都选中“按统一比例缩放”复选框。

> 提示：大小有制图标准规定的块，一定要按制图标准 1∶1 绘制，其他块应按常用的大小绘制，这样使用才会方便。

码 8.1　普通块的创建和使用　　码 8.2　属性块的创建和使用　　码 8.3　动态块的创建和使用

练习 2：使用和修改已创建的图块。

练习 2 指导：

对称符号
（普通块）

剖切符号
（普通块）

基准符号
两种方位(属性块)

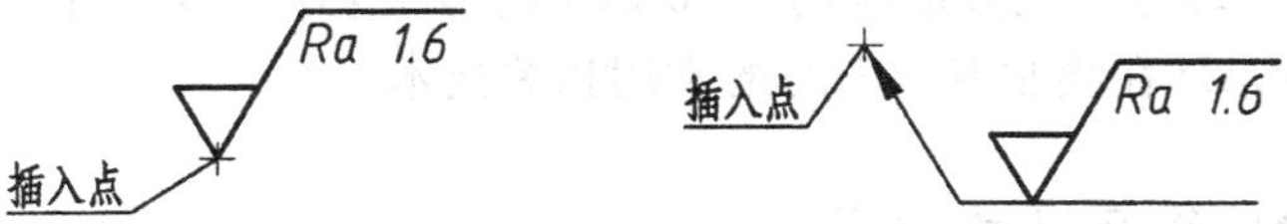

上和左表面粗糙度代号
符号按制图标准绘制；字高3.5mm
（动态块）

下和右表面粗糙度代号
符号接制图标准给制：字高3.5mm
（动态块）

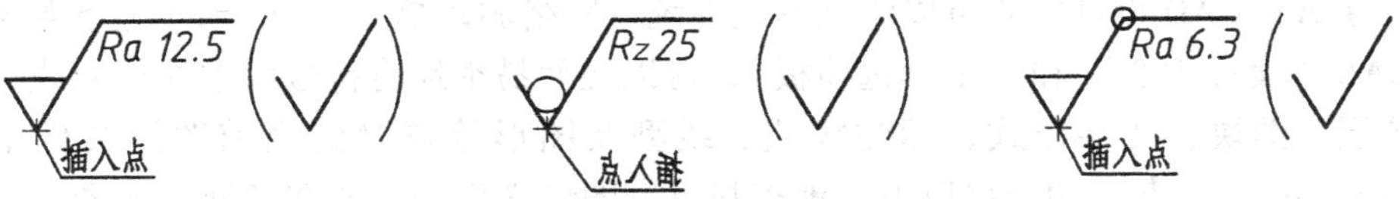

其余和全部表面粗糙度代号
符号大小按制图标准绘制；字高3.5mm
（属性块）

2	垫 圈	1	Q235	Φ34×Φ19×3

装配图中明细表行（表见第7章“G1/2”阀”装配图）
（属性块）

图 8.9　要创建的图块

在“绘图环境”图形文件中，用绘图命令绘制一些简单的线条，用“插入块”图标按钮将以上所创建的各块逐一插入所画线条上的指定位置，并按 8.5 节所述的方法练习修改块。

练习 3：绘制第 6 章练习“轴”零件图中的剖面线、剖切符号、表面粗糙度代号和基准代号。

练习 3 指导：

（1）打开第 6 章练习“轴”零件图。

（2）设“剖面线”图层为当前图层，绘制图中的剖面线。

（3）设“文字”图层为当前图层，插入“剖切符号”（也可直接绘制），并注写编号和名称。

注意：插入时，“X 比例因子”若给负值，可在水平方向插入镜像图，“Y 比例因子”若给负值，可在竖直方向插入镜像图，旋转角度可用拖动的方法指定。

（4）设“尺寸”图层为当前图层，插入相应的表面粗糙度代号。

（5）在“尺寸”图层上，插入位置公差的“基准代号”。

（6）检查、修正、均匀布图、存盘，完成“轴”零件图的绘制。

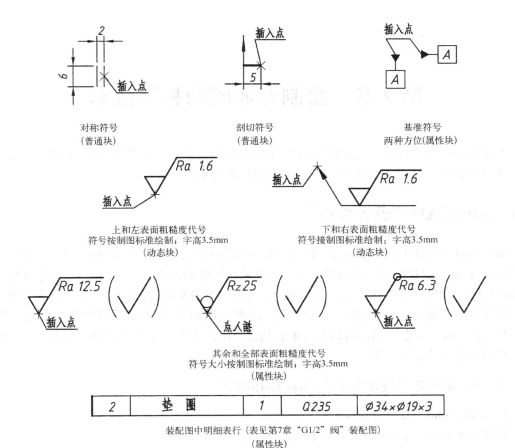

第 9 章　绘制专业图的相关技术

在绘图中只有合理地、充分地应用 AutoCAD 的有关功能，才能快速地绘制一张工程图样。本章介绍 AutoCAD 在绘制专业图时的常用相关技术。

9.1　AutoCAD“设计中心”

AutoCAD“设计中心”提供了用于管理、查看的强大工具，以及创建“工具选项板”的功能，在 AutoCAD 设计中心可以浏览本地系统、网络驱动器，从 internet 上下载文件。使用 AutoCAD“设计中心”和“工具选项板”，可以轻而易举地将符号库中的符号或一张设计图中的图层、图块、文字样式、标注样式、线型及图形等复制到当前图形文件中。利用“设计中心”的“搜索”功能可以方便地查找已有图形文件和存放在各地方的图块、文字样式、尺寸标注样式、图层等。

9.1.1　AutoCAD“设计中心”的启动和窗口

1. 启动 AutoCAD“设计中心”

启动 AutoCAD“设计中心”可按下述方法之一：

- 从标准工具栏单击：“设计中心”图标按钮▦。
- 从键盘键入：<u>ADCENTER</u>。

输入命令后，AutoCAD 设计中心启动，显示“设计中心”窗口，如图 9.1 所示。

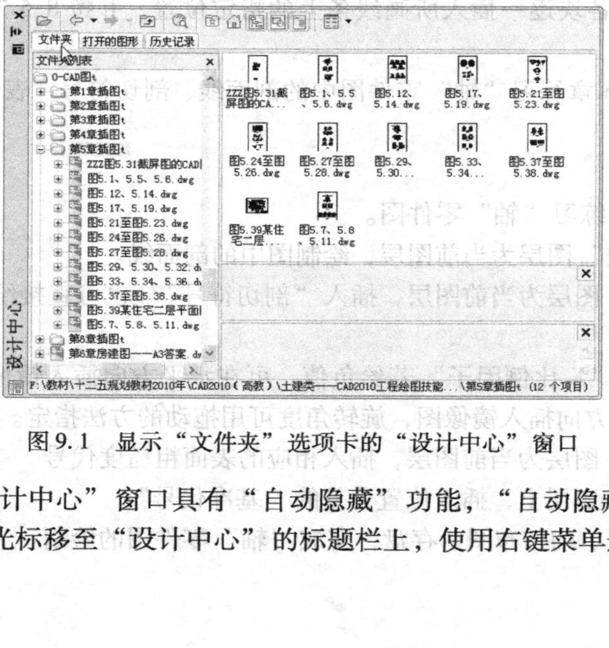

图 9.1　显示“文件夹”选项卡的“设计中心”窗口

AutoCAD 的“设计中心”窗口具有“自动隐藏”功能，“自动隐藏”的激活或取消同“特性”对话框。将光标移至“设计中心”的标题栏上，使用右键菜单选项可激活或取消自动隐藏。

2. AutoCAD“设计中心”窗口

AutoCAD“设计中心”窗口第一行是工具栏，下部是3个选项卡及其相应内容的显示。

(1)“文件夹”选项卡

图9.1所示是显示“文件夹”选项卡的“设计中心”窗口。该窗口左边是树状图，即是AutoCAD设计中心的资源管理器，显示系统内部的所有资源。它与Windows资源管理器操作方法类似；窗口右边是内容显示框也称控制板。在内容显示框的上部，显示树状图中所选择图形文件的内容，下部是图形预览区和文字说明区。

在树状图中如果选择一个图形文件，内容显示框中将显示该图形文件的标注样式、表格样式、布局、多重引线样式、块、图层、外部参照、文字样式、线型9个图标（相当于文件夹），双击其中某个图标，内容显示框中将显示该图标中所包含的所有内容。如选择了“块”图标，内容显示框中将显示该图形中所有图块的名称，单击某图块的名称，在内容显示框下部的预览区内将显示该图块的形状，如图9.2所示。

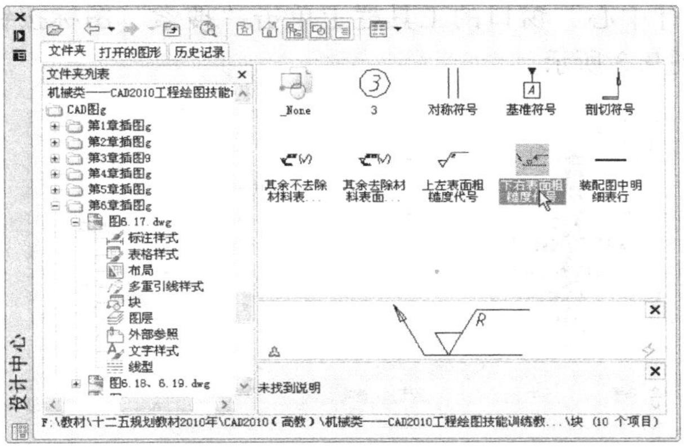

图9.2　在“设计中心”窗口选择图块

(2)“打开的图形”选项卡

选择“设计中心”窗口中“打开的图形”选项卡，将使树状图处只列出AutoCAD当前打开的所有图形文件名。

(3)“历史记录”选项卡

选择“设计中心”窗口中“历史记录”选项卡，将使窗口内只显示AutoCAD“设计中心”最近访问过的图形文件的位置和名称。

(4) 工具栏

“设计中心”工具栏上共有11个图标按钮，从左至右其功能如下。

① （“加载”图标按钮）：显示“加载”对话框，将选定的内容装入设计中心的内容显示框。

② （“上一页”图标按钮）：使设计中心显示上一页或指定页的内容。

③ （“下一页”图标按钮）：使设计中心显示下一页或指定页的内容。

④ （“向上”图标按钮）：使设计中心内容显示框内显示上一层的内容。

⑤ （“搜索”图标按钮）：显示“搜索”对话框。

⑥ （“收藏夹”图标按钮）：将一个位于Windows系统Favorites文件夹中的名为

Autodesk 文件夹，用快捷方式作为常用内容存入，以便快速查找。

⑦ （“主页”图标按钮）：使设计中心显示 AutoCAD 中 DesignCenter 文件夹中的内容。

⑧ （“树状视图切换”图标按钮）：控制树状图的打开和关闭。

⑨ （“预览”图标按钮）：控制内容显示框下部图形预览区的打开或关闭。

⑩ （“说明”图标按钮）：控制图形预览区下部文字说明区的打开或关闭。

⑪ （“视图”图标按钮）：可使内容显示框中的内容显示方式在“大图标”、“小图标”、“列表”、“详细资料”4 种显示方式间切换。

9.1.2 用“设计中心”查找和管理

利用 AutoCAD“设计中心”的“搜索”功能，可以方便地查找到图形文件，还可以方便地查找到只知名称不知存放位置的图层、图块、标注样式、文字样式、表格样式、线型、填充图案和表格样式等，并可将查到的内容拖放到当前图形中。

在 AutoCAD“设计中心”窗口的工具栏上单击“搜索”图标按钮 ，AutoCAD 弹出“搜索”对话框，如图 9.3 所示。

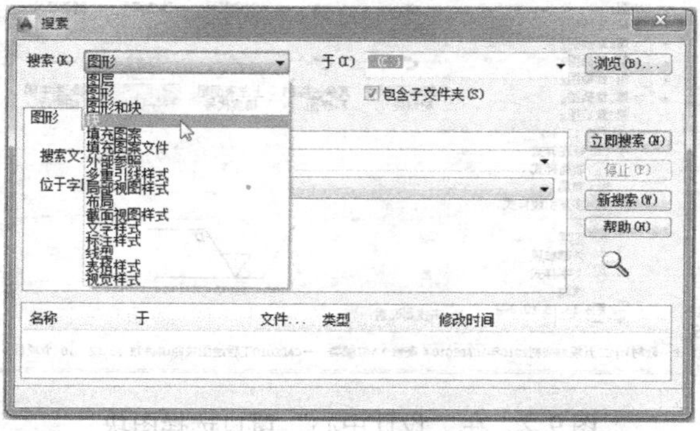

图 9.3　显示“搜索”下拉列表内容的“搜索”对话框

1. 查找图层、图块、标注样式、文字样式

下面以查找“直线”标注样式为例介绍操作过程。

① 在“搜索”对话框的“搜索”下拉列表中选择“标注样式”选项。

② 在“于”下拉列表中指定搜索位置（或单击“浏览”按钮选择搜索位置）。

③ 在“搜索文字”文本框中输入“直线”标注样式名。

④ 单击“立即搜索”按钮，在该对话框下部的查找栏内出现查找结果，如图 9.4 所示。如果在查找结束前已经找到需要的内容，为节省时间可以单击“停止”按钮结束查找。

⑤ 可选择其中一个查询结果，直接将其拖动到绘图区中，则“直线”样式应用于当前图形。

⑥ 单击“关闭”按钮，结束查找。

2. 管理图形文件

用 AutoCAD“设计中心”管理图形文件，首先要用“图形特性”命令对图形文件进行定义，即把关于要管理的图形文件的相关描述信息保存在图形属性中，调用时，单击 AutoCAD“设计中心”的“搜索”按钮，在弹出的“搜索”对话框中，输入图形文件名称或对图形文件定义的图形属性可快速调出该图形文件。

用“图形特性”命令定义图形属性的操作步骤如下。

① 从菜单栏选取“文件” ⇨“图形特性”，AutoCAD 弹出“属性”对话框。该对话框有 4 个选项卡，图 9.5 所示是显示“常规”选项卡的“属性”对话框。

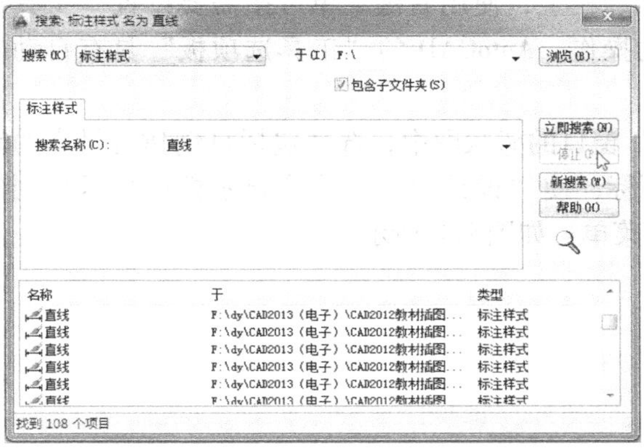

图 9.4 显示查找“直线”标注样式的“搜索”对话框

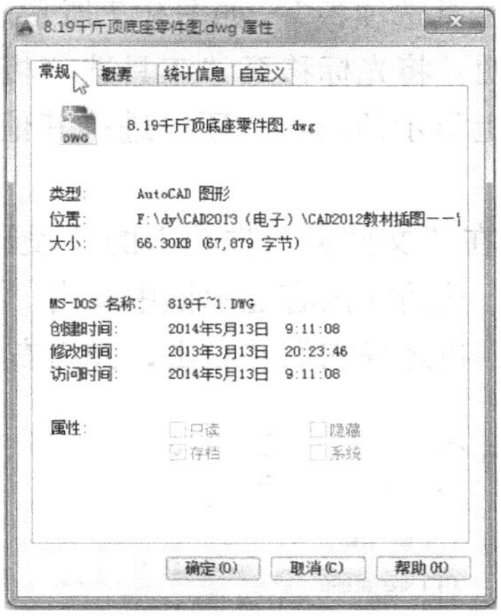

图 9.5 显示“常规”选项卡的“属性”对话框

② 单击“概要”选项卡，“属性”对话框显示“标题”“主题”“作者”“关键字”“注释”等文本框（如图 9.6 所示），用以描述和介绍图形。

③ 单击“统计信息”选项卡可查看当前图形的“创建时间”“修改时间”“修订次数”“总编辑时间”等信息。如果需要可单击“自定义”选项卡，自定义图形的属性。

④ 单击“属性”对话框中的“确定”按钮，完成图形属性定义。

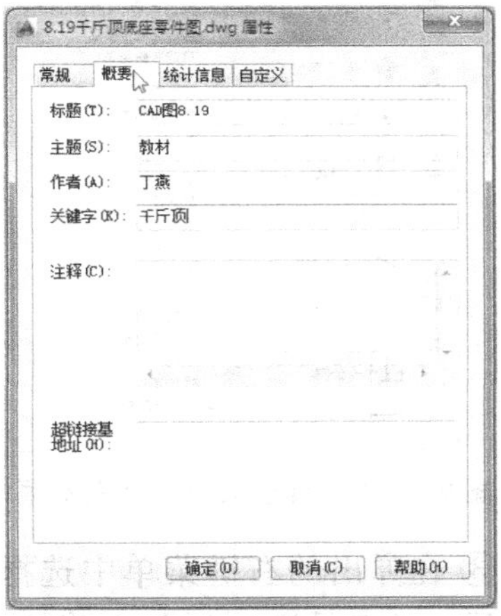

图 9.6 显示“概要”选项卡的“属性”对话框

9.1.3 用“设计中心”复制

利用 AutoCAD“设计中心”，可以方便地把其他图形文件中的图层、图块、文字样式、标注样式、表格样式等复制到当前图形中，具体有如下两种方法。

1. 用拖动方式复制

在 AutoCAD“设计中心”的内容显示框中，选择要复制的一个或多个图层（或图块、文字样式、标注样式、表格样式等），单击并拖动所选的内容到当前图形中，然后松开鼠标左键，所选内容就被复制到当前图形中。

2. 通过剪贴板复制

在“设计中心”的内容显示框中，选择要复制的内容，再右击所选内容，弹出右键菜单，在其中选择“复制”命令，然后单击工作界面工具栏中“粘贴”图标按钮，所选内容就被复制到当前图形中。

9.1.4 用“设计中心”创建“工具选项板”

创建“工具选项板”后，可方便地使用自创建的符号库。具体步骤如下：

① 单击“标准”工具栏上的“工具选项板”图标按钮▣，弹出 AutoCAD 默认或上次所用的“工具选项板”，如图 9.7 所示。

说明：将光标移至“工具选项板”的标题栏上，使用右键菜单可按需要设置“工具选项板”上显示的内容，还可进行其他相关的操作。AutoCAD 的“工具选项板”具有自动隐藏功能。

② 在“文件夹”选项卡的“设计中心”窗口的树状图中，选择包括自创建符号库的图形文件，然后在内容显示框中双击“块”图标，使“设计中心”内容显示框中显示自创建的符号，再选择它们并右击，弹出右键快捷菜单，如图 9.8 所示。

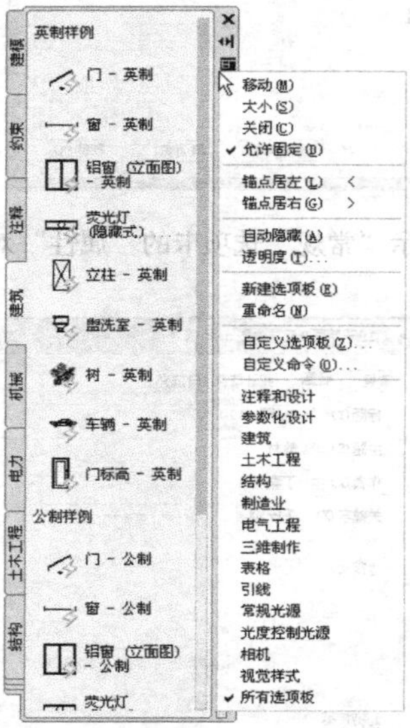

图 9.7 “工具选项板”和右键菜单

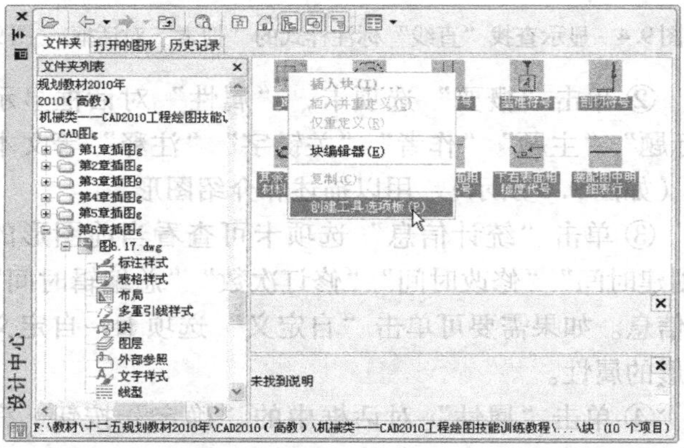

图 9.8 选择“设计中心”内容显示框中的自创建符号

③ 在弹出的右键菜单中选择“创建工具选项板”命令。选择后，“工具选项板”上将增加一个选项板（即一个符号库）并需要命名，命名后即完成创建。图 9.9 所示是显示命名为“自创”新建选项板的“工具选项板”。

说明：将光标移至某选项板的名称上，使用右键菜单选项可进行“下移”“上移”“重命名选项板”“删除选项板”等操作。

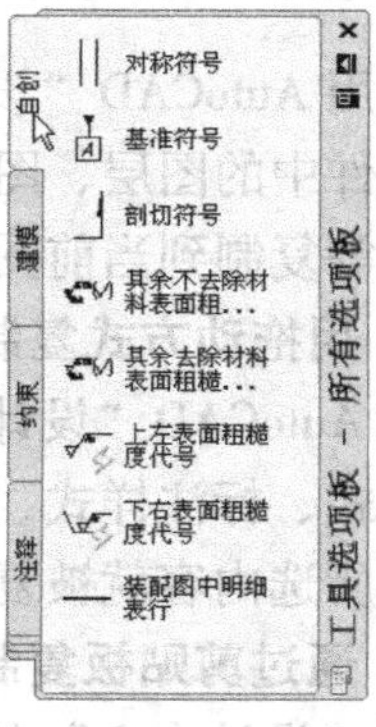

图 9.9 显示“自创”选项卡的“工具选项板”

9.2 使用“工具选项板”

AutoCAD 中的符号库都显示在“工具选项板”中，AutoCAD 将符号库按专业分类（命令类除外），“工具选项板”上的每一个选项卡就是一个符号库。若有与本专业相关的符号库，应熟悉它们。如“机械”选项板中的“六角螺母 - 公制”“带肩螺钉 - 公制”“滚动轴承 - 公制”等都是常用的动态块。“工具选项板”中的动态块符号上都显示动态块标记“ ”。

1. 使用“工具选项板”中符号的方法

使用 AutoCAD“工具选项板”中符号的方法如下。

将光标移至“工具选项板”中要选择的符号并单击，即选中该符号，此时命令提示区出现提示行：“指定插入点或[基点(B)/比例(S)/X/Y/Z/旋转(R)]:”，将光标移至绘图区（若需要可重新指定比例和旋转角度）指定插入点后，即将所选符号作为图块插入到当前图形中。

使用中应注意以下几点：

① 使用“工具选项板”中的自创符号，一般不改变比例，直接指定插入点即可。

② 使用“工具选项板”中的原有符号，应按实际情况确定比例。如“机械”选项板中的符号是按实际大小绘制的，1:1 绘图时插入它们不需要改变比例。

③“工具选项板”中的多个动态块都具有“可见性”功能，“可见性”符号为“▼”，激活它 AutoCAD 会显示可见性菜单，可从中选择所需的规格或尺寸。图 9.10 所示是“机械”选项板“六角螺母 - 公制”动态块的“可见性”菜单，可从中选择所需的规格。

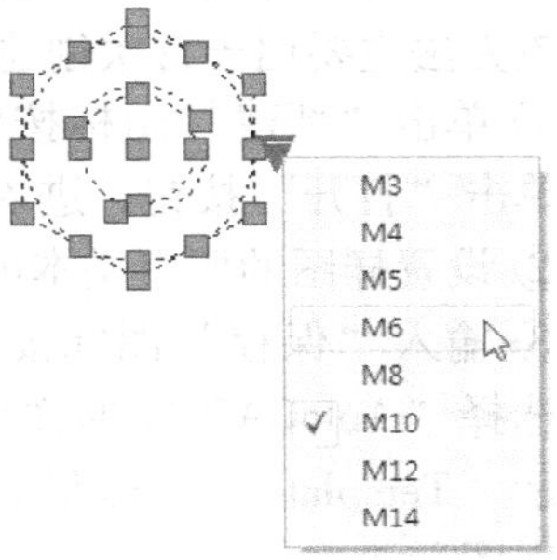

图 9.10　应用动态块“六角螺母 - 公制”中的“可见性”示例

2. 使用“工具选项板”中 ISO 图案的方法

使用 AutoCAD“工具选项板”中的 ISO 图案可快速地进行图案填充，方法是：先选中“工具选项板”中的 ISO 图案，然后在绘图区需要填充的边界中单击，即完成填充。若填充比例（即疏密）不合适，可双击图案，弹出“编辑图案填充”对话框对图案进行修改。

9.3　按制图标准创建工程样图

在实际工作中用 AutoCAD 绘制工程图，是将常用的绘图环境设成样图，然后在单击“新建”命令弹出的“选择样板”对话框中可以方便地调用它。在 AutoCAD 中，可根据需要创建系列样图，这将大大提高绘图效率，也使图样标准化。

9.3.1　样图的内容

创建样图的内容应根据需要而定，工程图的样图主要包括以下几个方面。

(1) 7 项基本绘图环境（详见第 2 章）

① 用“选项”对话框修改系统配置。

② 用“草图设置”对话框设置辅助绘图工具模式并打开状态栏上常用的模式。

③ 用“线型管理器”对话框装入虚线、点画线等线型，并设定适当的线型比例。

④ 用“图层特性管理器”对话框创建绘制工程图所需要的图层。

⑤ 用相关的绘图和编辑命令绘制图幅、图框和标题栏。

⑥ 用“文字样式”对话框设置工程图中所用的两种文字样式。

⑦ 用“单行文字”命令填写标题栏。

(2) 两种基础尺寸标注样式和其他所需的标注样式（详见6.2节）

用“标注样式”命令创建“直线”和“圆引出与角度”两种基础标注样式。

(3) 常用块（详见第8章）

用“创建块”命令将本专业图样中常用的符号、结构等创建为相应的块。

9.3.2 样图的创建

创建样图的方法有多种，本节介绍两种常用的方法。

1. 用“选择样板”对话框中的“acadiso. dwt”样板创建样图

该方法主要用于首次创建样图。其具体操作如下：

① 单击“新建”图标按钮，弹出“选择样板”对话框，选择“acadiso. dwt”样板项，单击“打开”按钮，进入绘图状态。

② 设置样图的所有基本内容（详见9.3.1小节）。

③ 输入“保存”图标按钮，弹出“图形另存为”对话框，在“文件类型”下拉列表中选择“AutoCAD 图形样板（＊.dwt）”选项，其后的“保存于”下拉列表框中将自动显示“Template”（样板）文件夹，此时在“文件名”文本框中输入样图名称，如：“A1 样图”。

④ 单击“图形另存为”对话框中的“保存”按钮，弹出“样板选项”对话框，在“样板选项”对话框的文本框中输入一些说明性的文字（其他一般使用默认），单击“确定”按钮，AutoCAD 将当前图形保存为 AutoCAD 中的样板文件。

⑤ 关闭该图形，完成样图的创建。

2. 用已有的图形文件创建样图

用该方法创建图幅大小不同、其他内容基本相同的系列样图非常方便。

其具体操作如下：

① 单击“打开”图标按钮，打开一张已有的图。

② 单击“另存为”图标按钮，弹出“图形另存为”对话框，在“文件类型”下拉列表中选择“AutoCAD 图形样板（＊.dwt）”选项，其后的“保存于”下拉列表框中自动显示 Template（“样板”）文件夹，此时在“文件名”文本框中输入样图名称。

③ 单击“图形另存为”对话框中的“保存”按钮，弹出“样板选项”对话框，在“样板选项”对话框的文本框中输入一些说明性的文字（其他一般使用默认），单击“确定”按钮，退出“图形另存为”对话框。此时 AutoCAD 将打开的图又保存一份，作为样板的图形文件，并且将此样板图设为当前图（可从最上边标题行中看出当前图形文件名由刚打开的图名改为样板图的文件名）。

④ 按所需内容修改当前图。

⑤ 单击“保存”图标按钮，保存修改。

⑥ 关闭该图形，完成创建。

9.3.3 样图的使用

创建了样图之后，再新建一张图时，就可方便地使用它。

其具体操作如下：

① 单击“新建”图标按钮，弹出“使用样板”对话框，该对话框的列表框中将显示所创建样图的名称，如图 9.11 所示。

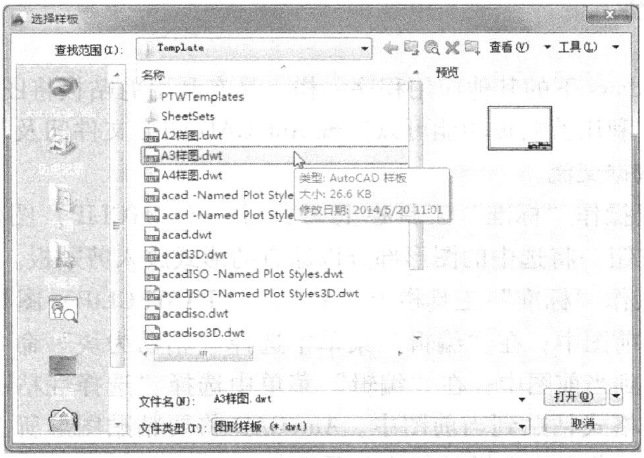

图 9.11　使用样图示例

② 选择该列表框中所需的样图（如：“A3 样图 . dwt”），选择后单击“打开”按钮，即可新建一张包括所设绘图环境的新图。

9.4　按形体的真实大小绘图

当绘图比例不是 1:1 时，在 AutoCAD 中应按形体的真实大小绘图（即按尺寸直接绘图），不必按比例计算尺寸。要按形体的真实大小绘图，而且要使输出图中的线型、字体、尺寸、剖面线等都符合制图标准，有多种途径。

以绘制一张 A2 图幅、比例为 1:5 的专业图为例，介绍一种很实用并且容易掌握的方法。

其具体操作如下：

① 单击“新建”图标按钮，选“A2 样图 . dwt”样图新建一张图。

② 用比例“缩放”图标按钮，基点定在坐标原点“0，0”处，输入比例系数“5”，将整张图（包括图幅、图框和标题栏）放大 5 倍。

③ 双击滚轮使放大后的图形全屏显示。

④ 按形体真实大小（即按尺寸数值）画出所有视图，但不注尺寸、不写文字、不画剖面线。

⑤再用比例“缩放”命令，基点仍定在坐标原点“0，0”处，选“参照”方式，指定参照长度为“5”，新长度为“1”，确定后整张图将缩小 5 倍，即还原为 A2 图幅。

⑥ 在还原的 A2 图幅中，绘制工程图中的剖面线、注写文字、标注尺寸。

注意：该图尺寸标注样式的“主单位”选项卡中的“比例因子”应输入“5”。

说明：

① 若在放大的绘图状态下绘出图样的全部内容，再用比例缩放命令缩回图形，或输出图时再选定比例来缩小输出，这样就要求在 1:1 绘图时，要调整线型比例、尺寸样式中某些值、剖面线间距等，在处理这些问题时稍有疏漏，将会输出一张废图。而用按形体真实大小

绘图方法绘制图形将可避免这些问题，同时也实现了不用计算按尺寸直接绘图的目的。

② 比例缩放还原为原图幅后，应注意修正点画线超出轮廓线的长度。

9.5 使用剪贴板

AutoCAD 与 Windows 下的其他应用程序一样，具有利用剪贴板将图形文件内容“剪下”和“贴上”的功能。利用剪贴板功能可以实现 AutoCAD 图形文件间及与其他应用程序（如 Word）文件之间的数据交流。

在 AutoCAD 中可操作“标准”工具栏上“剪切”（CUTCLIP）图标按钮✂和“复制”（COPYCLIP）图标按钮将选中的图形部分以原有的形式放入剪贴板。

在 AutoCAD 中操作“标准”工具栏上“粘贴”（PASTECLIP）图标按钮，可将剪贴板上的内容粘贴到当前图中；在“编辑”菜单中选择“粘贴为块”命令，可将剪贴板上的内容以块的形式粘贴到当前图中；在“编辑”菜单中选择“选择性粘贴”命令，可将剪贴板上的内容按指定的格式粘贴到当前图中。AutoCAD 将要粘贴图形所需插入的基点，设定在复制时选择框的左下角点或选择对象的左下角点。

在绘制一张专业图时，如果需要引用其他图形文件中的内容，可使用剪贴板。

具体操作如下：

① 打开一张要进行粘贴的图形文件和一张要被复制或剪切的图形文件。

② 从菜单“窗口”中选择“水平平铺”或“垂直平铺”命令，使两个图形文件同时显示。单击要被复制或剪切的图形文件，将其设为当前图。

③ 单击“标准”工具栏上“复制”图标按钮（或使用组合键【Ctrl + C】），以输入命令后，命令提示行显示：

选择对象：<u>（选择要复制的对象）</u>
选择对象：↙——结束选择，将所选对象复制到剪贴板。

④ 再单击要进行粘贴的图，把要进行粘贴的图设置为当前图。

⑤ 单击“粘贴”图标按钮（或使用组合键【Ctrl + V】），以输入命令后，命令区提示行显示：

指定插入点：<u>（指定插入点）</u>——将剪贴板中的内容粘贴到当前图中指定的位置，结束命令。

说明：

① 在 AutoCAD 中允许在图形文件之间直接拖动来复制对象，也可用“格式刷”图标按钮在图形文件之间复制颜色、线型、线宽、剖面线、线型比例。

② 在 AutoCAD 中可在不同的图形文件之间执行多任务、无间断地操作，使绘图更加方便快捷。

9.6 查询绘图信息

1. 查询图形中选中对象的信息

查询图形中选中对象信息的常用方法是：操作“特性”图标按钮，即在待命状态下选择对象，当选中对象上显示夹点时，在“特性”对话框中将会全方位地显示该对象的信息。

2. 查询图形中对象或区域的面积和周长

查询图形中对象或区域的面积和周长，应操作“测量工具”工具栏上的“面积”图标按钮，如图9.12所示。

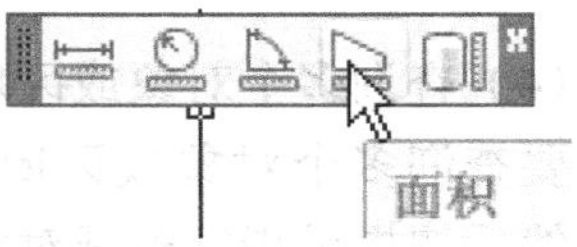

图9.12 “测量工具”工具栏上的“面积”图标按钮

（1）查询区域的面积和周长

按“面积”命令的默认方式操作，AutoCAD将在命令提示行中显示指定区域的面积和边界的周长。

具体操作如下：

命令：(输入“面积”命令)
输入选项［距离(D)/半径(R)/角度(A)/面积(AR)/体积(V)］＜距离＞：_area
指定第一个角点或［对象(O)/增加面积(A)/减少面积(S)/退出(X)］＜对象(O)＞：(指定要查询区域边界的第1个端点)
指定下一个点或［圆弧(A)/长度(L)/放弃(U)］：(指定要查询区域边界的第2个端点)
指定下一个点或［圆弧(A)/长度(L)/放弃(U)］：(指定要查询区域边界的第3个端点)
指定下一个点或［圆弧(A)/长度(L)/放弃(U)/总计(T)］＜总计＞：(继续指定要查询区域边界的端点或按【Enter】键结束)
区域＝5011104.6192，周长＝9349.9379(信息行——显示指定区域的面积与周长)
命令：

（2）查询对象的面积和周长

选择“面积”命令中的“对象”选项，按提示指定对象后，AutoCAD将在命令提示行中显示该对象的面积和边界的周长。具体操作如下：

命令：(输入“面积”命令)
输入选项［距离(D)/半径(R)/角度(A)/面积(AR)/体积(V)］＜距离＞：_area
指定第一个角点或［对象(O)/增加面积(A)/减少面积(S)/退出(X)］＜对象(O)＞：(选“对象(O)”项)
选择对象：(选择一个对象)
区域＝613.80，周长＝106.26　　(信息行——显示指定对象的面积与周长)
命令：

（3）查询多个对象或区域的面积和

要查询多个对象或区域的面积和，应选择“面积”命令中的“加”选项，按提示操作，AutoCAD将在命令提示行中依次显示它们相加后的总面积。具体操作如下：

命令：(输入“面积”命令)
输入选项［距离(D)/半径(R)/角度(A)/面积(AR)/体积(V)］＜距离＞：_area
指定第一个角点或［对象(O)/增加面积(A)/减少面积(S)/退出(X)］＜对象(O)＞：(选“增加面积(A)”项)
指定第一个角点或［对象(O)/减少面积(S)/退出(X)］：(选“对象(O)”项)
(“加”模式) 选择对象：(选择一个对象)
区域＝5011104.6192，周长＝9349.9379　(信息行——显示第1个对象的面积与周长)
总面积＝5011104.6192　　(信息行)
(“加”模式) 选择对象：(再选择一个对象)
区域＝4767135.3720，圆周长＝7739.8701(信息行——显示第2个对象的面积与周长)

总面积 = 9778239.9912　　　　　　（信息行——显示 2 个对象的面积和）
（"加"模式）选择对象：(可继续选择对象，也可按【Esc】键结束命令)
命令：

（4）查询多个对象或区域的面积差

要查询多个对象或区域的面积差，应先选择"面积"命令中的"增加面积（A）"选项，然后按提示指定被减对象或区域，结束"增加面积（A）"的对象选择后，再选择"减少面积（S）"选项，然后按提示依次指定要减去的对象或区域，AutoCAD 将在命令提示行中依次显示它们相减后的总面积。

具体操作如下：

命令：(输入"面积"命令)
输入选项［距离(D)/半径(R)/角度(A)/面积(AR)/体积(V)］<距离>：_area
指定第一个角点或［对象(O)/增加面积(A)/减少面积(S)/退出(X)］<对象(O)>：(选"增加面积(A)"项)
指定第一个角点或［对象(O)/减少面积(S)/退出(X)］：(选"对象(O)"项)——也可直接给端点指定区域
（"加"模式）选择对象：(选择一个被减的对象)
区域 = 5011104.6192，周长 = 9349.9379（信息行——显示被减对象的面积与周长）
总面积 = 5011104.6192　　　　　　——信息行
（"加"模式）选择对象：(按【Enter】键结束选择，也可继续选择被减的对象)
指定第一个角点或［对象(O)/减少面积(S)/退出(X)］：(选"减少面积(S)"项)
指定第一个角点或［对象(O)/增加面积(A)/退出(X)］：(选"对象(O)"项)——也可直接给端点指定区域
（"减"模式）选择对象：(选择一个要减去的对象)
区域 = 1509839.8171，周长 = 5201.2864（信息行——显示要减去对象的面积与周长）
总面积 = 3501266.8022　　　　　　（信息行——显示 2 个对象的面积差）
（"减"模式）选择对象：(可继续选择对象，也可按【Esc】键结束命令)
命令：

3. 查询三维对象的体积

查询图形中三维对象的体积（三维对象的绘制详见第 10 章），应操作"测量工具"工具栏上的"体积"命令，如图 9.13 所示。

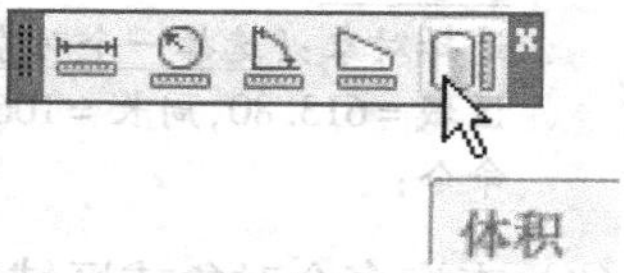

图 9.13　"测量工具"工具栏上的"体积"图标按钮

查询某个三维对象体积的操作步骤如下：

命令：(输入"体积"命令)
输入选项［距离(D)/半径(R)/角度(A)/面积(AR)/体积(V)］<距离>：_volume
指定第一个角点或［对象(O)/增加体积(A)/减去体积(S)/退出(X)］<对象(O)>：(选"对象(O)"项)
选择对象：(选择一个三维对象)
体积 = 76521565.1448　　　　　　（信息行——显示选中三维对象的体积）
输入选项［距离(D)/半径(R)/角度(A)/面积(AR)/体积(V)/退出(X)］<体积>：(按【Esc】键结束命令)
命令：

说明：查询三维对象的体积和或体积差，方法与查询三维对象的面积的类似。

4. 查询图形文件的属性

在现代化的生产管理中，为了科学地管理图形文件，用计算机绘制的工程图一般都要定义图形属性。在管理或绘图中有时需要查询某图形文件的图形属性，查询图形属性的方法是：从菜单栏选取“文件” ⇨“图形特性”，输入命令后，AutoCAD 将弹出已定义过的“图形属性”对话框（如图 9. 14 所示），可从中查询该图形文件的图形属性，并可以进行修改。

5. 查询图形文件的绘图时间

在绘制工程图中，有时需要了解某图形文件的创建时间、修订时间、累计编辑时间和当前时间等。AutoCAD 的计时器功能在默认状态下是开启的，查询绘图时间的方法是：从菜单栏选取“工具” ⇨“查询” ⇨“时间”，输入命令后，AutoCAD 将弹出显示绘图时间的“文本窗口”，如图 9. 15 所示。

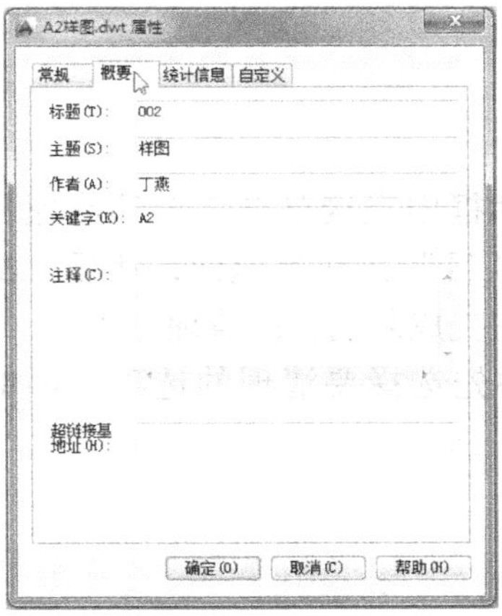

图 9. 14 已定义的显示“概要”选项卡的“图形属性”对话框

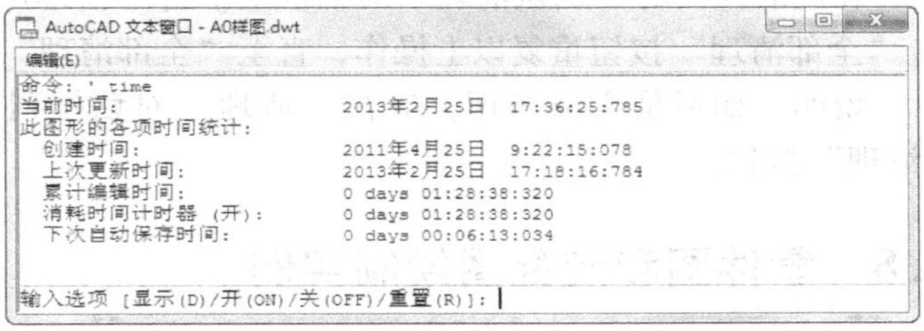

图 9. 15 显示绘图时间的“文本窗口”

显示绘图时间的“文本窗口”列表中“上次更新时间”指的是最近一次保存绘图的时间和日期；“累计编辑时间”指的是花费在绘图上的累计时间，但不包括修改了但没保存的时间和输出图的时间；“消耗时间计时器”指的也是花费在绘图上的累计时间，但可以打开、关闭或重新设置。

在该“文本窗口”下边的命令行输入“R”，可将计时器重新设置为零，输入“D”可重新显示绘图时间状态，输入“ON”或“OFF”可打开或关闭计时器。

9. 7 清理图形文件

用“清理”（PURGE）命令可对图形文件进行处理，去掉多余的图层、线型、标注样式、文字样式和图块等。每张工程图绘制完成后，都应使用该命令清理图形文件，以缩小图形文件占用磁盘的空间。

具体操作如下：

从菜单栏选取“文件” ⇨“图形实用工具” ⇨“清理”（或从键盘键入PURGE），输入命令后，AutoCAD 将弹出“清理”对话框，如图 9. 16 所示。

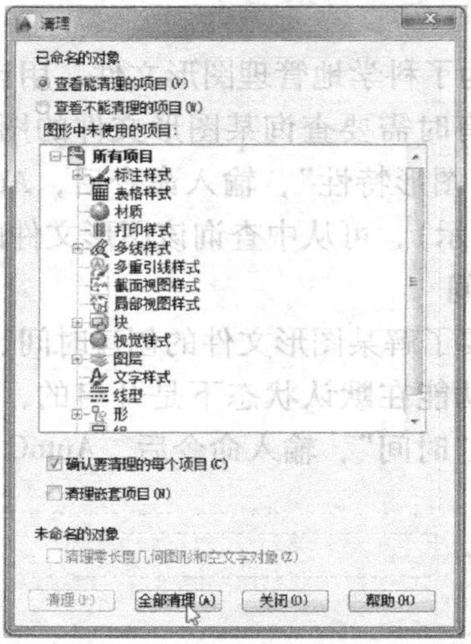

图 9.16 “清理”对话框

如果是全部绘制完成后操作该命令，应在“清理”对话框中直接单击“全部清理”按钮，在随后弹出的“确认清理”对话框中单击“清理所有项目”按钮后返回，然后再次单击“全部清理”按钮重复以上操作，直至“全部清理”按钮变成灰色，即清理完毕。

说明：如不是全部清理，应在“清理”对话框列表中先选择要清理的选项，再单击“清理”按钮。

9.8 零件图和装配图绘制实例

本节举例介绍在 AutoCAD 中绘制零件图和装配图（机械专业图）的思路。

【例 9.1】绘制图 9.17、图 9.18、图 9.19、图 9.20 所示的“G1/2″阀”的零件图和装配图。

要求：阀体零件图——用 A3 图幅，1:1 绘制；

阀杆零件图——用 A4 图幅，1:1 绘制；

填料压盖零件图——用 A4 图幅，1:1 绘制；

装配图——用 A3 图幅，比例 1:1，以零件图为基础绘制。

码 9.1 识读“G1/2″阀”

1. 识读“G1/2″阀”

绘图前应先读懂图。先识读零件图，分别想象出各零件的空间形状；再识读装配图，按零件逐一分析，想象出“G1/2″阀”装配体的空间形状（扫二维码 9.1 看视频）。

2. 绘制零件图的思路

绘制零件图是前面所学内容的综合应用。下面以绘制“阀体”零件图为例讲述绘制零件图的思路。

① 新建与保存图。

用“新建”图标按钮选“A3 样图 . dwt”新建一张图；用“保存”图标按钮指定路径保存该图，图名为“阀体零件图”。

② 填写标题栏。

设“文字”图层为当前图层，填写标题栏。

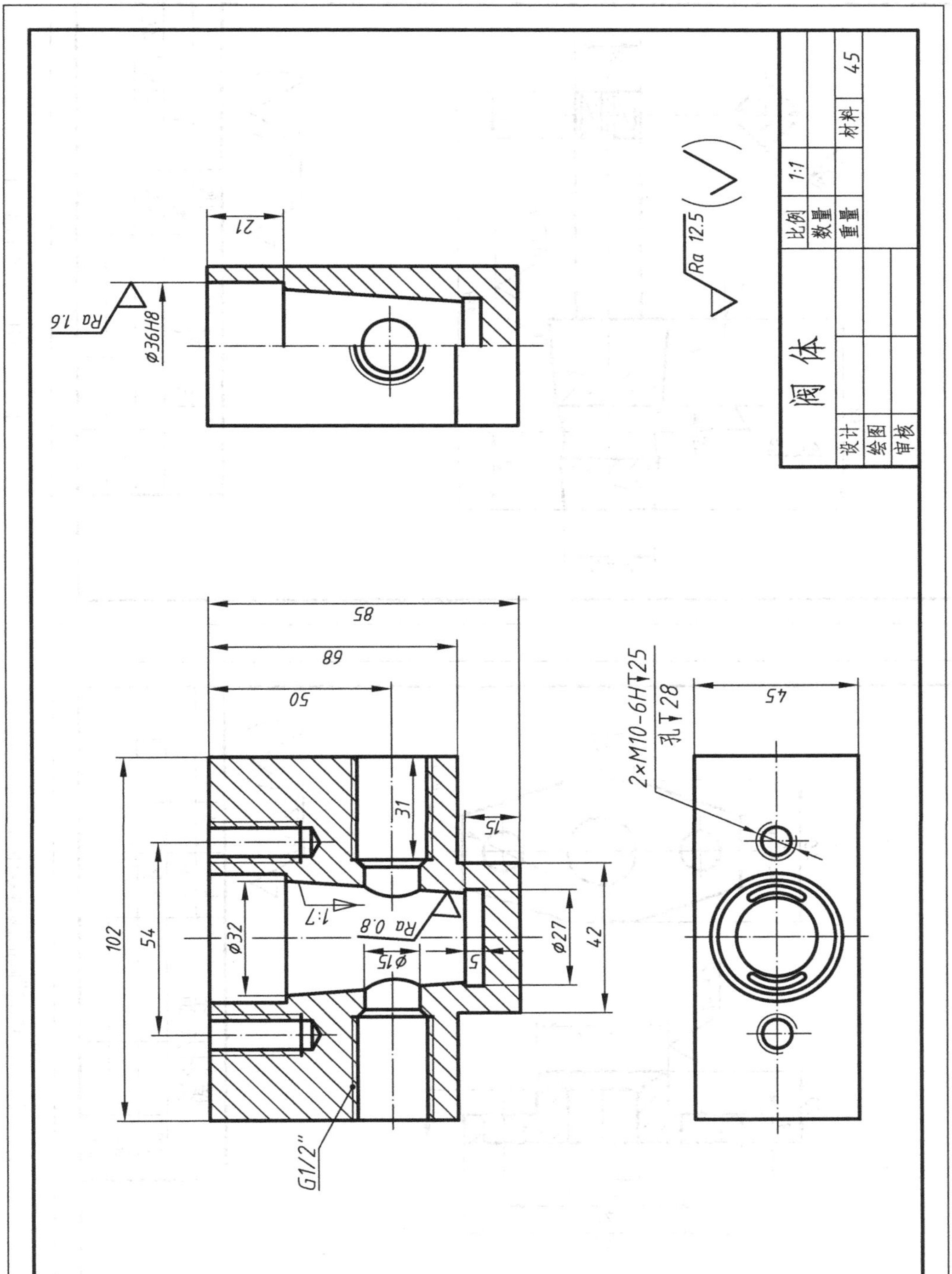

图9.17 G1/2"阀的阀体零件图

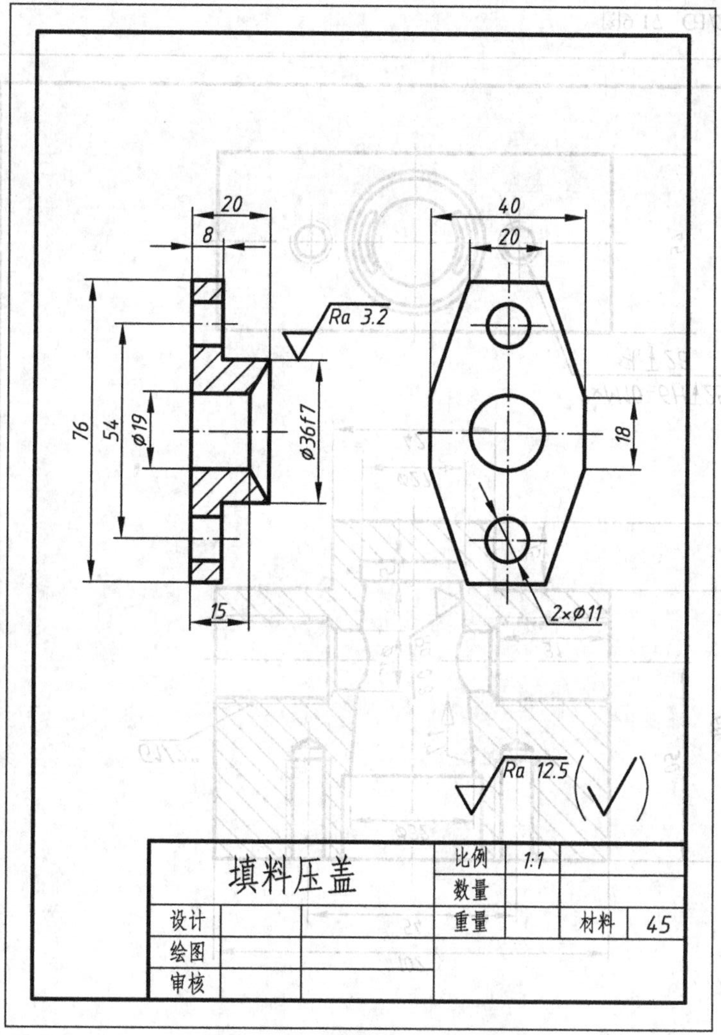

图9.19　G1/2″阀的阀体零件图

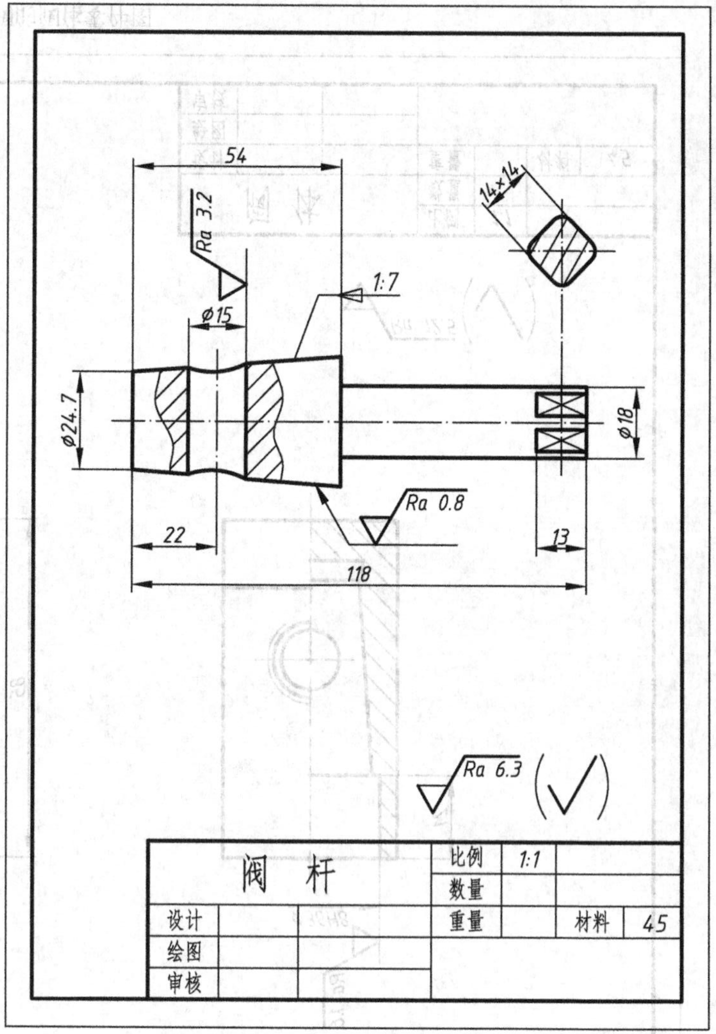

图9.18　G1/2″阀的阀体零件图

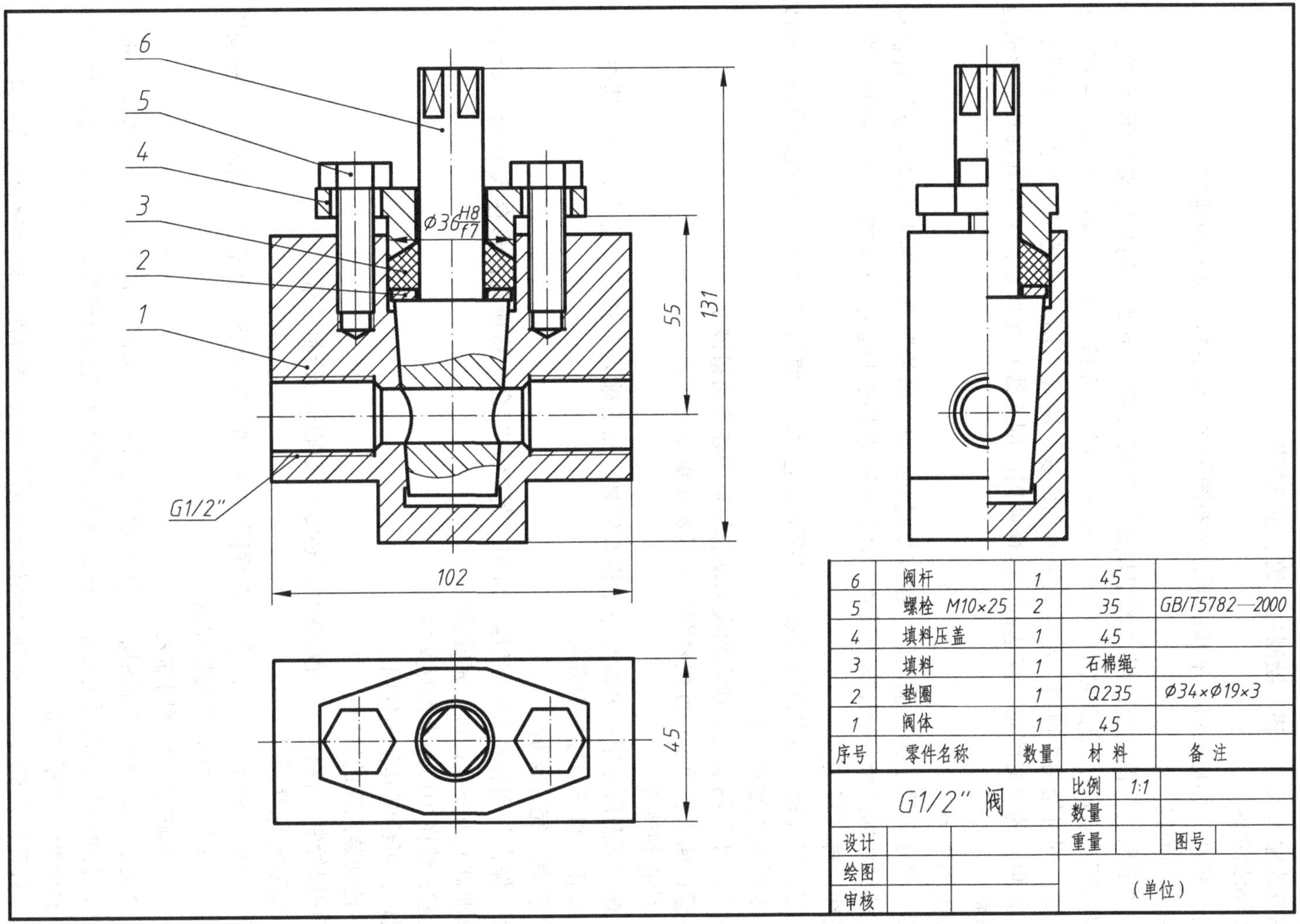

序号	零件名称	数量	材料	备注
6	阀杆	1	45	
5	螺栓 M10×25	2	35	GB/T5782—2000
4	填料压盖	1	45	
3	填料	1	石棉绳	
2	垫圈	1	Q235	Φ34×Φ19×3
1	阀体	1	45	

G1/2" 阀		比例	1:1		
		数量			
设计		重量		图号	
绘图		（单位）			
审核					

图9.20　G1/2″阀的装配图

③ 画视图。

先绘制所有点画线，然后在相应的图层上，用相关的绘图命令和编辑命令，以适当的精确绘图方式输入尺寸，逐一绘制主、俯、左三视图。

④ 均匀布图。

用“移动”图标按钮平移图形，使布图匀称并留足标注尺寸的地方。

⑤ 画剖面线。

在“剖面线”图层上，用“图案填充”图标按钮中的“用户定义”类型画出图中“金属材料”剖面线，剖面线的“间距”输入“4”，“角度”输入“45”度或“-45”度。

注意：同时绘制主视图、左视图中的剖面线，应在“图案填充和渐变色”对话框中选中“创建独立的图案填充”复选框，这样两图的剖面线相互独立，不影响移动图形或进行其他编辑。

⑥ 标注尺寸。

换“尺寸”图层为当前图层。在该图层上：用“直线”和“圆引出与角度”标注样式及相关的尺寸标注命令标注图中尺寸。对于主视图中的几处引出标注的尺寸，可用绘图命令单独画线，再注写文字。

注意：尺寸标注错误或尺寸数字位置不合适时，应使用相应的标注修改命令进行修改。

⑦ 标注表面粗糙度代号。

在“尺寸”图层上，插入相应的动态块标注各表面粗糙度。

注意：插入表面粗糙度代号图块时不要改变其大小。

⑧ 检查和清理。

检查所画图形并用有关修改命令修改错处，然后输入“清理”命令，单击其中“全部清理”按钮，直至该按钮变成灰色。

⑨ 存盘、完成绘制。

用“保存”图标按钮存盘，再用“另存为”命令将所画图形存入U盘（USB闪存盘）或硬盘上另一处备份，完成绘制。

注意：绘图中应经常保存文件。

同理，可绘制其他零件图。

3. 绘制装配图的思路

下面以绘制“阀体”装配图为例讲述零件装配图的绘制思路。

① 新建与保存图。

用“新建”图标按钮，选“A3样图.dwt”新建一张图，然后用“保存”图标按钮保存该图，图名为“G1/2″阀装配图”。

② 填写标题栏、绘制明细表。

设“文字”图层为当前图层，填写标题栏；插入“装配图明细表行”属性块（也可直接绘制），其他明细表行可用复制的方法画出（明细表的内容要在编制零件序号后确定）。

③ 打开相关的零件图。

用“打开”图标按钮打开“阀体零件图”“阀杆零件图”和“填料压盖零件图”，并关闭它们的“尺寸”图层。

④ 复制、粘贴零件图中的相关内容。

将“阀体零件图”切换为当前图，用“复制”图标按钮将“阀体”三视图复制到剪贴板。

将“G1/2″阀装配图”切换为当前图，用“粘贴”图标按钮将“阀体”三视图粘贴到装配图中。

同理，将“阀杆零件图”和“填料压盖零件图”中所需的图形部分，分别复制到剪贴板并粘贴到“G1/2″阀装配图”中。

注意：因为粘贴时插入点不能自定，所以执行“粘贴”命令时可将其先粘贴到图幅线外，粘贴后，如需要确定插入的位置，应先执行“旋转”图标按钮将视图旋转至与装配图对应的位置，然后再执行“移动”图标按钮将视图移动到准确的位置。

⑤ 完成视图绘制。

粘贴的各视图定位后，用“修剪”图标按钮修剪掉多余的图线，并根据零件图补画出它们在装配图中缺少的图形部分；然后根据“G1/2″阀装配图”明细表中注写的垫圈尺寸画出垫圈；再根据明细表中注写的螺栓标记，按规定画法画出螺栓，并用“修剪”图标按钮修剪掉多余的图线。

注意：阀体主视图中螺栓孔应修正为螺栓连接图的简化画法。

⑥ 标注尺寸。

在“尺寸”图层上，设相应标注样式为当前，标注装配图的尺寸。

⑦ 绘制零件序号。

在“文字”图层上，先画所有横线，再画各引线和引线末端的小圆点，最后注写编号。

⑧ 填写明细表。

分别双击各明细表行属性块，修改填写明细表（若是直接绘制的明细表，应先填写一行文字，再用复制、修改的方法填写出其他行的文字）。

⑨ 布图和清理。

用“移动”图标按钮平移图形，使布图匀称。然后输入“清理”命令，单击其中“全部清理”按钮，直至该按钮变成灰色。

⑩ 检查、存盘、完成绘制。

检查修正后，用“保存”图标按钮存盘（绘图中应经常保存），再用“另存为”命令将所绘图形存入U盘或硬盘上另一处备份，完成装配图的绘制。

上机练习与指导

练习1：创建样图。

练习1指导：

按9.3节所述的样图内容，用“选择样板”对话框中的“acadiso.dwt”样板创建“A3样图”，在此基础上创建A1、A2、A4图幅的系列样图，并将样图存入移动盘中备份。

练习2：按9.8节所述，绘制“G1/2″阀”的零件图和装配图。

练习2指导：

先读懂图（扫二维码9.1看视频），再逐一绘制零件图，然后由零件图拼绘出装配图。

练习3： 用A2图幅、1∶1的比例，绘制图9.21所示的摇杆零件图。

练习3指导：

（1）读图。

绘制零件图，首先要进行形体分析，分部分、弄清零件的空间形状（扫二维码9.2看视频）。

码9.2 “摇杆”的形体分析

（2）创建图。

用“A2样图.dwt”新建一张图；保存图形，图名为“摇杆零件图”。

（3）绘制图形。

绘制每一个视图都应先画图中主要的点画线，可按主视图、俯视图、A—A、移出断面图的顺序逐一绘制。绘制每一视图都应按形体逐部分绘制。

注意：主视图中支板的斜线是分别对称的。

（4）绘制剖面线。

注意：A—A剖视图与移出断面中的剖面线与水平线的夹角应为30°，但各视图中剖面线的间距应相同。

（5）标注剖视图。

插入或绘制剖切符号，并注写其编号和剖视图名称。

（6）创建有公差尺寸的标注样式。

图9.21中3个有公差的尺寸各不相同，应分别以“直线”和“圆引出与角度”标注样式为基础逐一创建3个对应的标注样式。

（7）标注尺寸。

在“尺寸”图层上，设相应的标注样式为当前，标注图中尺寸。

（8）标注表面粗糙度代号。

插入相应的表面粗糙度代号，注出各处的表面粗糙度。

注意：插入表面粗糙度代号图块时不要改变其大小。

（9）注写“技术要求”。

（10）检查、修正、均匀布图，存盘完成作图。

注意：绘图中应经常保存文件。

练习4： 千斤顶装配示意图如图9.22所示。分别绘制图9.23～图9.27所示“千斤顶”的5个零件图，并根据装配示意图，以零件图为基础绘制装配图。

练习4指导：

识读零件图分别想象出各零件的空间形状；再识读装配示意图，想象出“千斤顶”装配体的空间形状（扫二维码9.3看视频）。

可参照下列图幅和比例绘制“千斤顶”的零件图和装配图（也可自定）。

要求：底座零件图——比例1∶2，图幅A4；

螺杆零件图——比例1∶1，图幅A3；

螺套零件图——比例1∶1，图幅A3；

铰杆零件图——比例1∶1，图幅A4；

顶垫零件图——比例2∶1，图幅A4；

千斤顶装配图——比例1∶1，根据所选表达方案自定图幅。

码9.3 识读“千斤顶”

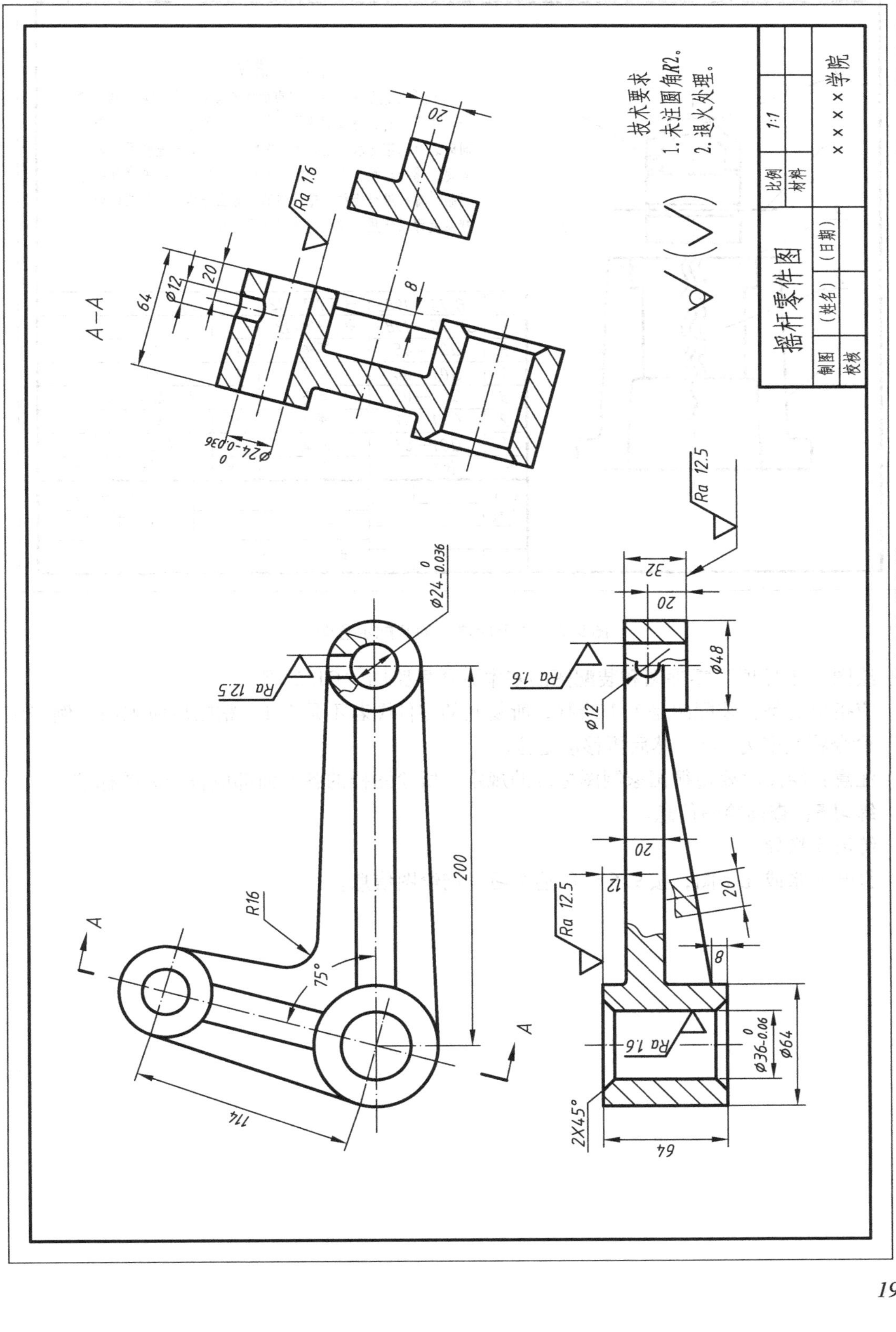

图9.21　绘制摇杆零件图

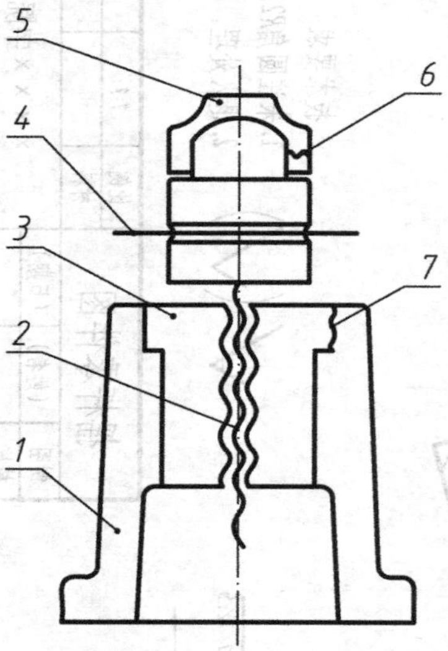

千斤顶说明

该千斤顶是一种手动起重的支承装置。扳动铰杆传动螺杆，由于螺杆、螺套间的螺纹作用，可使螺杆上升或下降，同时进行起重支承。底座上装有螺套，螺套与底座间由螺钉固定。螺杆与螺套由方牙螺纹传动，螺杆头部孔中穿有铰杆，可扳动螺杆进行传动，螺杆顶部的球面结构与顶垫的内球面接触起浮动作用，螺杆与顶垫之间有螺钉限位。

序号	代号	名称	数量	材料	备注
7	GB 73—1985	螺钉 M10×12	1		
6	GB 75—1985	螺钉 M8×12	1		
5	Q01—05	顶垫	1	Q275	
4	Q01—04	铰杆	1	35	
3	Q01—03	螺套	1	ZCuAl10Fe3	
2	Q01—02	螺杆	1	45	
1	Q01—01	底座	1	HT200	

设计				（单位名称）
审核			比例 1:1	千 斤 顶
			共 张 第 张	Q01

图 9.22 “千斤顶”的装配示意图

绘图“千斤顶”零件图和装配图的基本方法思路同“G1/2″阀”。

应指出的是：装配图是 1∶1 绘制，所复制的零件图若不是 1∶1，粘贴后应先用比例“缩放”命令将其变为 1∶1，然后再移动定位。

注意：绘图时要遵循国家制图标准的规定，所绘图样的各方面都应符合制图标准。

练习 5：查询绘图信息。

练习 5 指导：

打开一张或几张图，按 9.6 节所述练习查询绘图信息。

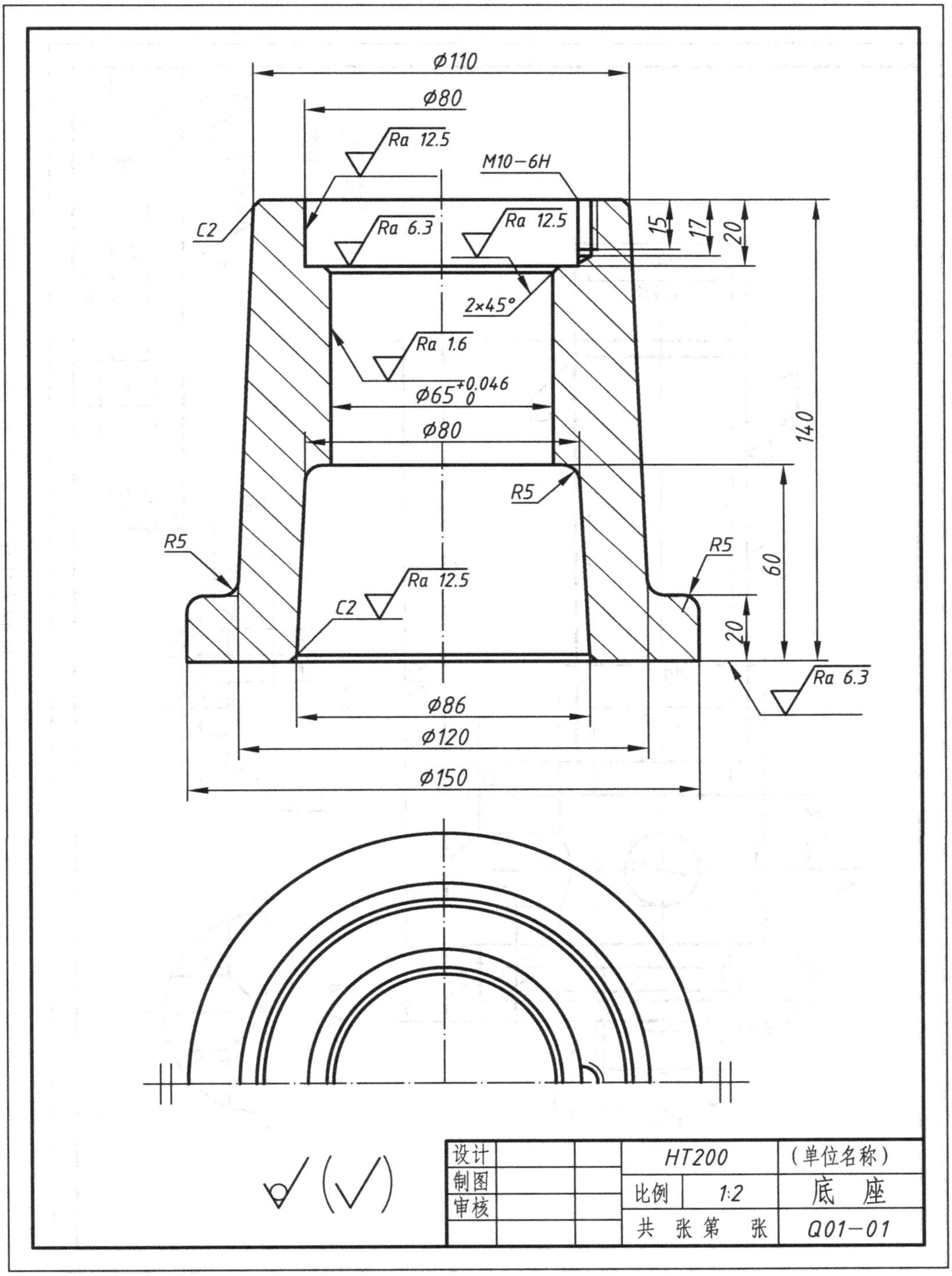

图 9.23　千斤顶的底座零件图

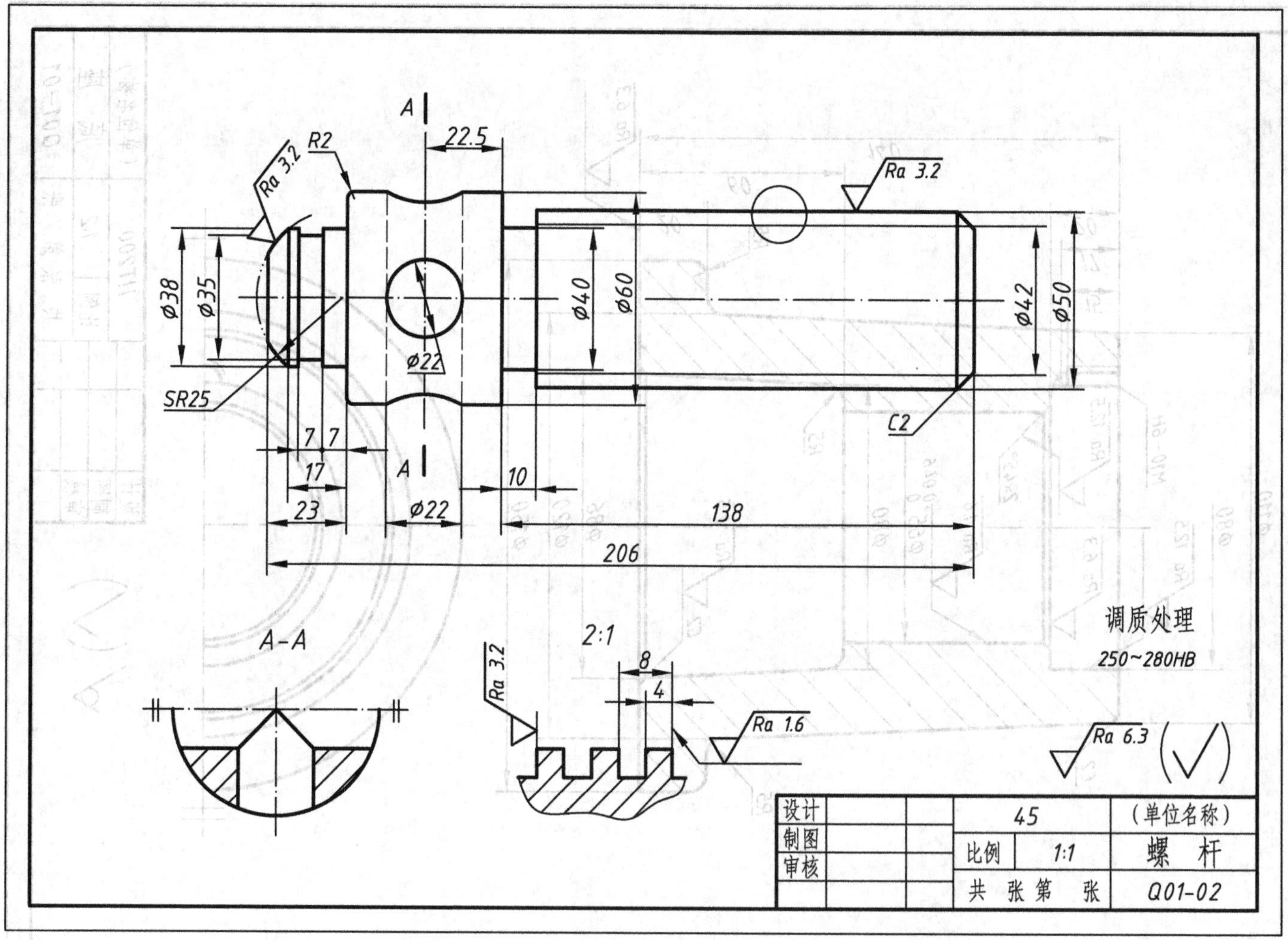

图9.24　千斤顶的螺杆零件图

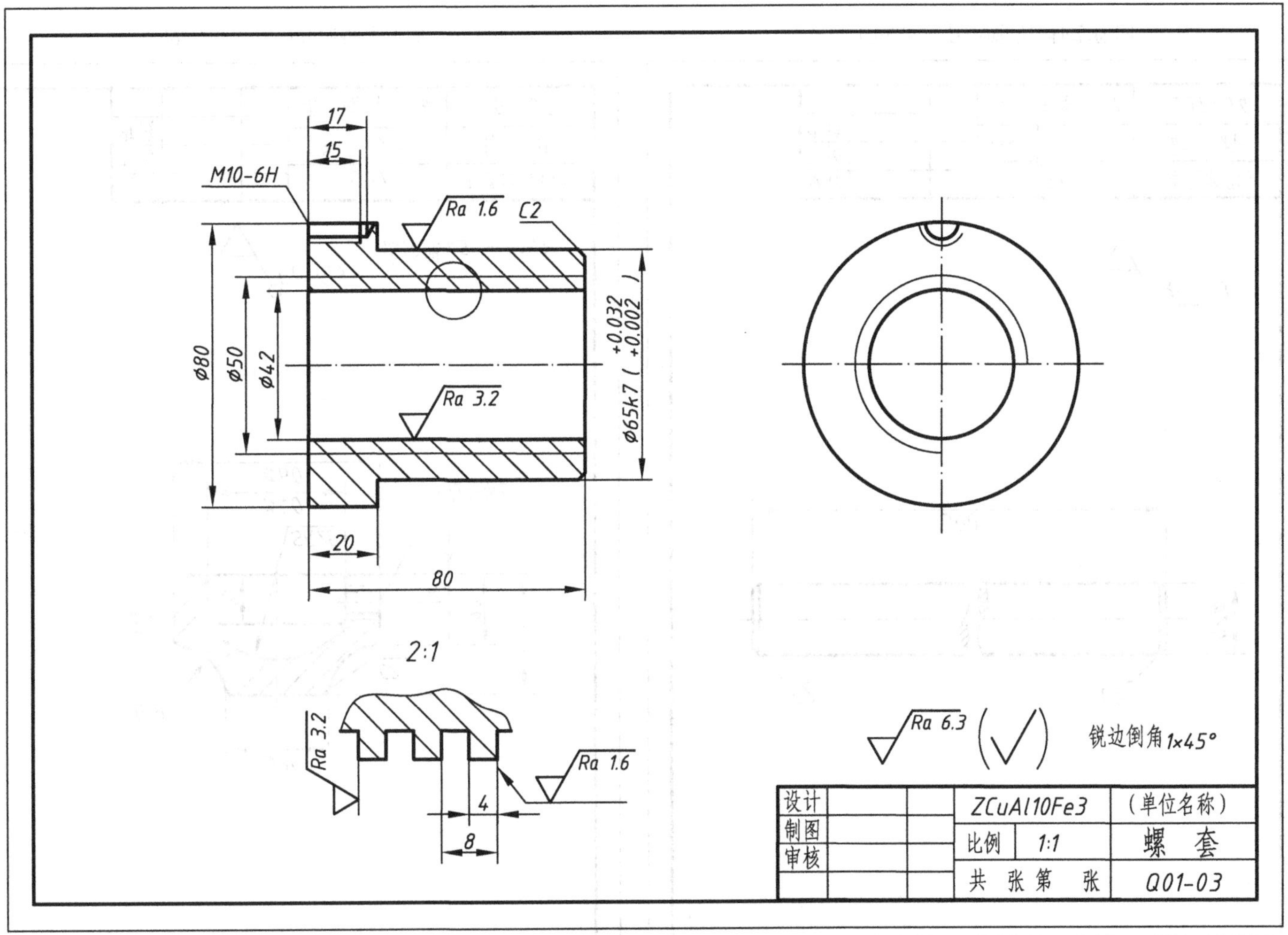

图9.25 千斤顶的螺套零件图

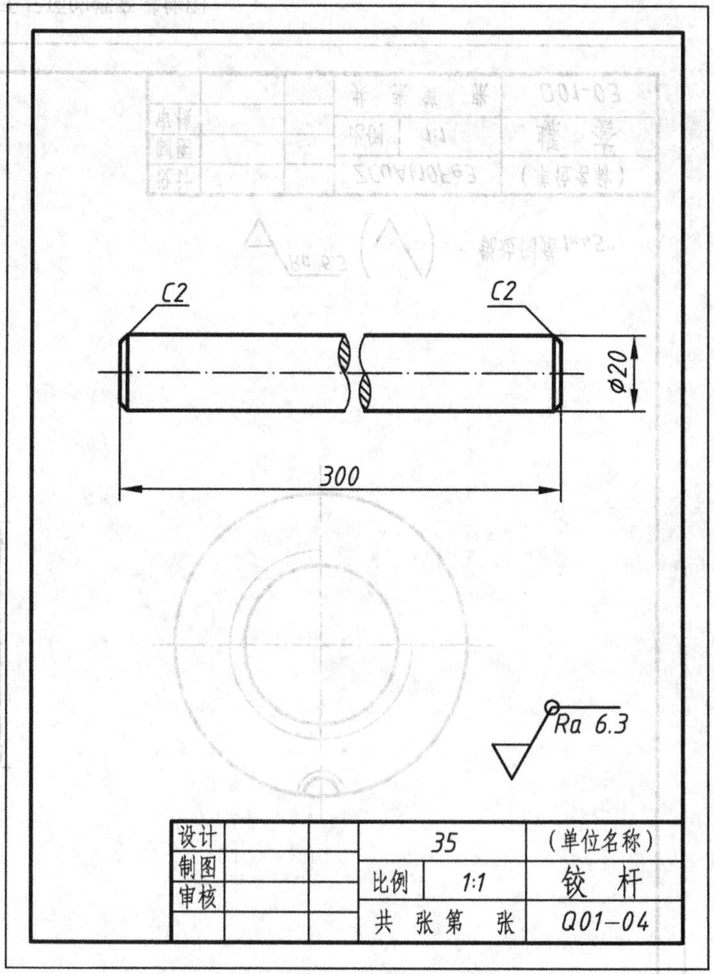

图9.26 千斤顶的铰杆零件图

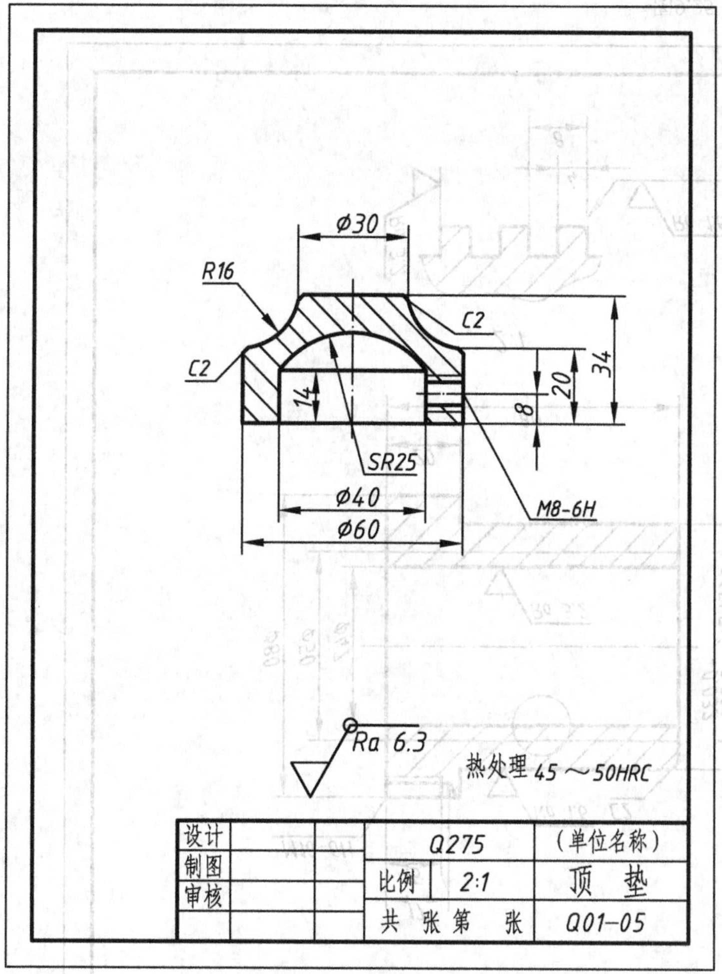

图9.27 千斤顶的顶垫零件图

第10章 三维实体的创建

三维实体相当于模型。在 AutoCAD 中可以按尺寸精确创建三维实体，可以用多种方法进行三维建模，并可方便地编辑和动态地观察三维实体。本章按照绘制工程实体的思路，循序渐进地介绍创建三维实体的方法和技巧。

10.1 三维建模工作界面

在 AutoCAD 中创建三维实体，应熟悉三维建模工作界面，并按需要进行设置。

10.1.1 进入 AutoCAD 三维建模工作空间

要从二维绘图工作空间转换到 AutoCAD 的三维建模工作空间，可在工作界面上方的“工作空间”下拉列表中选择“三维基础”或“三维建模”选项，如图 10.1 所示。

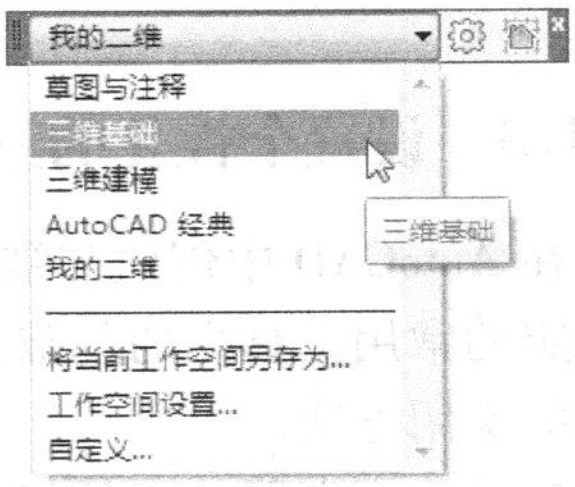

图 10.1 “工作空间”工具栏

选择“三维基础”或“三维建模”项后，AutoCAD 将显示“三维基础”或“三维建模”工作界面。图 10.2 所示是“三维基础”工作界面。

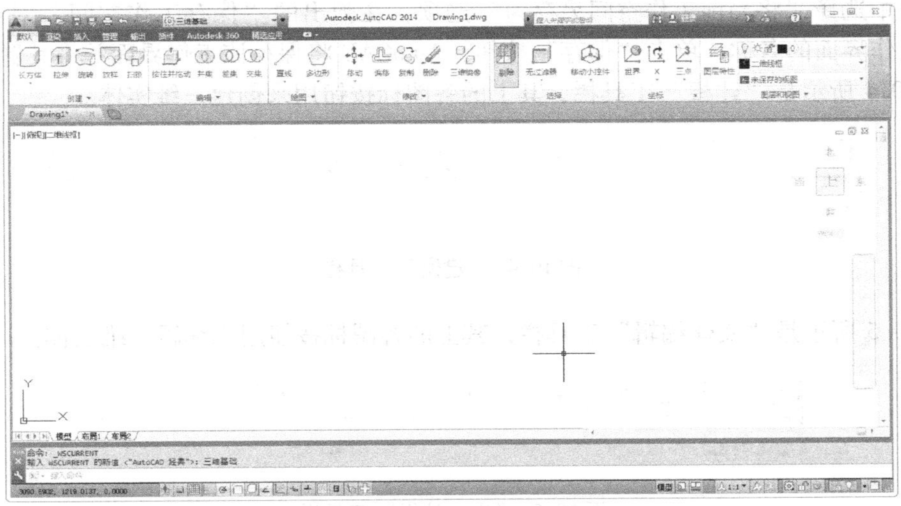

图 10.2 AutoCAD 的“三维基础”工作界面

10.1.2 认识 AutoCAD 三维建模工作界面

AutoCAD“三维建模”工作界面显示各种三维建模相关的选项卡(“常用”“实体”

“曲面”“网络”“渲染”“参数化”“插入”“注释”“视图”“管理”“输出”“插件”“联机”），单击某选项卡将在功能区中显示相应的工具栏，功能区也是布置在绘图区的上部。

AutoCAD 三维建模工作界面的功能区具有自动隐藏功能，单击选项卡标签右侧的图标按钮即可在“最小化为选项卡”“最小化为面板标题”“最小化为面板按钮”之间进行切换。

在默认状态下，“三维基础”工作界面功能区中显示的是“常用”选项卡对应的内容，包括“创建”“编辑”“绘图”“修改”“选择”“坐标”“图层和视图”7 个工具栏，如图 10.3 所示。

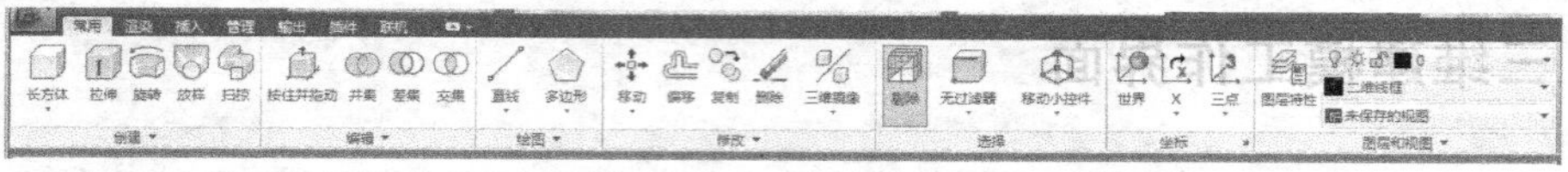

图 10.3 “三维基础”工作界面中显示“常用”选项卡的功能区

10.1.3 设置个性化的三维建模工作界面

在 AutoCAD 中创建三维实体，可设置适合自己的三维建模工作界面。在二维工作界面已设定的常用工具栏的基础上，增加一些常用的三维建模工具栏是设置个性化三维建模工作界面的实用方法。

三维建模常用的工具栏有：“建模”“实体编辑”“视图”“视觉样式”“动态观察”“视口”6 个工具栏，将它们调出后可放置在界面的适当位置，然后在“工作空间”工具栏下拉列表中选择“将当前工作空间另存为”选项，在弹出的“保存工作空间”对话框中输入新建工作界面的名称，单击“保存”按钮，AutoCAD 将保存该工作界面并将其置为当前。

图 10.4 所示是“建模”工具栏，其上的各图标按钮用来创建三维实体。

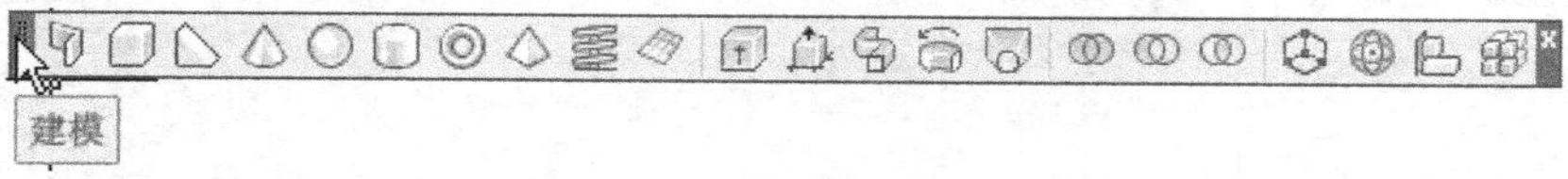

图 10.4 “建模”工具栏

图 10.5 所示是“实体编辑”工具栏，其上的各图标按钮用来编辑三维实体。

图 10.5 “实体编辑”工具栏

图 10.6 所示是“视图”工具栏，其上各图标按钮用来设置创建三维实体的视图状态，具体名称为“俯视”“仰视”“前视”（即主视）“后视”“左视”“右视”“西南等轴测”“东南等轴测”“东北等轴测”和“西北等轴测”，共 10 种视图状态。

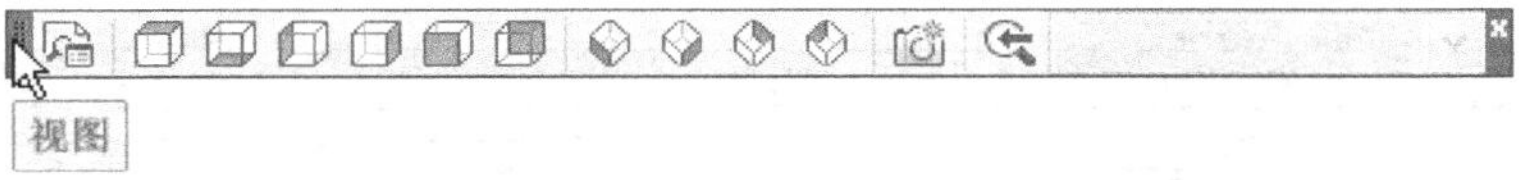

图 10.6 “视图”工具栏

提示：绘图区左上角视口控件“[俯视]”显示当前的视图状态（图 10.2），单击“[俯视]”，AutoCAD 将显示下拉菜单，从该下拉菜单中设置显示三维实体的视图状态也非常方便。若习惯用视口控件设置，就不需要弹出“视图”工具栏。

图 10.7 所示是“视觉样式”工具栏，其上各用来设置显示三维实体的视觉样式（即显示效果），各名称为“二维线框”“三维隐藏”“三维线框”“概念”和“真实”，共 5 种视觉样式。

提示：绘图区左上角视口控件“[二维线框]”显示当前的视觉样式（图 10.2），单击“[二维线框]”，AutoCAD 将显示下拉菜单，从该下拉菜单中设置显示三维实体的视觉样式也非常方便。AutoCAD 在此又增加了“着色”“带边缘着色”“灰度”“勾画”“X 射线”等几种视觉样式。若习惯用视口控件设置，就不需要弹出“视觉样式”工具栏。

图 10.8 所示是“动态观察”工具栏，其上各图标按钮用来设置观察三维实体的方式：“受约束的动态观察”“自由动态观察”“连续动态观察”3 种观察方式。

图 10.9 所示是“视口”工具栏，其上各图标按钮用来设置和切换视口。

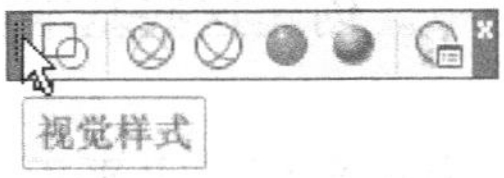

图 10.7 “视觉样式”工具栏

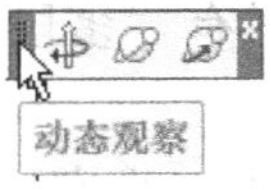

图 10.8 “动态观察”工具栏

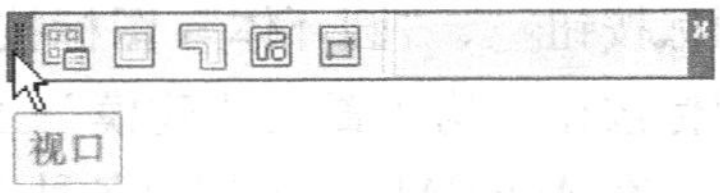

图 10.9 “视口”工具栏

说明：创建三维实体过程中，经常要根据需要改变视图环境和视觉样式。图 10.10 所示是自创的三维建模工作界面，其显示的是“西南等轴测”三维视图状态和“真实”视觉样式。

提示：创建工程三维实体过程中，一般是先将视觉样式设置为“二维线框”或“三维线框”，创建完成后或需要时再选“真实”或“带边缘着色”视觉样式显示三维实体。需要透明状显示三维实体时，可选“X 射线”视觉样式。

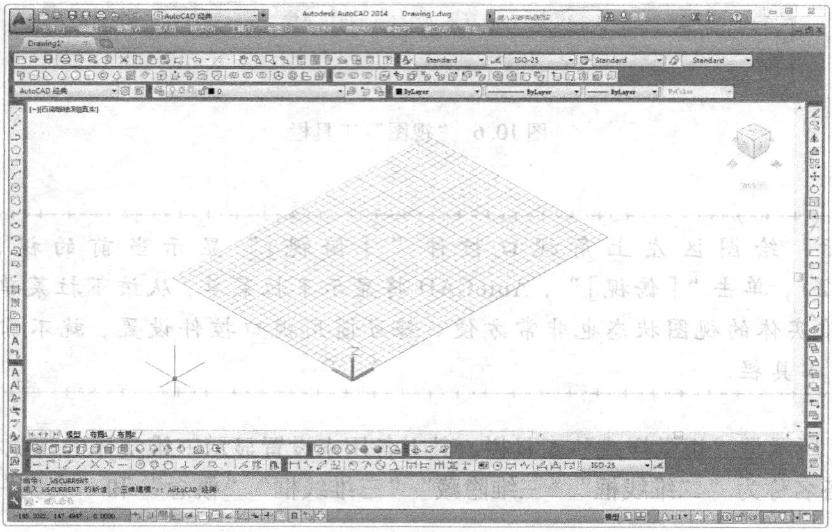

图 10.10 显示自创的三维“真实”视觉样式的三维建模工作界面

10.2 创建基本三维实体

AutoCAD 提供了多种三维建模（即创建基本三维实体）的方法，可根据绘图的已知条件，选择适当的建模方式。创建三维实体和二维平面图形一样，可综合应用按尺寸绘图的各种方式。

10.2.1 用实体命令创建基本体的三维实体

AutoCAD 提供的基本实体包括：“圆柱体”图标按钮、“圆锥体”图标按钮、“球体”图标按钮、“长方体”图标按钮、“棱锥体”图标按钮、“楔体（三棱柱体）”图标按钮、“圆环体”图标按钮，另有“多段体”图标按钮。创建这些基本实体的图标按钮，均布置在“建模”工具栏中。

在 AutoCAD 中可创建各种方位的基本三维实体。基本体底面为正平面、水平面、侧平面，是工程形体中常用的位置。

1. 创建底面为水平面的基本体

以创建底面为水平面的圆柱为例。其具体操作步骤如下：

① 新建一张图。用“新建”命令新建一张图。

② 设置三维绘图环境。

- 用“选项”对话框修改常用的几项系统配置；
- 在状态栏中设置所需的辅助绘图工具模式，包括 3DOSNAP（“三维对象捕捉”）模式；
- 创建所需的图层并赋予适当的颜色和线宽；
- 按 10.1.3 小节所述设置自己的三维建模工作界面。

③ 设置视图状态。

在视口控件或“视图”工具栏上，先选择反映底面实形的视图——“俯视”项，然后再选择“西南等轴测”项。AutoCAD 将显示水平面方位的工作平面（UCS 的 *XY* 平面为水平面）。

④ 输入实体命令。单击“建模”工具栏上的“圆柱体”图标按钮。

⑤ 进行三维建模。按提示依次指定：底面的圆心位置⇨半径（或直径）⇨圆柱高度，效果如图 10.11 所示。

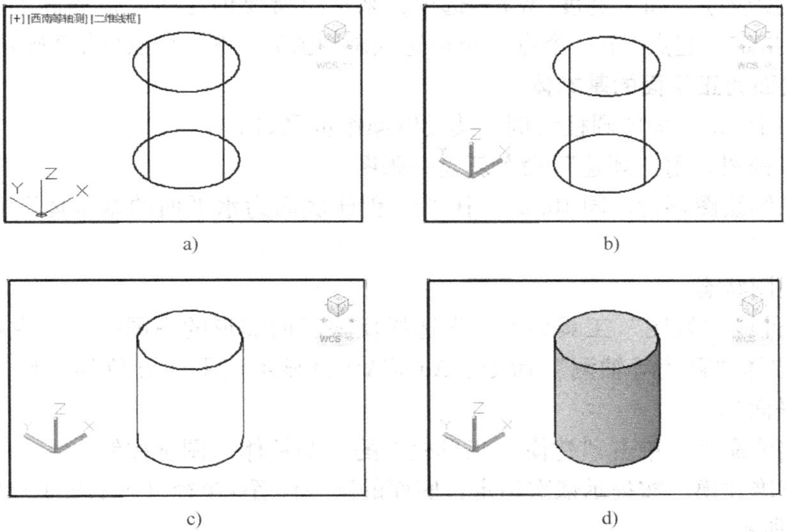

a)　　b)　　c)　　d)

图 10.11　底面为水平面圆柱的三维建模的效果

a)“二维线框”视觉样式　b)“三维线框”视觉样式　c)“三维隐藏”视觉样式　d)“概念”视觉样式

同理，可创建其他底面为水平面的基本实体，效果如图 10.12 所示。

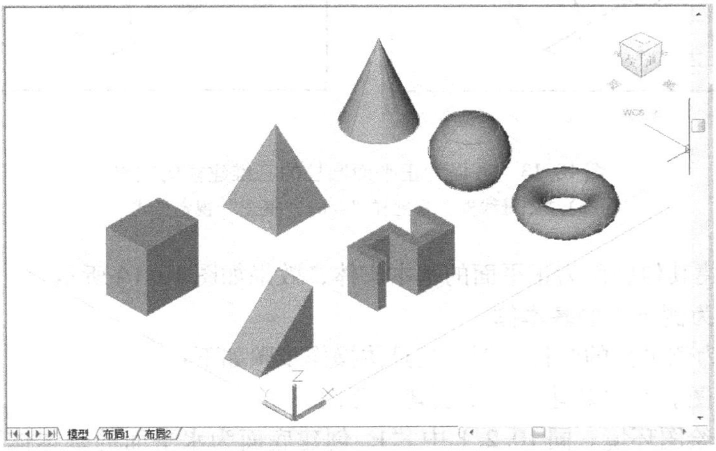

图 10.12　底面为水平面基本实体的“真实”视觉样式的显示效果

说明：

① 创建棱锥和棱台时，应操作“棱锥体”图标按钮，输入命令后 AutoCAD 命令提示行首先提示：“指定底面的中心点或[边(E)/侧面(S)]:”，若要创建四棱锥以外的其他棱锥体，应在该提示行中选择“侧面（S）”项，来指定棱锥体的底面边数，然后再按提示依次

指定：底面的中心点⇨底面的半径⇨棱锥的高度（选“顶面半径”项可创建棱台）。若在提示行中选择“边（E）”选项，可指定底面边长创建底面。

② 创建多段体时，应操作“多段体”图标按钮，输入命令后 AutoCAD 命令提示行首先提示：“指定起点或［对象(O)/高度(H)/宽度(W)/对正(J)］＜对象＞:”，应在该提示行中选择“高度(H)”和“宽度(W)”选项，来指定所要创建多段体的高度和厚度，然后再按提示依次指定：起点⇨下一个点（也可选项画圆弧）⇨下一个点⇨直至确定结束命令。

2. 创建底面为正平面的基本体

以创建底面为正平面的圆柱为例。其具体操作步骤如下：

① 新建一张图。用“新建”命令新建一张图。

② 设置三维绘图环境。同 10.2.1 中“1. 创建底面为水平面的基本体”设置三维绘图环境。

③ 设置视图状态。

在视口控件或“视图”工具栏上，先选择反映底面实形的视图——“主视”（即前视项），然后再选择“西南等轴测”命令。AutoCAD 将显示正平面方位的工作平面（UCS 的 *XY* 平面为正平面）。

④ 输入实体命令。单击“建模”工具栏上的“圆柱体”图标按钮。

⑤ 进行三维建模。按提示依次指定：底面的圆心位置⇨半径（或直径）⇨圆柱高度，效果如图 10.13 所示。

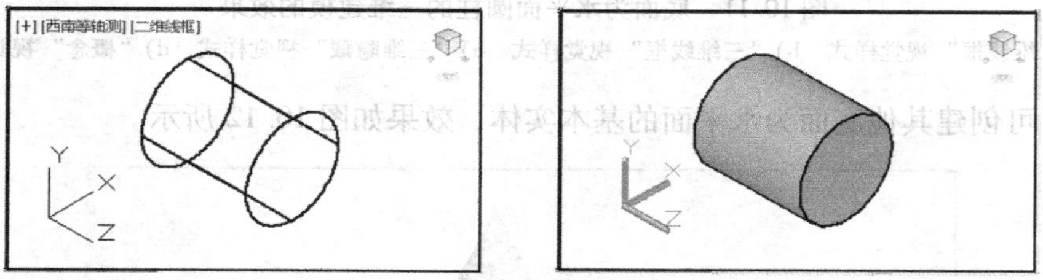

a)　　b)

图 10.13　底面为正平面圆柱的三维建模的效果

a）“二维线框”视觉样式　b）“概念”视觉样式

同理，可创建其他底面为正平面的基本实体，效果如图 10.14 所示。

3. 创建底面为侧平面的基本体

以创建底面为侧平面的圆柱为例。其具体操作步骤如下：

① 新建一张图。用“新建”命令新建一张图。

② 设置三维绘图环境。同 10.2.1 中“1. 创建底面为水平面的基本体”上设置三维绘图环境。

③ 设置视图状态。

在视口控件或“视图”工具栏上，先选择反映底面实形的视图——“左视”项，然后再选择“西南等轴测”项。AutoCAD 将显示侧平面方位的工作平面（UCS 的 *XY* 平面为侧平面）。

④ 输入实体命令。单击“建模”工具栏上的“圆柱体”图标按钮。

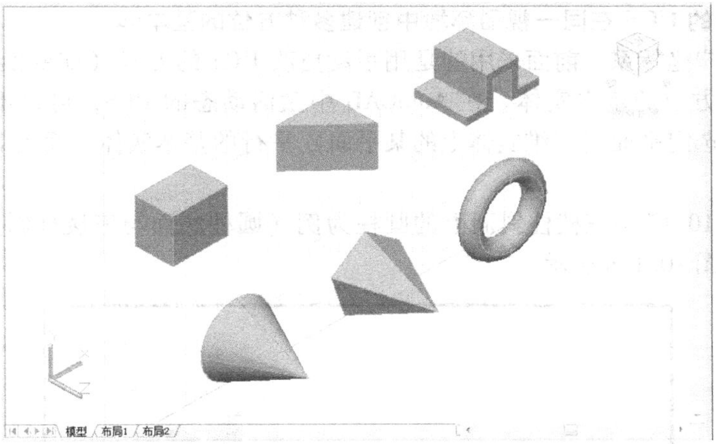

图 10.14　底面为正平面基本实体的“真实”视觉样式的显示效果

⑤ 进行三维建模。按提示依次指定：底面的圆心位置⇨半径（或直径）⇨圆柱高度，效果如图 10.15 所示。

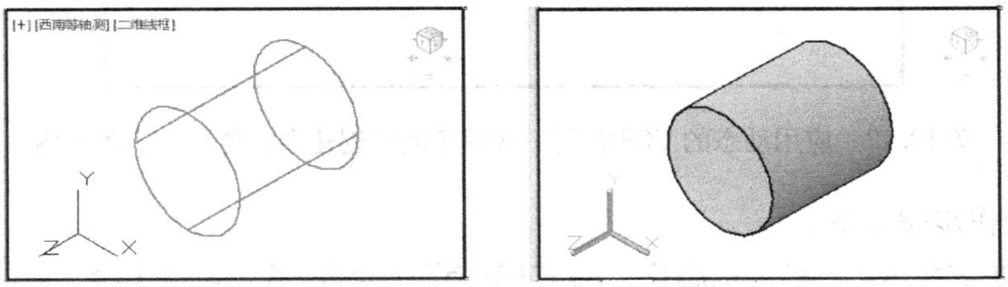

a)　　　　　　　　　　b)

图 10.15　底面为侧平面圆柱的三维建模的效果

a）“二维线框”视觉样式　b）“概念”视觉样式

同理，可创建其他底面为侧平面的基本实体，效果如图 10.16 所示。

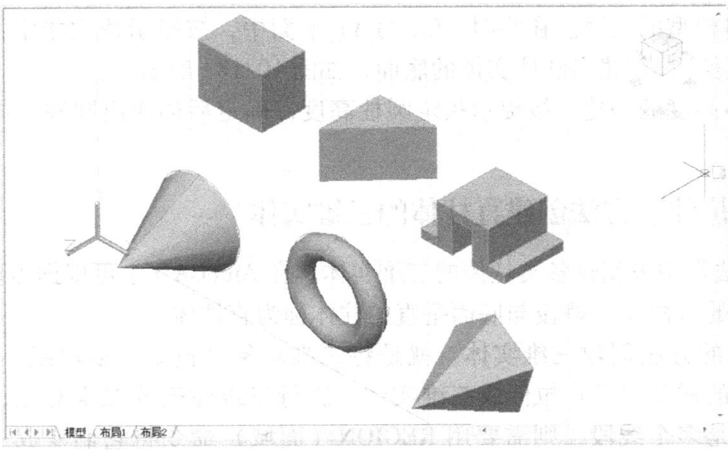

图 10.16　底面为侧平面基本实体的“真实”视觉样式的显示效果

4. 应用动态的 UCS 在同一视图环境中创建多种方位的基本体

UCS 即为用户坐标系。前面采用的是用手动更改 UCS 的方式（如变换 UCS 的 *XY* 平面方向）创建不同方位的基本实体。在 AutoCAD 中激活动态的 UCS，可以不改变视图环境，直接创建底面与选定平面（三维实体上的某平面）平行的基本实体，而无需手动更改 UCS，如图 10. 17 所示。

现以创建图 10. 17 中三棱柱斜面上的圆柱为例（圆柱底面与三棱柱斜面平行）进行介绍，已知条件如图 10. 18a 所示。

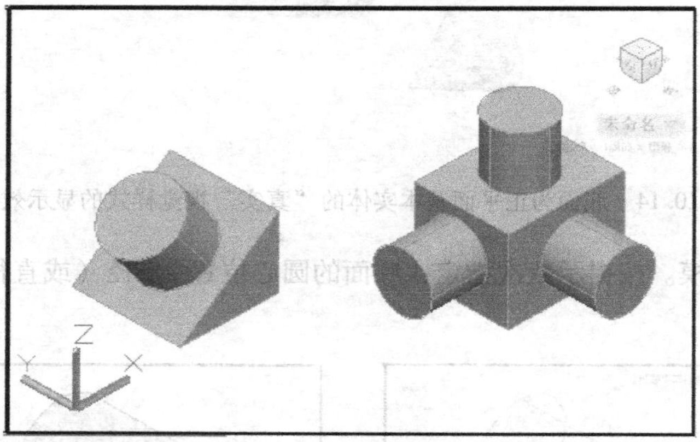

图 10. 17　应用动态的 UCS 在同一视图环境中创建多方位基本实体示例

其具体操作步骤如下：

① 激活动态的 UCS。单击状态栏上的“DUCS”（允许/禁止动态 UCS）图标按钮，使其呈现蓝色状态。

② 输入实体命令。单击“建模”工具栏上的“圆柱体”图标按钮。

③ 选择与底面平行的平面。将光标移动到要选择的三棱柱实体斜面的上方（注意：不需要按下鼠标），动态 UCS 将会自动地临时将 UCS 的 *XY* 平面与该面对齐，如图 10. 18b 所示。

④ 创建实体模型的底面。在临时 UCS 的 *XY* 平面中，按提示依次指定：底面的圆心位置⇨半径（或直径），创建出圆柱实体的底面，如图 10. 18c 所示。

⑤ 完成实体高度的创建。按提示指定圆柱高度，确定后创建出圆柱实体，如图 10. 18d 所示。

10. 2. 2　用“拉伸”方法创建直柱体的三维实体

“拉伸”方法常用来创建各类柱体的三维实体。在 AutoCAD 中可根据需要创建工程体中常见的各种方位的直柱体（侧棱与底面垂直的柱体称为直柱体）。

用“拉伸”的方法创建三维实体，就是将二维对象（例如：多段线、多边形、矩形、圆、椭圆、闭合的样条曲线）拉伸成三维实体。进行三维建模的二维对象，必须是单一的闭合线段。如果是多个线段，则需要用 REGION（面域）命令将它们变成一个面域，或用 PEDIT（编辑多段线）命令将它们转换为单条封闭的多段线，然后才能拉伸。

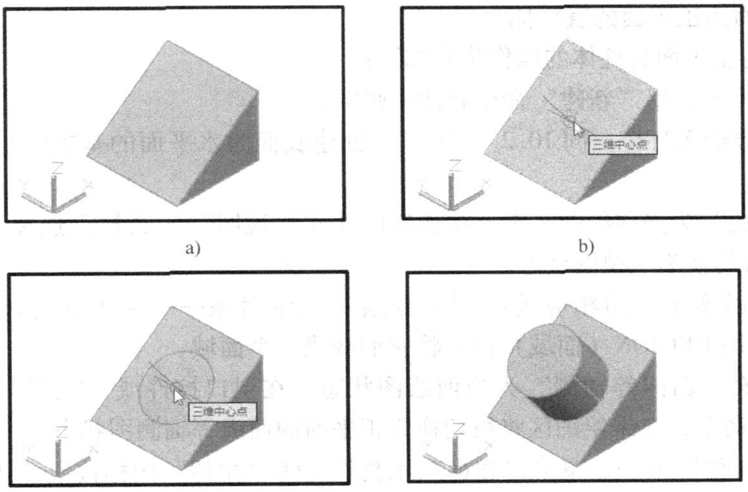

a)　　b)　　c)　　d)

图 10.18　应用动态的 UCS 创建选定方位的基本体的示例

a）已知条件　b）选择与底面平行的平面　c）创建圆柱底面　d）完成圆柱创建

1. 创建底面为水平面的直柱体

创建底面为水平面直柱体的操作步骤如下：

① 新建一张图。用“新建”命令新建一张图。

② 设置三维绘图环境。同 10.2.1 中“1. 创建底面为水平面的基本体”设置三维绘图环境。

③ 设“俯视”为当前绘图状态。在视口控件或“视图”工具栏上选择“俯视”命令，三维绘图区将被切换为俯视图状态。

④ 创建底面实形。用相关的绘图命令绘制二维对象——下（或上）底面实形，如图 10.19所示；用 REGION（面域）命令将它们变成一个面域。

⑤ 设水平面“西南等轴测”为当前绘图状态。在视口控件或“视图”工具栏上选择“西南等轴测”命令，三维绘图区将被切换为水平面的西南等轴测图状态。

⑥ 输入“拉伸”命令。单击“建模”工具栏上的“拉伸”图标按钮（也可用“按住并拖动”图标按钮）。

⑦ 创建直柱体实体。按“拉伸”命令的提示依次：选择对象⇨指定拉伸高度。

其效果如图 10.20 所示。

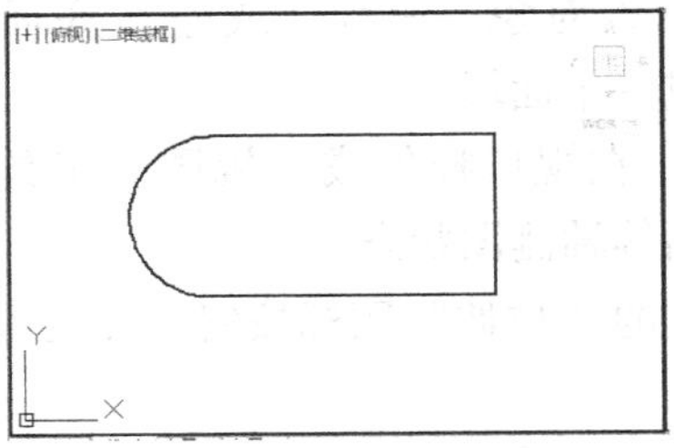

图 10.19　在“俯视”状态中绘制底面实形

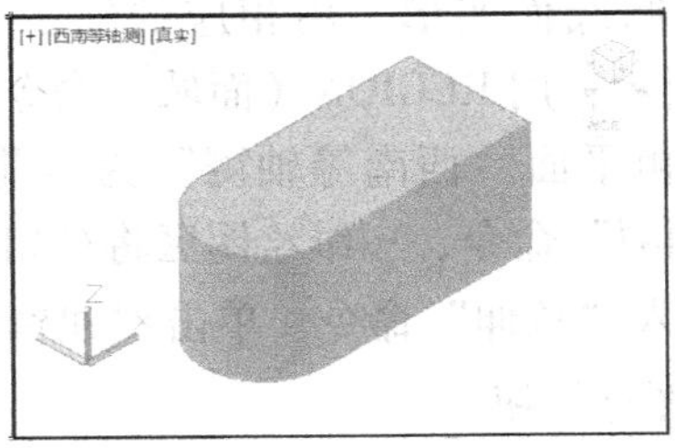

图 10.20　创建底面为水平面的直柱体

2. 创建底面为正平面的直柱体

创建底面为正平面直柱体的操作步骤如下：

① 新建一张图。用“新建”命令新建一张图。

② 设置三维绘图环境。同 10. 2. 1 中“1. 创建底面为水平面的基本体”设置三维绘图环境。

③ 设“主视”为当前绘图状态。在视口控件或“视图”工具栏上选择“主视”命令，三维绘图区将被切换为主视图状态。

④ 绘制底面实形。用相应的绘图命令绘制二维对象——后（或前）底面实形，如图 10. 21所示；用 REGION（面域）命令将它们变成一个面域。

⑤ 设正平面“西南等轴测”为当前绘图状态。在视口控件或“视图”工具栏上选择“西南等轴测”命令，三维绘图区将被切换为正平面的西南等轴测图状态。

⑥ 输入“拉伸”命令。单击“建模”工具栏上的“拉伸”图标按钮（也可用“按住并拖动”图标按钮）。

⑦ 创建直柱体实体。按“拉伸”命令的提示依次：选择对象⇨指定拉伸高度。

其效果如图 10. 22 所示。

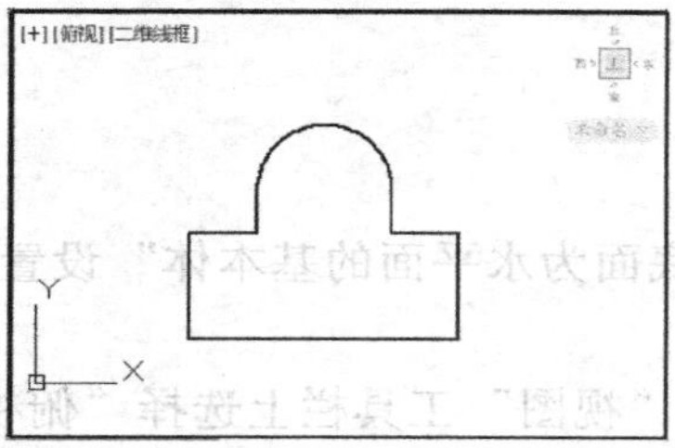

图 10. 21　在“主视”状态中绘制底面实形

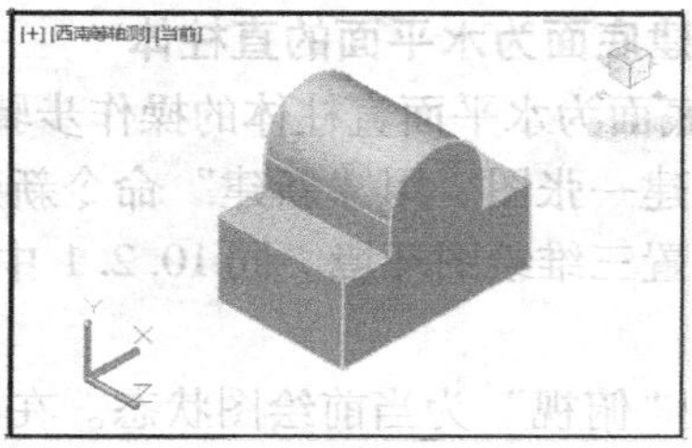

图 10. 22　创建底面为正平面的直柱体

3. 创建底面为侧平面的直柱体

创建底面为侧平面直柱体的操作步骤如下：

① 新建一张图。用“新建”命令新建一张图。

② 设置三维绘图环境。同 10. 2. 1 中“1. 创建底面为水平面的基本体”设置三维绘图环境。

③ 设“左视”为当前绘图状态。在视口控件或“视图”工具栏上选择“左视”命令，三维绘图区将被切换为左视图状态。

④ 绘制底面实形。用相应的绘图命令绘制二维对象——右（或左）底面实形，如图 10. 23所示；用 REGION（面域）命令将它们变成一个面域。

⑤ 设侧平面“西南等轴测”为当前绘图状态。在视口控件或“视图”工具栏上选择“西南等轴测”命令，三维绘图区将被切换为侧平面等轴测图状态。

⑥ 输入“拉伸”命令。单击“建模”工具栏上的“拉伸”图标按钮（也可用“按住并拖动”图标按钮）。

⑦ 创建直柱体实体。按“拉伸”命令的提示依次：选择对象⇨指定拉伸高度。

其效果如图 10. 24 所示。

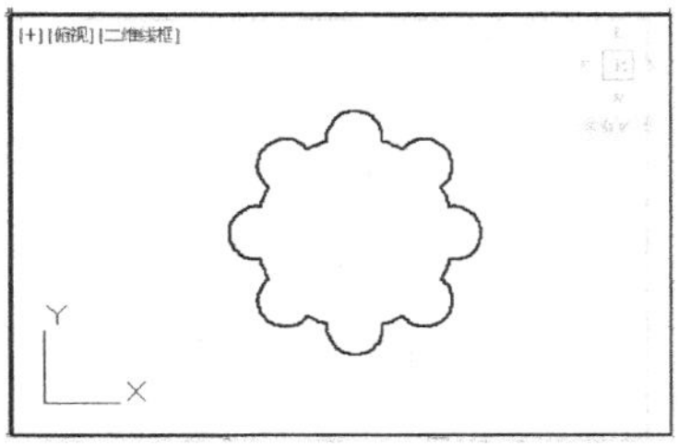

图 10.23　在“左视”状态中绘制底面实形

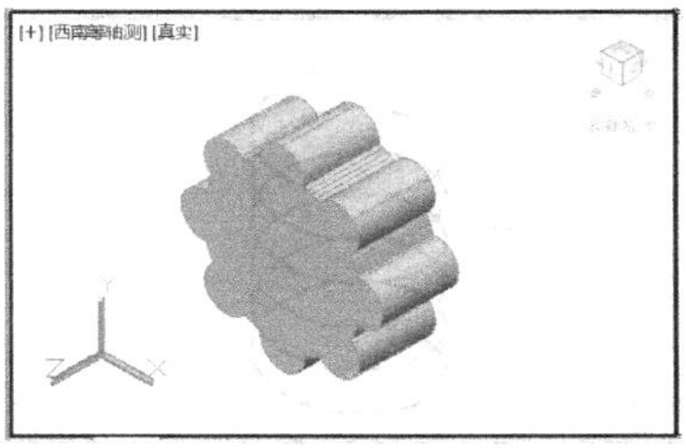

图 10.24　创建底面为侧平面的直柱体

说明：

① 若选择“拉伸”图标按钮时，再选择提示行“指定拉伸的高度或[方向(D)/路径(P)/倾斜角(T)]<30.0000>：”中的“方向（D）”项，可创建斜柱体。

② 若选择“拉伸”图标按钮时，再选择提示行“指定拉伸的高度或[方向(D)/路径(P)/倾斜角(T)]<30.0000>：”中的“路径（P）”项，可指定拉伸路径创建特殊柱体。

③ 若单击“拉伸”图标按钮时，再选择命令提示行“指定拉伸的高度或[方向(D)/路径(P)/倾斜角(T)]<30.0000>：”中的“倾斜角（T）”项，可指定倾斜角创建台体。

10.2.3　用“扫掠”方法创建弹簧和特殊柱体的三维实体

用“扫掠”方法创建实体，就是将二维对象（如：多段线、圆、椭圆和样条曲线等）沿指定路径拉伸，形成三维实体。扫掠实体的二维截面必须闭合，并且应是一个整体。扫掠实体的路径可以不闭合，但也应是一个整体。如果是多个线段，则需要用 PEDIT（编辑多段线）命令将它们转换为单条封闭的多段线，或用 REGION（面域）命令将它们变成一个面域。

用“扫掠”的方法生成的实体，其扫掠截面与扫掠路径相垂直。

1. 创建弹簧

用“扫掠”的方法创建弹簧的操作步骤如下：

① 新建一张图。用“新建”命令新建一张图，并设置三维绘图环境。

② 设水平面“西南等轴测”为当前绘图状态。在视口控件或“视图”工具栏上先选择“俯视”命令，再选择“西南等轴测”命令，显示水平面西南等轴测图状态。

③ 绘制扫掠路径。单击“建模”工具栏上的“螺旋”图标按钮，输入命令后，按“螺旋”命令提示依次：指定底面的中心点⇨指定底面半径（或直径）⇨指定顶面半径（或直径）⇨指定螺旋的高度（或选择圈高或圈数后，再指定螺旋的高度），如图 10.25 中的螺旋线。

④ 绘制扫掠截面。用“圆”命令绘制二维对象——弹簧的截面圆，如图 10.25 中的小圆。

⑤ 输入“扫掠”命令。单击“建模”工具栏上的“扫掠”图标按钮。

⑥ 创建弹簧实体。按“扫掠”命令的提示依次：选择要扫掠的对象（截面）⇨右击结束扫掠对象的选择⇨选择扫掠路径（螺旋线），效果如图 10.26 所示。

提示：用创建弹簧的方法可创建螺纹结构和其他类同的结构。

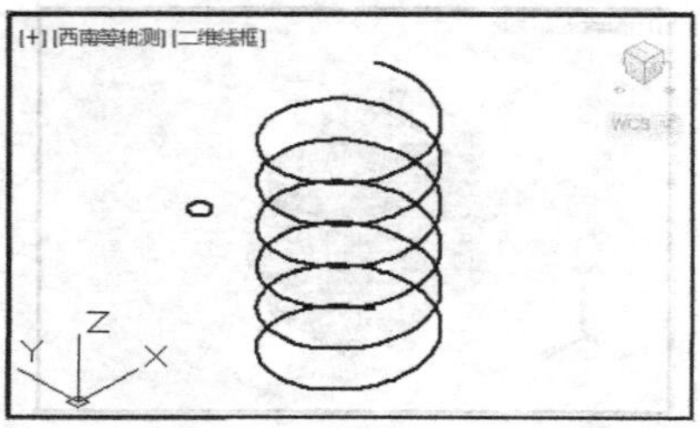

图 10.25　绘制扫掠路径和截面

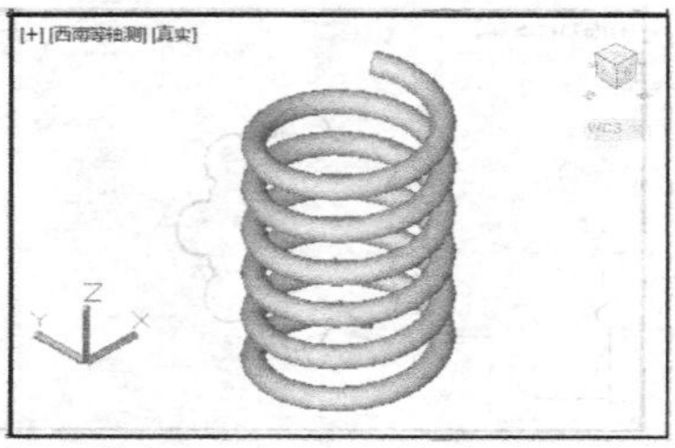

图 10.26　创建弹簧三维实体

2. 创建特殊柱体

用"扫掠"的方法创建特殊柱体的操作步骤如下：

① 新建一张图。用"新建"命令新建一张图，并设置三维绘图环境。

② 选择所需的视图或等轴测为当前绘图状态。本例设水平面西南等轴测图状态为当前绘图状态。

③ 绘制扫掠路径。用相应的绘图命令绘制二维对象——扫掠路径，如图 10.27 中的曲线。

④ 绘制扫掠截面。用相应的绘图命令绘制二维对象——扫掠截面，如图 10.27 中的圆。

⑤ 输入"扫掠"命令。单击"建模"工具栏上的"扫掠"图标按钮。

⑥ 创建特殊柱实体。按"扫掠"命令的提示依次：选择要扫掠的对象⇨右击可结束扫掠对象的选择⇨选择扫掠路径，效果如图 10.28 所示。

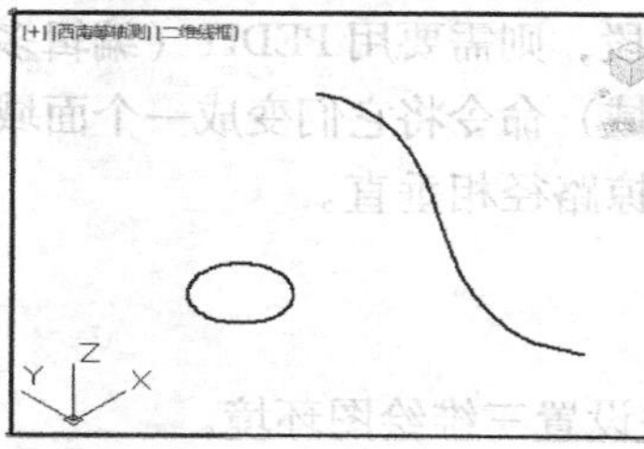

图 10.27　绘制扫掠路径和截面

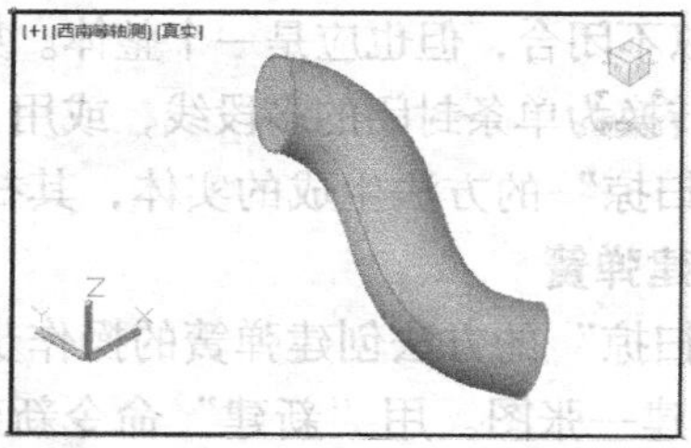

图 10.28　创建特殊柱体

10.2.4　用"放样"方法创建台体与沿横截面生成的渐变三维实体

用"放样"方法创建实体，就是将二维对象（如：多段线、圆、椭圆和样条曲线等）沿指定的若干横截面（也可仅指定两端面），形成三维实体。放样实体的二维横截面必须闭合，并应各为一个整体。如果是多个线段，常用的方法是操作 REGION（面域）命令将它们变成一个面域。

1. 创建台体

用"放样"方法创建台体的操作步骤如下：

① 新建一张图。用"新建"命令新建一张图，并设置三维绘图环境。

② 设"俯视"为当前绘图状态。在视口控件或"视图"工具栏上选择"俯视"命令，三维绘图区将被切换为俯视图状态。

③ 绘制两端面的实形。用相关的绘图命令绘制半四棱台两端面——两个矩形，如图 10.29所示。

④ 设水平面“西南等轴测”为当前绘图状态。在视口控件或“视图”工具栏上选择“西南等轴测”命令，三维绘图区将切换为水平面西南等轴测图状态。

⑤ 设置两端面的距离和相对位置。用“移动”命令移动两端面，使半个四棱台的两端面为设定的距离和相对位置，如图 10.30 所示。

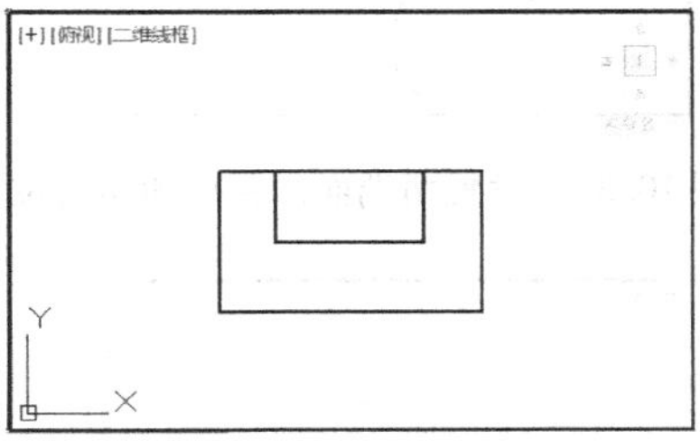

图 10.29 “俯视”状态绘制两端面实形

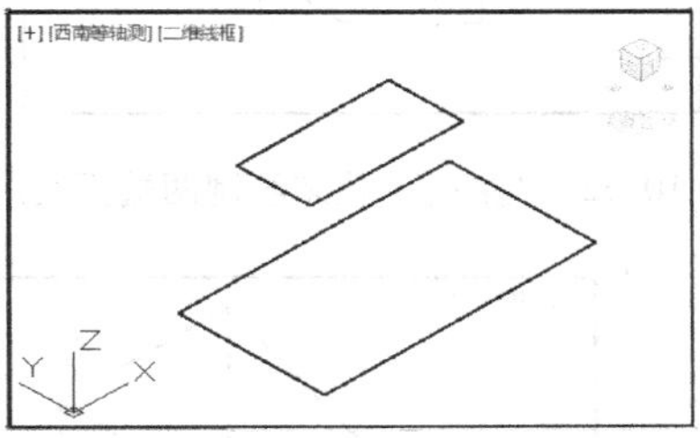

图 10.30 设置两端面的距离和相对位置

⑥ 输入“放样”命令。单击“建模”工具栏上的“放样”图标按钮。

⑦ 创建台体。按“放样”命令的提示：依次选择上、下底面⇨右击可结束选择⇨按【Enter】键确定（或选项）完成放样，效果如图 10.31 所示。

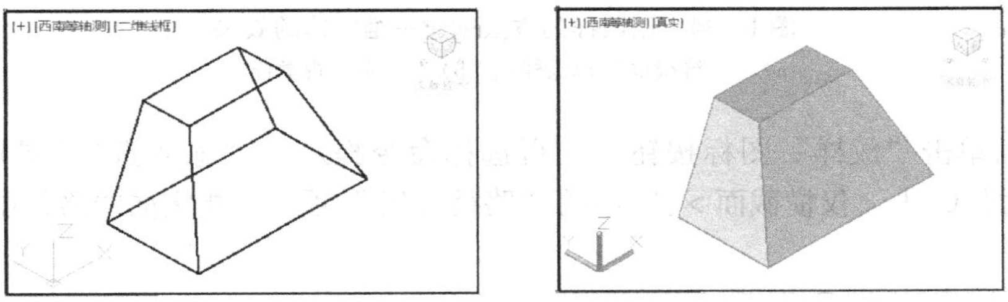

a) b)

图 10.31 用放样的方法创建台体的效果

a)“二维线框”视觉样式 b)“真实”视觉样式

2. 创建沿横截面生成的渐变形体

以创建两端面为侧平面的方圆渐变三维实体为例，具体操作步骤如下：

① 新建一张图。用“新建”命令新建一张图，并设置三维绘图环境。

② 设“左视”为当前绘图状态。在视口控件或“视图”工具栏上选择“左视”命令，三维绘图区将被切换为左视图状态。

③ 绘制两端面的实形。用相关的绘图命令绘制两端面——圆和矩形，如图 10.32 所示。

④ 设侧平面“西南等轴测”为当前绘图状态。在视口控件或“视图”工具栏上选择“西南等轴测”项，三维绘图区将切换为侧平面西南等轴测图状态。

⑤ 设置两端面的距离和相对位置。用“移动”命令移动两端面，使两端面为设定的距离和相对位置，如图 10.33 所示。

⑥ 输入“放样”命令。单击“建模”工具栏上的“放样”图标按钮。

⑦ 创建特殊柱实体。按“放样”命令的提示依次：选择要放样的起始横截面⇨继续按放样次序选择横截面⇨右击可结束选择⇨按【Enter】键确定（或选项）完成放样，效果如图 10.34所示。

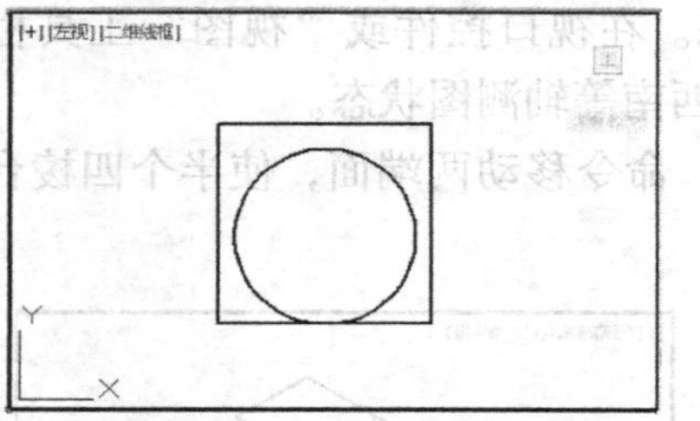

图 10.32 “左视”状态绘制两端面实形

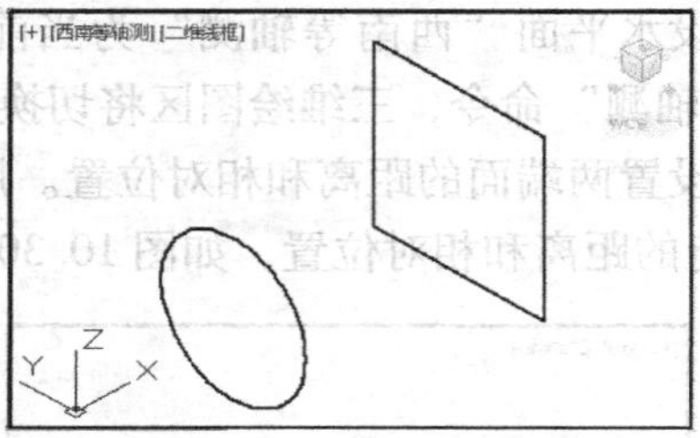

图 10.33 设置两端面的距离和相对位置

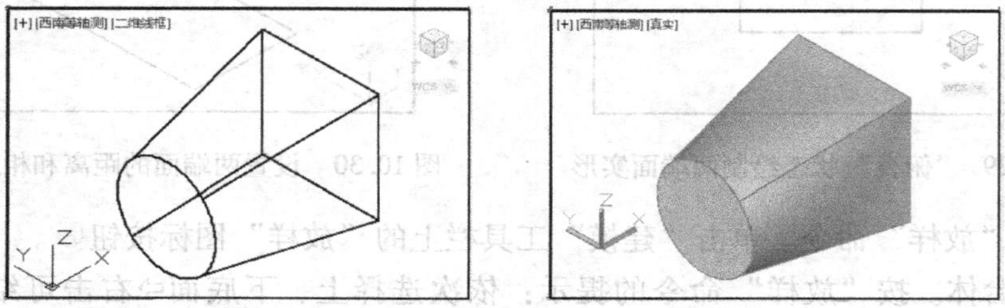

图 10.34 用放样的方法创建三维实体的效果

a)“二维线框”视觉样式 b)“真实”视觉样式

说明：若单击“放样”图标按钮，再选择命令提示行“输入选项[导向(G)/路径(P)/仅横截面(C)]<仅横截面>:”中的“路径（P)”项，可指定曲线路径创建变截面特殊实体。

10.2.5 用“旋转”方法创建回转体的三维实体

用“旋转”方法可创建各种方位的回转类形体的三维实体。用“旋转”的方法创建三维实体，就是将二维对象（例如：多段线、圆、椭圆、样条曲线等）绕指定的轴线旋转形成三维实体。形成旋转三维实体的二维对象必须是闭合的一个整体。如果是多个线段，应先用 REGION（面域）命令将它们变成一个面域，然后再旋转。旋转的轴线可以是直线和多段线对象，也可以指定两个点来确定。

以创建轴线为侧垂线的回转体为例，具体操作步骤如下：

① 新建一张图。用“新建”命令新建一张图，并设置三维绘图环境。

② 设“主视”（或“俯视”）为当前绘图状态。在视口控件或“视图”工具栏上选择“主视”（或“俯视”）命令，三维绘图区将被切换为主视图（或俯视图）状态。

③ 绘制旋转对象。用“多段线”命令绘制旋转二维对象——正平面（或水平面），如图 10.35 中的平面。

④ 绘制旋转轴线。用“直线”命令绘制旋转轴线——侧垂线，如图 10.35 中的直线。

⑤ 设“西南等轴测”为当前绘图状态。在视口控件或“视图”工具栏上选择“西南等轴测”项，显示西南等轴测图状态，如图 10.36 所示。

⑥ 输入“旋转”命令。单击“建模”工具栏上的“旋转”图标按钮。

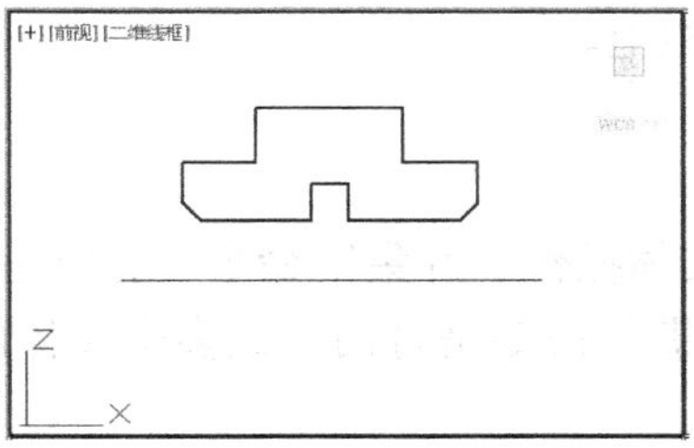

图 10.35 在“主视”中绘制旋转对象和轴线

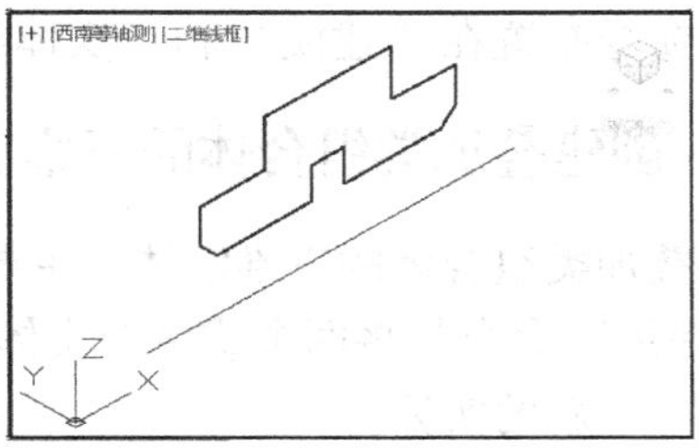

图 10.36 西南等轴测图状态

⑦ 创建回转实体。按“旋转”命令的提示依次：选择旋转对象⇨右击结束旋转对象的选择⇨指定旋转轴⇨输入旋转角度（输入“360”度，将生成一个完整的回转体；输入其他角度，将生成部分回转体）。

其回旋体创建效果如图 10.37 和图 10.38 所示。

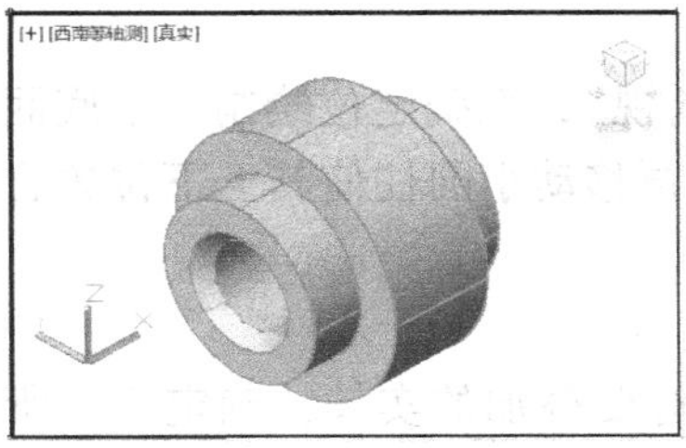

图 10.37 创建侧垂轴回转体（360°）

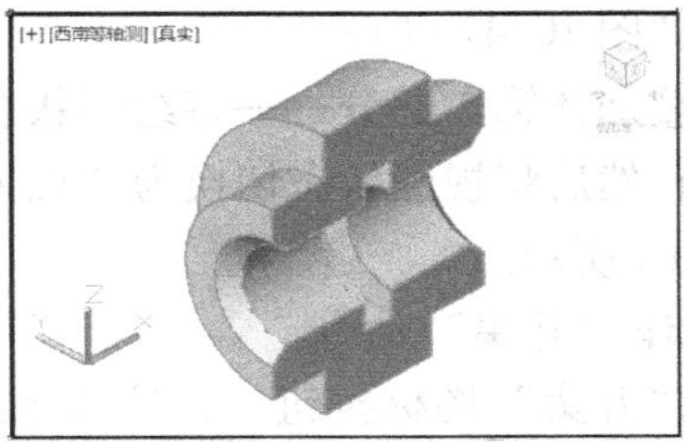

图 10.38 创建侧垂轴回转体（180°）

说明：创建回转实体后，可将旋转轴线擦除。

同理，可创建轴线为正垂线与轴线为铅垂线的回转体。创建轴线为正垂线的回转体，应在“左视”（或“俯视”）状态中绘制旋转的二维对象和旋转轴线；创建轴线为铅垂线的回转体，应在“主视”（或“左视”）状态中绘制旋转的二维对象和旋转轴线，效果如图 10.39 和图 10.40 所示。

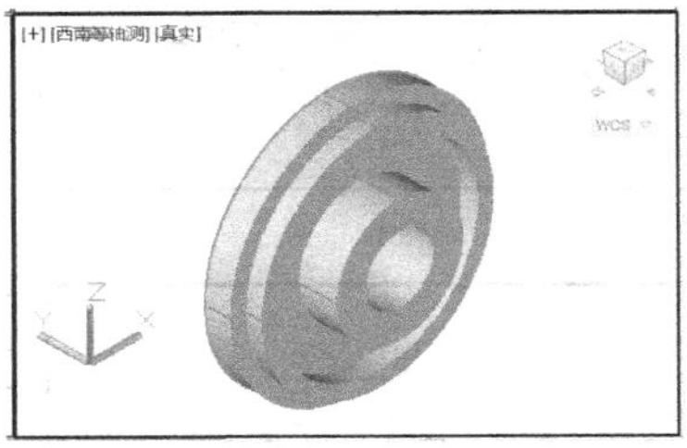

图 10.39 创建正垂轴回转体（360°）

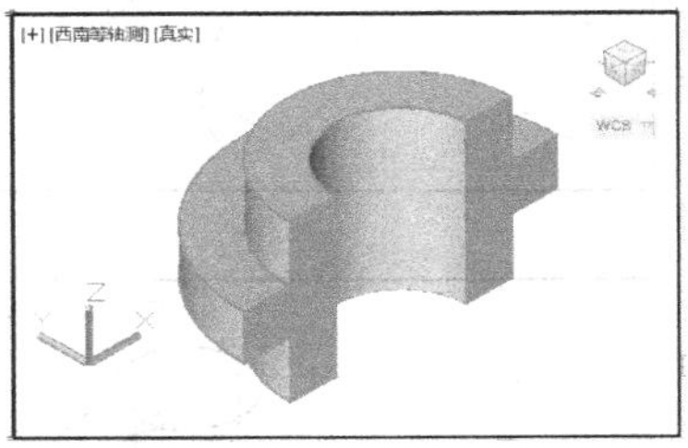

图 10.40 创建铅垂轴回转体（180°）

10.3 创建组合体的三维实体

创建组合体的三维实体，应首先创建组合体中的各基本实体，然后执行布尔命令。布尔命令包括“并集”“差集”“交集”3 种命令，可创建叠加类组合体三维实体、切割类组合体三维实体和综合类组合体三维实体。

布尔命令布置在“建模”和“实体编辑”工具栏上。

10.3.1 创建叠加类组合体的三维实体

创建叠加类组合体的三维实体，主要是对基本实体操作“并集”命令，有时是“交集”命令。“并集”命令是将两个或多个实体合并，“交集”命令是将两个或多个实体的公共部分构造成一个新的实体。

以创建图 10.41 所示叠加类组合体的三维实体为例，具体操作步骤如下（扫二维码 10.1 看视频）：

码 10.1 创建叠加体示例

① 创建要进行叠加的各基本实体。

首先将“视觉样式”设置为“二维线框”。

创建叠加体第 1 部分——先选择“左视”，再选择“西南等轴测”，进入侧平面西南等轴测绘图状态，用实体绘图命令绘制一个底面为侧平面的大圆柱，效果如图 10.41a 所示。

创建叠加体第 2 部分——将绘图状态切换为“俯视”，准确定位绘制一个底面为水平面的小圆柱，然后将视图状态切换为“西南等轴测”，再移动小圆柱使其上下位置合适，效果如图 10.41b 所示。

② 操作“并集”命令。

单击“并集”图标按钮，按命令提示选择所有要叠加的实体，确定后，所选实体合并为一个实体，并显现立体表面交线，效果如图 10.41c 所示。

③ 显示实体真实效果。

将“视觉样式”设置为“真实”样式，立即显示实体真实效果，如图 10.41d所示。

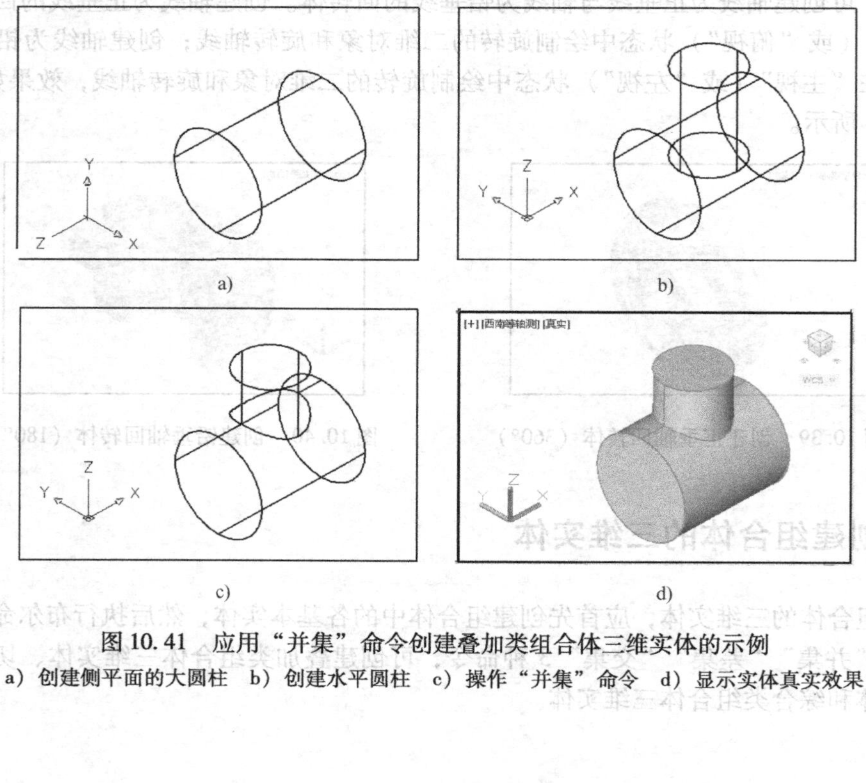

a)　b)　c)　d)

图 10.41　应用“并集”命令创建叠加类组合体三维实体的示例

a）创建侧平面的大圆柱　b）创建水平圆柱　c）操作“并集”命令　d）显示实体真实效果

说明：用“交集”图标按钮创建叠加类组合体的操作步骤基本同上。图 10.42 所示为两个轴线平行的水平圆柱操作“交集”命令的过程和效果。

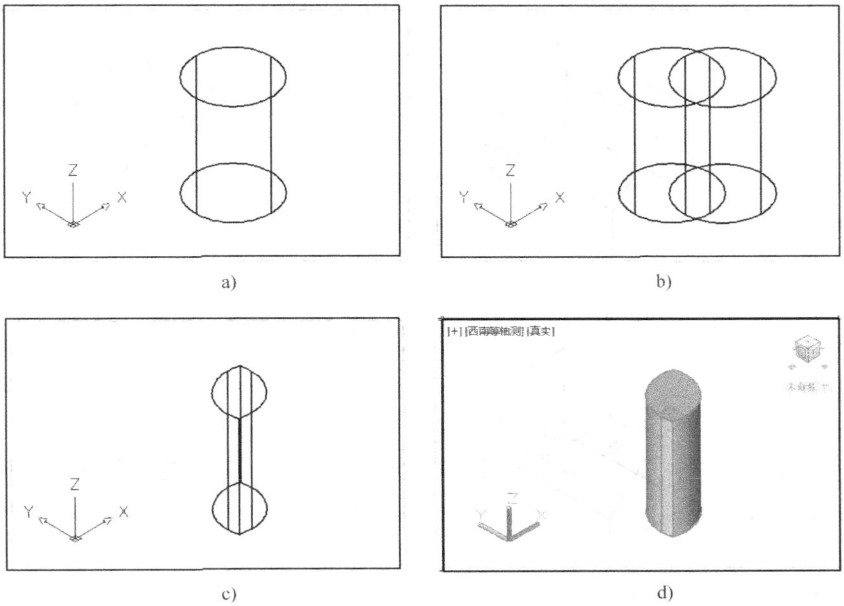

图 10.42 应用“交集”命令创建三维实体的示例

a）创建一个水平圆柱 b）再创建一个水平圆柱 c）操作“交集”命令 d）显示“交集”后真实效果

10.3.2 创建切割类组合体的三维实体

创建切割类组合体的三维实体，是执行布尔的“差集”命令。“差集”命令是从一个实体中减去另一个或多个实体。

以创建图 10.43 所示切割类组合体的三维实体为例，其具体操作步骤如下（扫二维码 10.2 看视频）：

码 10.2 创建切割体示例

① 创建要被切割的实体和要切去部分的实体。

首先将“视觉样式”设置为“二维线框”。

创建要被切割的原体——将绘图状态切换为“左视”，绘制原体的底面实形，然后将绘图状态切换为“西南等轴测”，操作“拉伸”命令，创建出底面为侧平面的直五棱柱，效果如图 10.43a 所示。

创建要切去部分的实体——将绘图状态切换为“主视”，准确定位，绘制要切去实体的底面实形（该实体只需两体相交部分准确，可大于切去的部分），再将绘图状态切换为“西南等轴测”，操作“拉伸”命令，创建出底面为正平面的梯形柱体，效果如图 10.43b 所示。

② 操作“差集”命令。

单击“差集”图标按钮，按提示依次选择要被切割的实体（原体）和将要切去部分的实体，确定后所选原体被切割，效果如图 10.43c 所示。

③ 显示实体真实效果。

将“视觉样式”设置为“真实”样式，立即显示实体真实效果，如图 10.43d 所示。

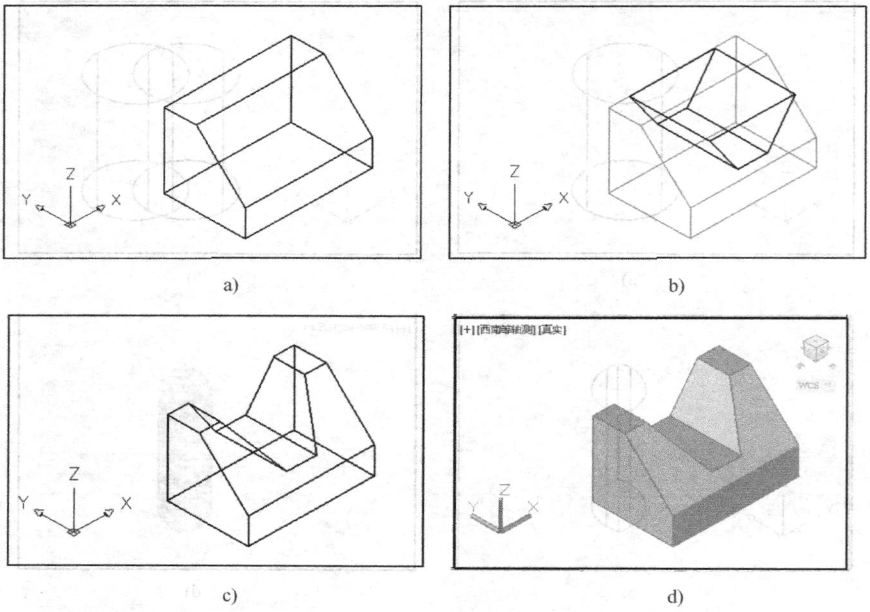

图 10.43 应用“差集”命令创建切割类组合体三维实体的示例

a）创建要被切割的实体（原体） b）创建要切去的实体 c）操作“差集”命令 d）显示实体真实效果

10.3.3 创建综合类组合体的三维实体

创建综合类组合体，就是根据需要对所创建的实体交替执行“并集”和“差集”命令，必要时还应执行“交集”命令。

以创建图 10.44 所示综合类三维实体为例，其具体操作步骤如下：

① 创建支板——挖去两圆柱孔的组合柱。

首先将“视觉样式”设置为“二维线框”。

将“主视”设置为当前绘图状态，绘制支板的底面实形组合线框，并使其成为一个整体，再绘制要挖去的两个圆柱的底面实形，然后将绘图状态切换为“西南等轴测”，效果如图 10.44a 所示。

在“西南等轴测”绘图状态中，操作“拉伸”命令，选择 3 个对象同时拉伸出支板原体和两个圆柱；然后进行“差集”命令，从组合柱中减去两个圆柱形成两个圆柱孔，其效果如图 10.44b 所示。

② 创建主体——圆筒。

将“主视”设置为当前绘图状态，绘制圆筒的两个底面圆，然后将视图状态切换为“西南等轴测”，操作“拉伸”命令，选择两个底面圆同时拉伸出底面为正平面的两个圆柱，然后操作“差集”命令，从大圆柱中减去小圆柱形成圆筒。利用“对象捕捉”移动圆筒准确定位；效果如图 10.44c 所示。

操作“并集”命令，将支板和圆筒合并为一个实体，并显现立体表面交线，效果如图 10.44d所示。

③ 创建肋板——三棱柱。

将“左视”设置为当前绘图状态，绘制肋板的底面实形，然后将视图状态切换为“西南等轴测”，操作“拉伸”命令创建出底面为侧平面的三棱柱。

可在圆筒的下象限点处画一条前后定位的辅助线，移动肋板准确定位，再操作“并集”命令将肋板和支板圆筒合并为一个实体，效果如图 10.44e 所示。

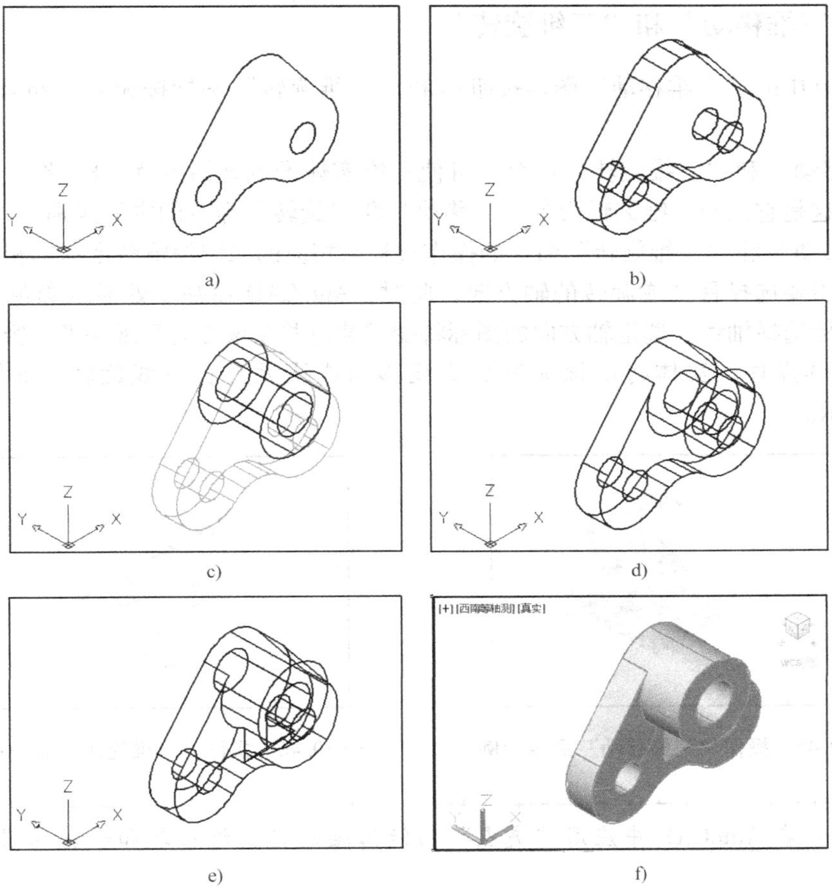

图 10.44　综合应用布尔命令创建综合类组合体三维实体的示例

a）绘制支板和孔的底面实形　b）完成支板创建　c）创建圆筒

d）支板和圆筒合并为一个实体　e）创建肋板并合为一个实体　f）显示实体真实效果

④ 显示实体效果。

将“视觉样式”设置为“真实”样式，立即显示实体真实效果，如图 10.44f 所示。

10.4　编辑三维实体

在 AutoCAD 中编辑三维实体，可以应用三维编辑命令，像编辑二维对象那样进行移动、复制等操作；应用“建模”工具栏中的命令，可以对三维实体进行“三维移动”“三维旋转”“按住并拖动”“三维对齐”和“三维阵列”等操作；应用“实体编辑”工具栏中的命令，可以进行“拉伸面”“移动面”“偏移面”“复制面”“删除面”“着色面”“着色边”“制作圆角边”“制作斜角边”“抽壳”等操作；应用“修改”菜单“三维操作”子菜单的命令，可以对三维实体进行“剖切”和“三维镜像”等操作。在 AutoCAD 中应用增强的“三维夹点”功能，可以更方便地编辑三维实体、改变三维实体的大小和形状。本节介绍几个常用三维实体编辑命令的操作和三维夹点编辑实体的方法，其他编辑命令类似，可按提示操作。

10.4.1 “三维移动”和“三维旋转”

AutoCAD 中的“三维移动”图标按钮和“三维旋转”图标按钮，布置在“建模”工具栏上。

“三维移动”和“三维旋转”命令，可使三维实体准确地沿着 X、Y、Z 三个轴方向移动或旋转，这是它们与二维编辑命令中“移动”和“旋转”命令的主要区别。

“三维移动”和“三维旋转”命令的操作过程与相应的二维编辑命令基本相同，只是在指定基点后需要选择移动或旋转的轴方向，此时，AutoCAD 在基点处显示彩色三维轴向图标，移动光标选择轴线，选定轴方向的图标将变成黄色并在该方向显现一条无穷长直线，按命令提示继续操作，实体将沿该无穷长直线移动或绕无穷长直线旋转，如图 10.45 和图 10.46所示。

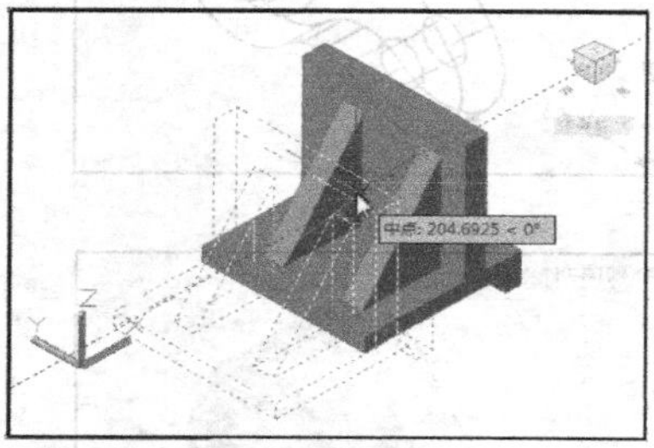

图 10.45 操作“三维移动”命令示例

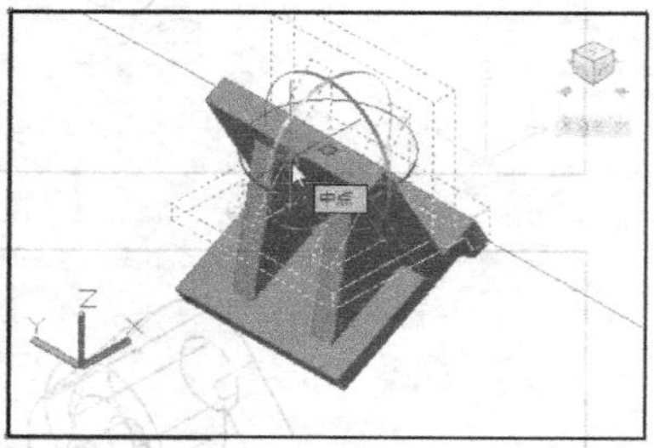

图 10.46 操作“三维旋转”命令示例

提示：在 AutoCAD 中应用“夹点”功能沿轴进行三维移动和旋转的操作更加方便。

10.4.2 三维实体的拉/压

“建模”工具栏上的“按住并拖动”图标按钮的主要功能是用来拖动选中的面，使三维实体沿该面垂直的方向实现拉或压。

“按住并拖动”命令的操作很简单，按命令提示：先选择一个平面，然后拖动该面（可指定距离）至所需的位置确定即可。

图 10.47 所示是选择实体的前端面将实体向前拉长的过程和效果；图 10.48 所示是选择实体的上端面将实体向下压短的过程和效果。

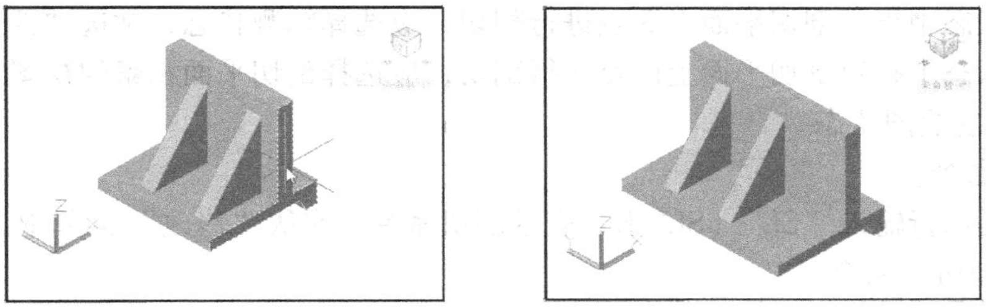

a)　　　　　　　　　　　　b)

图 10.47　操作“按住并拖动”命令拉长三维实体的示例

a）拉压前——选择前端面　b）拉压后——向前拉长

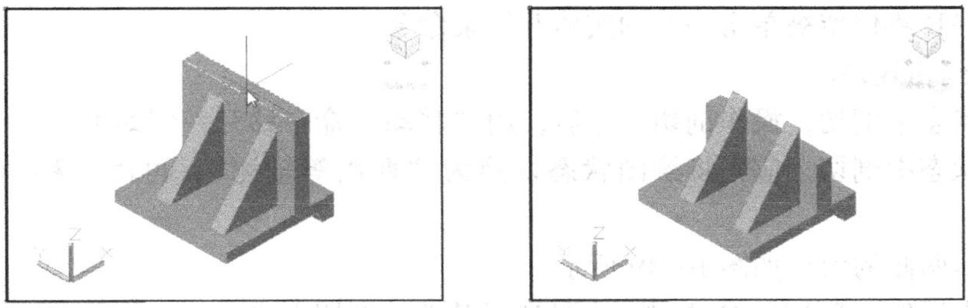

a)　　　　　　　　　　　　b)

图 10.48　操作“按住并拖动”命令压短三维实体的示例

a）拉压前——选择上端面　b）拉压后——向下压短

10.4.3　三维实体的剖切

剖切实体就是将已有的三维实体沿指定的平面切开。剖切三维实体的常用方法有两种：一是在轴测状态中指定剖切平面上 3 点进行剖切；二是在视图状态中指定剖切平面上两点进行剖切。

码 10.3　剖切三维实体的方法

以剖切图 10.49 所示三维实体为例，讲述常用剖切方法的操作步骤（扫二维码 10.3 看视频）。

① 设置剖切的视图状态。

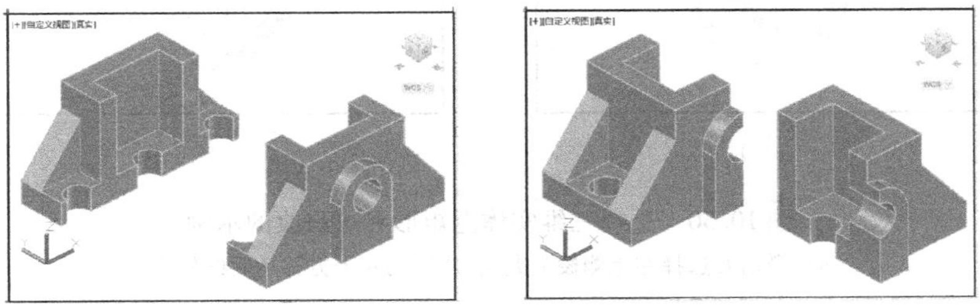

a)　　　　　　　　　　　　b)

图 10.49　用“剖切”命令剖切三维实体的示例

a）用主视图剖切后保留两侧　b）用左视图剖切后保留两侧

在轴测状态中指定剖切平面上 3 点进行剖切，应选择轴测状态，常选“西南等轴测”。

在视图状态中指定剖切平面上两点进行剖切，应选择剖切平面积聚的视图，该例可选择“俯视”为当前绘图状态。

② 输入命令。

在命令提示行输入“SL”（SLICE）表示剖切命令，或从“修改”菜单中选择“三维操作”中的“剖切”命令。

③ 操作剖切命令。

按命令提示依次操作：选择要剖切的实体⇨指定剖切平面上任意 3 点（轴侧状态）或任意两点（视图状态）⇨输入“剖切”命令⇨按【Enter】键结束该命令。

说明：按【Enter】键结束该命令，AutoCAD 剖开实体并保留两侧；若直接单击实体的一侧，AutoCAD 将保留被单击一侧的实体并结束命令。

④ 显示剖切效果。

在轴测状态中剖切，操作剖切命令后，用“移动”命令移开一侧即可。

在视图状态中剖切，应先将绘图状态切换为“西南等轴测”，再用“移动”命令移开一侧。

保留实体两侧的效果如图 10.49 所示。

说明：在操作“剖切”命令时，也可选择其他的剖切方式。

10.4.4 用“三维夹点”功能改变基本实体的大小和形状

AutoCAD 增强了“三维夹点”的功能，在待命状态下选择实体，可激活三维实体的夹点，新的三维夹点不仅有矩形夹点，还有一些三角形（或称箭头）夹点。选中这些夹点中的任意一个进行操作，都可以沿指定方向改变基本实体的大小和形状。

图 10.50 所示是激活并选择六棱柱侧棱上的矩形夹点，将其向左上方移动的过程和效果。

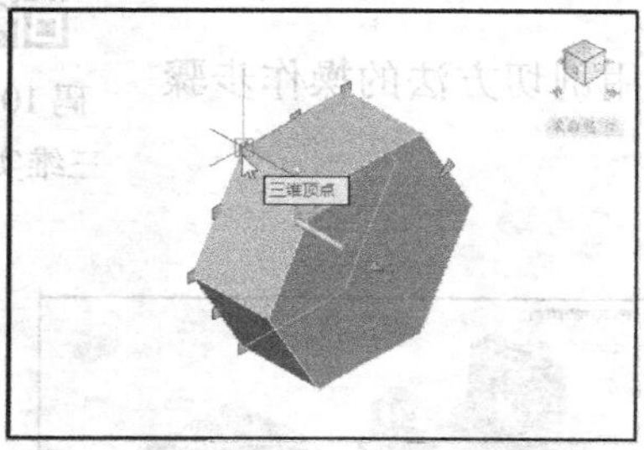

a)

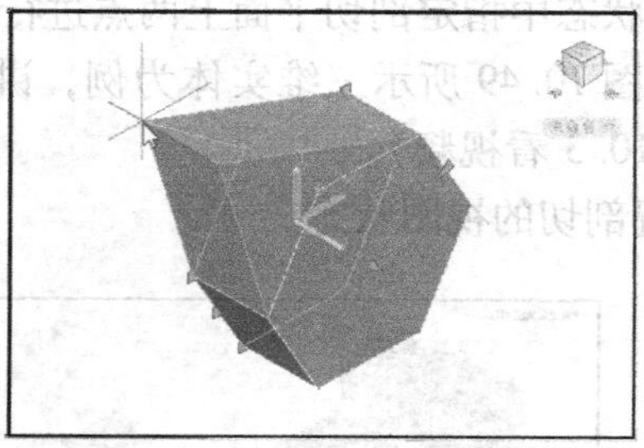

b)

图 10.50 选择三维实体上矩形夹点修改的示例

a）激活并选择左上侧棱上夹点 b）向左上方移动后的效果

图 10.51 所示是激活并选择六棱柱前面斜边上指向中心的三角形夹点，将其向前中心移动，使六棱柱变成六棱台的过程和效果。

图 10.52 所示是选择四棱台顶面中心处指向上方的三角形夹点，向下移动，将正立四棱台变成倒立四棱台的过程和效果。

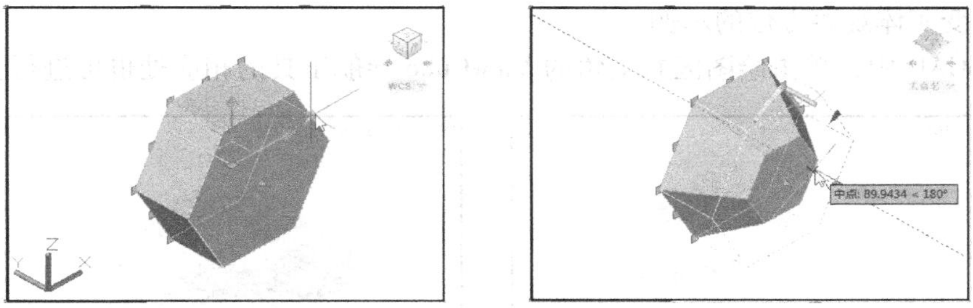

a)　　　　　　b)

图 10.51　选择三维实体上三角形夹点修改的示例一

a）激活并选择斜边上三角形的夹点　b）向前方移动后的效果

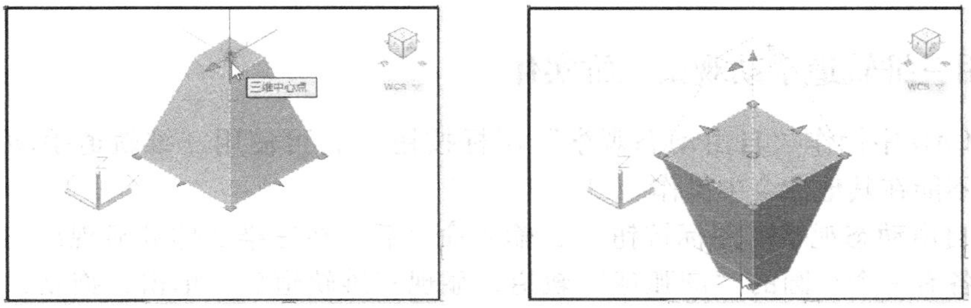

a)　　　　　　b)

图 10.52　选择三维实体上三角形夹点修改的示例二

a）激活并选择顶面中心处三角形的夹点　b）向下方移动后的效果

说明：

① 在 AutoCAD 中，将光标悬停在某夹点处可弹出即时菜单，可用其上命令对实体进行编辑。

② 对于操作了布尔命令后的实体，激活夹点只能实现移动。

10.5　动态观察三维实体

前边是使用标准视点静态观察三维实体，在 AutoCAD 中还可以用多种方式动态观察三维实体。

动态观察三维实体的命令按钮布置在“动态观察”工具栏上（图 10.8），其上 3 个图标按钮是：“受约束的动态观察”（即实时手动观察）、“自由动态观察”（即用三维轨道手动观察）和“连续动态观察”。

10.5.1　实时手动观察三维实体

在创建三维实体的过程中，常需要实时改变三维实体的观察方位，以便精确绘图。

“受约束的动态观察”（即实时手动观察）命令的快捷操作方法是：先按住【Shift】键，再按住鼠标中键（即滚轮），此时光标变成梅花状，移动光标即可按拖动方向实时改变三维实体的方位。该命令的快捷操作方式使三维实体的创建过程更加轻松快捷。图 10.53 所示是实时手动改变实体观察方位的示例。

在 AutoCAD 中，单击绘图区右上角的 ViewCube 导航工具的相应处也可进行实时观察。

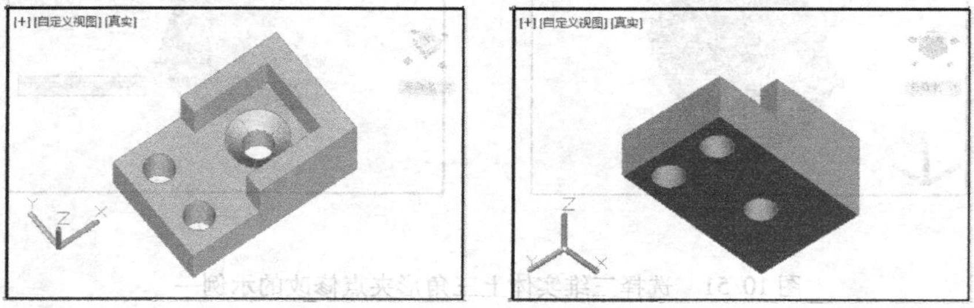

图 10.53　手动改变实体观察方位示例

10.5.2　用三维轨道手动观察三维实体

在 AutoCAD 中操作“自由动态观察”图标按钮，可使用三维轨道手动观察三维实体。该命令不能在其他命令中操作。

单击“自由动态观察”图标按钮，输入命令后，在三维实体处显现出三维轨道——在 4 象限点各有一个小圆的“圆弧球”轨道，显现三维轨道后，单击并拖动，可使实体旋转，松开鼠标左键将停止旋转，如图 10.54 所示。

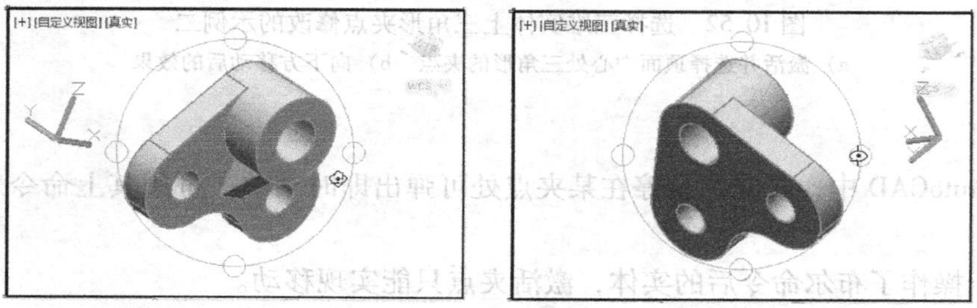

图 10.54　操作三维“圆弧球”轨道改变实体观察方位示例

三维轨道有 4 个影响模型旋转的光标，每一个光标就是一个定位基准，将光标移动到一个新的位置，光标的形状和旋转的类型会自动改变。

① 让实体绕铅垂轴旋转：显现三维轨道后，将光标移到轨道的左（或右）边的小圆中，光标将变成水平椭圆形状。此时，单击并拖动，使光标在左右小圆之间水平移动，实体将随光标的移动绕铅垂轴旋转；松开鼠标左键，停止旋转。

② 让实体绕水平轴旋转：显现三维轨道后，将光标移到轨道的上（或下）边的小圆中，光标将变成垂直椭圆形状。此时，单击并拖动，使光标在上下小圆之间移动，实体将绕水平轴旋转；松开鼠标左键，停止旋转。

③ 让实体滚动旋转：显现三维轨道后，将光标移到轨道的外侧，光标将变成圆形箭头形状。此时，单击并拖动，实体将绕着圆弧球球心到垂直于屏幕的假想轴旋转，松开鼠标左键将停止旋转，AutoCAD 将这种旋转称为滚动。

④ 让实体随意旋转：显现三维轨道后，将光标移到轨道的内侧，光标变成梅花加直线

的形状⊕。此时，单击并拖动，实体将绕着轨道圆弧球的中心沿鼠标拖动的方向旋转，松开鼠标左键将停止旋转。

10.5.3 连续动态观察三维实体

使用连续轨道可以实现连续动态观察三维实体，使实体自动连续旋转。

单击“连续动态观察”图标按钮，输入命令后，光标变成球状，此时，按住鼠标左键沿所希望的旋转方向拖动一下，然后松开鼠标左键，实体将沿着拖动的方向和拖动时的速度实现自动连续旋转，再次单击即可停止旋转。旋转时，若想改变实体的旋转方向和旋转速度，可随时单击并拖动来引导。

10.6 用复制、粘贴的方法创建三维实体实例

本节以创建轴承座三维实体（轴承座三视图见图 5.16）为例，利用已绘制的视图，介绍用复制、粘贴的方法，在默认的单视口中创建三维实体的方法和技巧，这是一种高效、实用的方法；并讲述用多视口同时显示轴承座三视图和三维实体的方法。

1. 在单视口中创建轴承座的三维实体

① 新建一张图。

新建一张图，设置三维绘图环境。

② 打开“轴承座”三视图。

打开后，关闭“尺寸”“点画线”和“虚线”图层。

③ 创建轴承座三维实体。

从“轴承座”三视图中分别复制各部分的拉伸面，按相应的视图状态粘贴到新建图中，用“拉伸”的方法、结合“差集”分别画出各部分。利用对象捕捉将各部分移动定位，定位不方便时加画辅助线，最后“并集”为一个实体，效果如图 10.55 所示（扫二维码 10.4 看视频）。

码 10.4 创建轴承座的三维实体

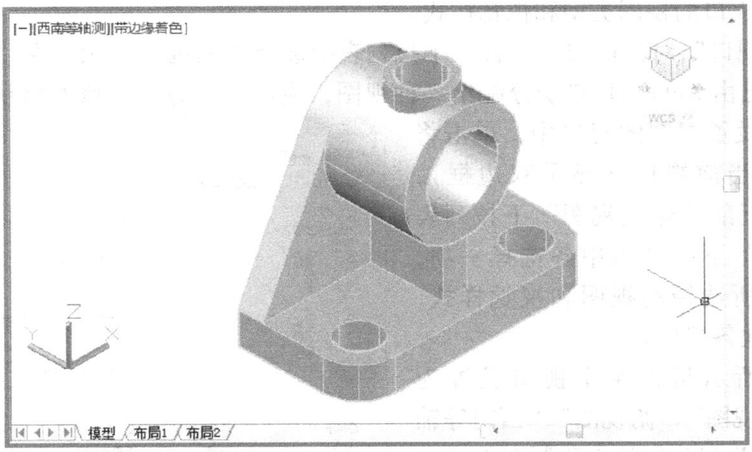

图 10.55 创建轴承座三维实体实例

2. 创建多视口的同时显示轴承座的三视图和三维实体

多视口是把屏幕划分成若干矩形框，用这些视口可以分别显示同一形体的不同视图。多视口可在不同的视口中分别建立主视图（前视）、俯视图、左视图、右视图、仰视图、后视图等轴测图（AutoCAD 提供有 4 种等轴测图：西南等轴测、东南等轴测、东北等轴测、西北等轴测，分别用于将视口设置成从 4 个方向观察的等轴测图）。在多视口中无论在哪一个视口中绘制和编辑图形，其他视口中的图形都将随之变化。

① 输入命令。

单击“视口”工具栏上的“显示视口对话框”图标按钮，AutoCAD 将弹出“视口”对话框，如图 10.56 所示。

② 命名和选择视口类型。

在“视口”对话框的“新名称”文本框中输入新建视口的名称“工程绘图 4 视口”。

在“标准视口”列表框中选择“四个：相等”视口类型，选中后，该视口的形式将显示在右边的“预览”框中，如图 10.57 所示。

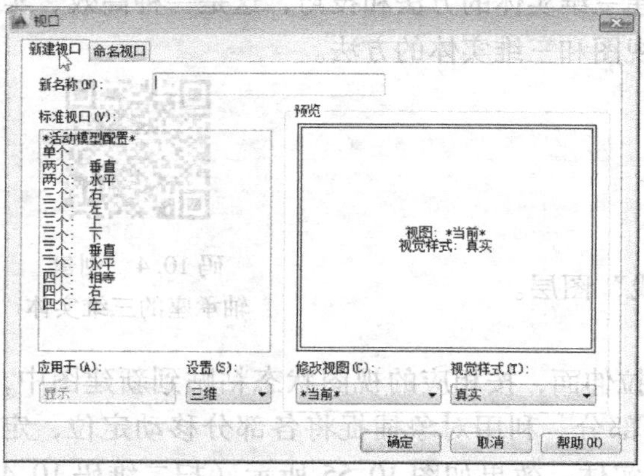

图 10.56 “视口”对话框

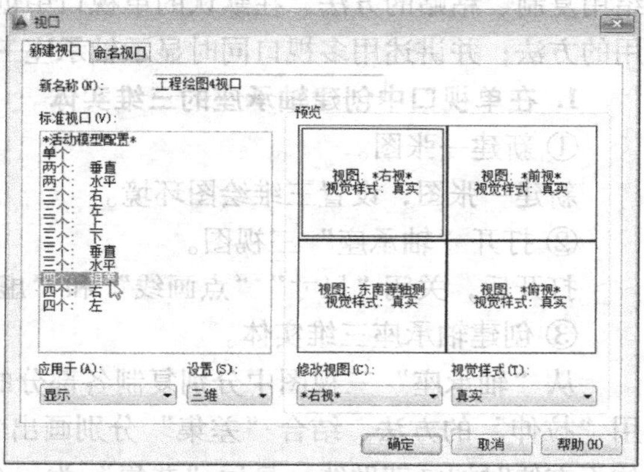

图 10.57 命名和选择视口类型示例

③ 设置各视口的视图类型和视觉样式。

首先在“视口”对话框的“设置”下拉列表中选择“三维”选项，在“预览”框中会看到每个视口已由 AutoCAD 自动分配给一种视图，应用下列方法可修改默认设置：将光标移至需要重新设置视图的视口中，单击将该视口设置为当前视口（显示双边框），然后从对话框下部“修改视图”下拉列表和“视觉样式”下拉列表中各选择一项，该视口设置成所选择的视图和视觉样式，同理可设置其他各视口。

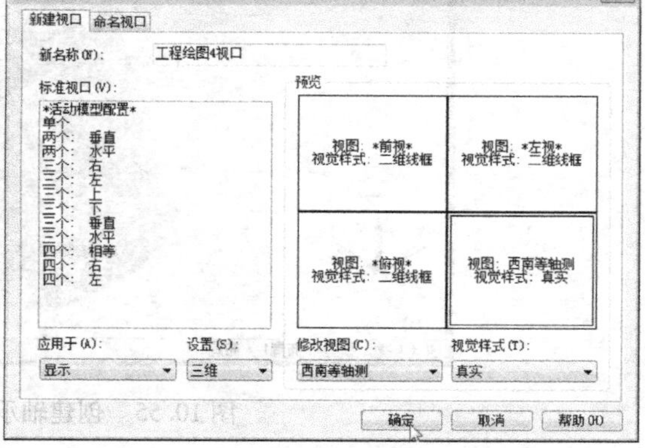

图 10.58 工程绘图常用的 4 视口设置

图 10.58 所示是将 4 个视口设置为“主视图”“左视图”“俯视图”“西南等轴测”。三视图的视口位置按工程制图常规布置为“二维线框”视觉样式，“西南等轴测”视口布置在右下角并设为“真实”视

觉样式，这是工程绘图常用的4视口设置。

④ 完成创建显示效果。

各视口设置完成后，单击“视口”对话框中的“确定”按钮，退出“视口”对话框，完成多视口的创建，AutoCAD将立即按4个视口同时显示轴承座的三视图和三维实体。

应指出的是：4视口中各图的默认显示大小不统一，应逐一单击各视口（即设为当前），在当前视口中操作滚轮进行调整，最后显示效果如图10.59所示。

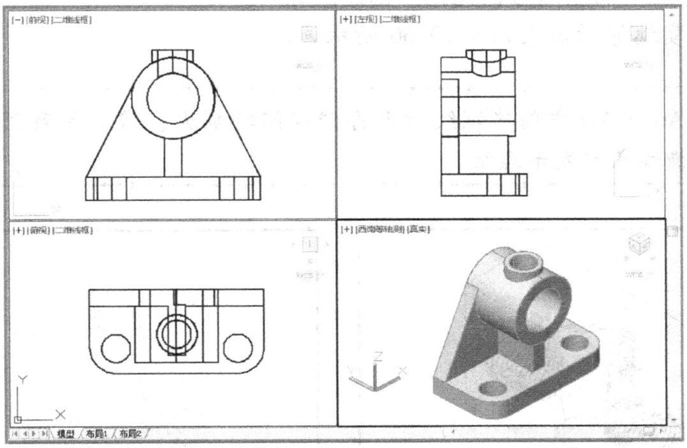

图10.59　4视口显示轴承座的效果

> 提示：可根据需要在单视口和已命名的多视口之间进行切换。切换的方法是：单击“视口”工具栏上的“单个视口”图标按钮□，可由多视口切换到单视口；在该工具栏上操作“显示视口对话框”命令，在该对话框“命名视口”选项卡的列表中，选择已创建的“工程绘图4视口”项，可切换到指定的多视口。

10.7　零件与装配体三维实体创建实例

本节以“G1/2″阀”为例，讲述创建零件三维实体与装配体三维实体的方法思路和相关技术。

1. 创建“G1/2″阀”零件三维实体的思路

利用已绘制的视图，用复制、粘贴的方法创建零件三维实体是常用的方法。

> 提示：用复制、粘贴的方法创建零件的三维实体，在复制前应先关闭零件图的“尺寸”“点画线”“剖面线”等无关的图层，然后复制所需要的视图部分；粘贴时，在三维实体图形文件中首先要设相应的视图状态为当前，然后再粘贴。

① 创建“阀体”零件的三维实体。

- 分别复制、粘贴零件图中相关的图形部分。
- 用“拉伸”的方法创建“阀体”零件的主体（即原体）；用“旋转”的方法创建主体上阶梯孔的实体，然后操作“差集”命令创建出阶梯孔。
- 创建螺纹孔的方法是：先以螺纹小径为直径创建圆柱实体，与主体“差集”后创建出光孔，再用“扫掠”的方法创建出截面为小三角形的螺纹结构实体，准确定位后再操作“差集”命令即可在光孔中创建出螺纹。

“阀体”三维实体显示效果如图 10.60 所示。

> 提示：在 AutoCAD 中创建螺纹所占存储空间特别大，常会导致死机，所以在练习中可以用螺旋线象形表示螺纹。

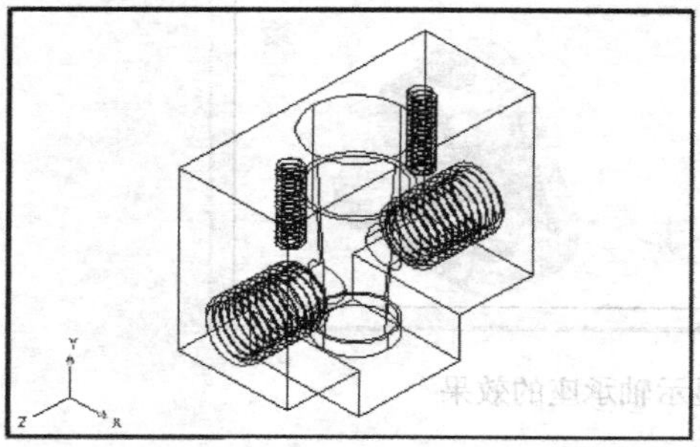

a)

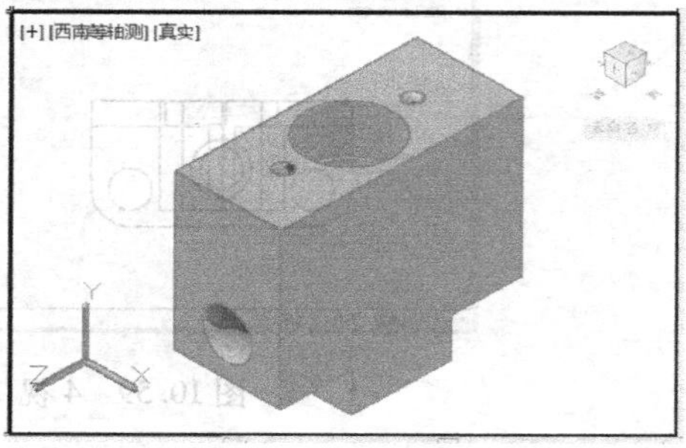

b)

图 10.60　G1/2″阀“阀体”零件三维实体的显示效果
a）“二维线框”视觉样式　b）“真实”视觉样式

② 创建“阀杆”零件的三维实体。

- 创建阀杆主体：复制零件图中相关的图形部分，用“旋转”的方法先创建“阀杆”主体中的圆锥体和圆柱体，再用“拉伸”的方法创建带圆角的四棱柱体，然后操作“并集”命令创建出阀杆主体。
- 切出圆柱孔：复制零件图中相关的孔和定位图线，用“拉伸”的方法创建主体上圆柱孔的实体，然后操作“差集”命令切出圆柱孔。

“阀杆”三维实体显示效果如图 10.61 所示。

③ 创建“填料压盖”零件的三维实体。

复制、粘贴零件图中相关的图形部分，用“拉伸”的方法分别创建“填料压盖”的直棱柱体和圆柱体，然后操作“并集”命令创建出填料压盖主体；然后创建出压盖各孔实体，操作“差集”命令切出各孔。

“填料压盖”三维实体显示效果如图 10.62 所示。

④ 创建标准件螺栓的三维实体。

依据“G1/2”阀”装配图（图 9.20）明细表中两个标准件螺栓的标记，查阅相关标准或按规定的比例画法获得尺寸，同本小节“①创建“阀体”零件三维实体”的方法和思路创建出标准件螺栓。

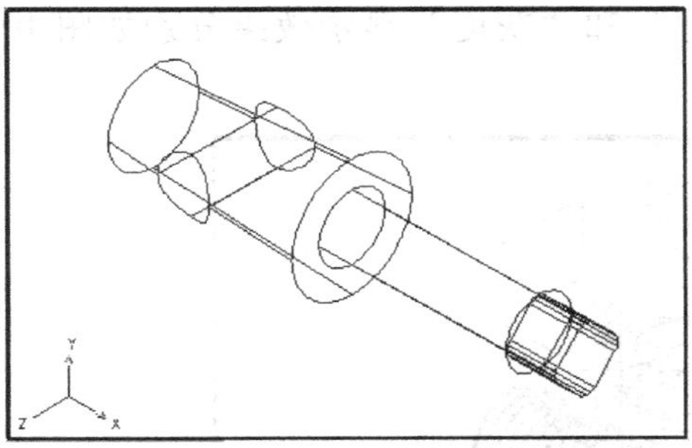

a)

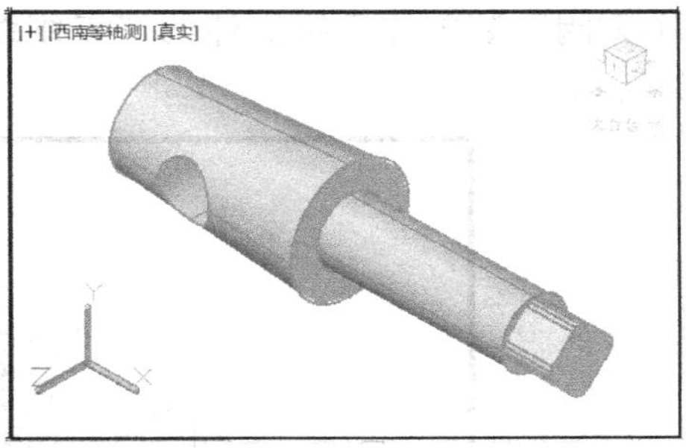

b)

图 10.61　G1/2″阀“阀杆”零件三维实体的显示效果

a）“二维线框”视觉样式　b）“真实”视觉样式

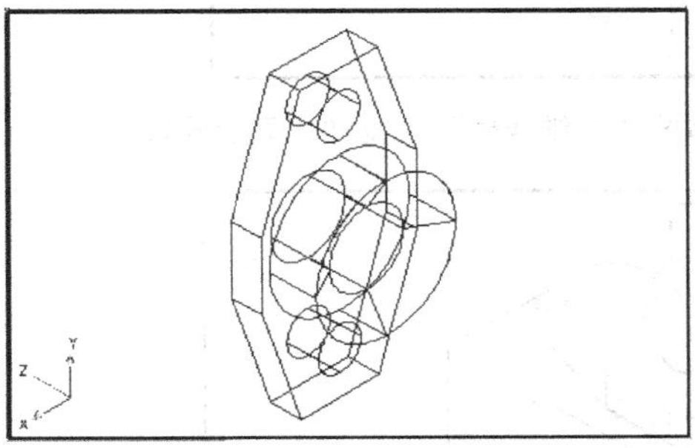

a)

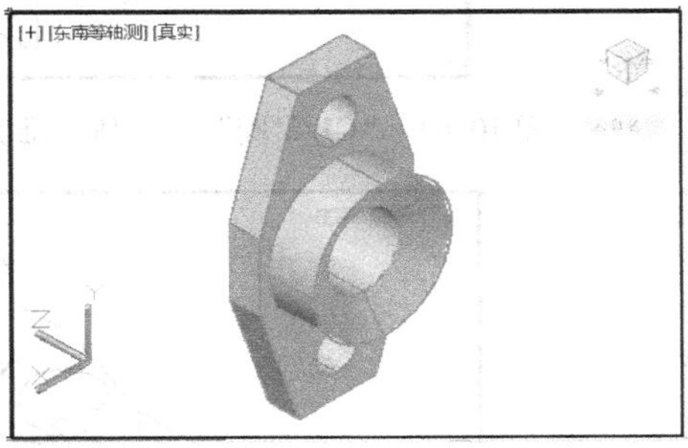

b)

图 10.62　G1/2″阀“填料压盖”零件三维实体的显示效果

a）“二维线框”视觉样式　b）“真实”视觉样式

2. 创建“G1/2″阀”装配体三维实体的思路

创建装配体的三维实体，首先要创建出该装配体所有零件的三维实体，然后按装配图根据各零件的相互位置拼装在一起。

① 打开“阀体”零件三维实体，另存为“G1/2″阀装配体”图形文件。

② 以“阀体”三维实体为基础，用剪贴板功能，将其他各零件的三维实体分别复制、粘贴到该图形文件中。

> 提示：复制、粘贴时，各零件与装配体的视图状态一定要相同。否则粘贴后零件方位将不一致。

③ 依据装配图（图 9.20），先将需要旋转的零件进行三维旋转，然后将各零件的三维实体依次移动到准确的位置（需要时可加画辅助线定位）。

> 提示：各零件三维实体在轴测视图状态下定位最直观方便，只需找到对应的一个点即可准确定位。

“G1/2″阀”装配体三维实体的“二维线框”和“灰度”显示效果分别如图 10.63 和图 10.64所示。

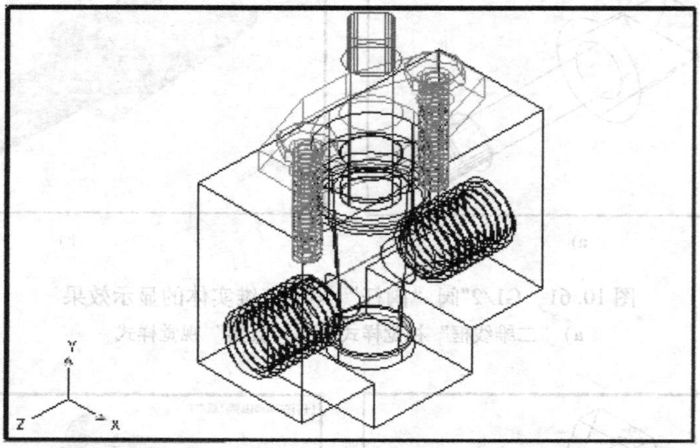

图 10.63 “G1/2″阀”装配体三维实体的“二维线框”视觉样式显示效果

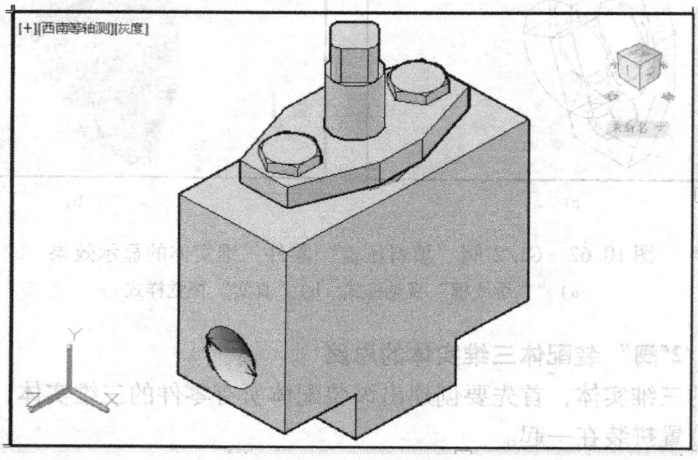

图 10.64 “G1/2″阀”装配体三维实体的“灰度”视觉样式显示效果

10.8 由三维实体生成视图和轴测图

在 AutoCAD 中可以从三维实体直接生成其 6 面基本视图和 4 个方位的轴测图，也可以通过剖切三维实体生成剖视图和剖切的轴测图。本节以三维实体生成三视图和生成正等轴测图为例讲述其方法（其他类似）。

10.8.1 由三维实体生成三视图

在 AutoCAD 中进入布局，操作“轮廓”命令可由三维实体生成三视图，其具体操作步骤如下。

① 打开并移动三维实体。

打开三维实体图，然后以三维实体上明显的特征点为基准点移动三维实体到原点（0,0,0）。

② 新建一张图。

新建或打开一张有工程绘图环境的图，可命名为“三视图”。

③ 平铺两张图。

将以上两图垂直平铺并合理调整图形的窗口大小，如图 10.65 所示。

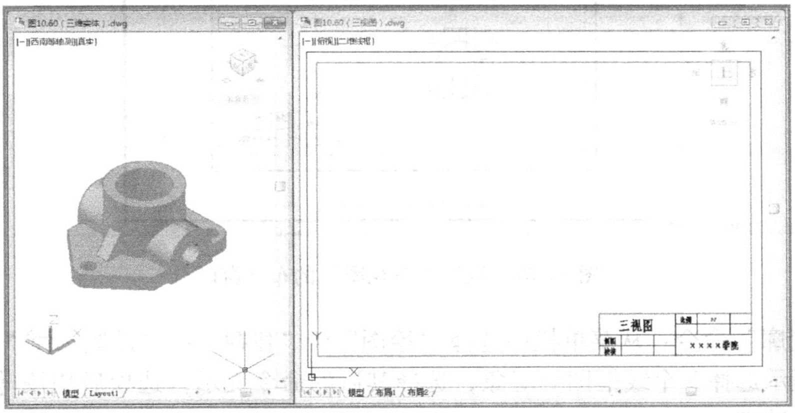

图 10.65　垂直平铺两张图

④ 在两图之间复制、粘贴生成 3 个线框图。

将三维实体分别设置为“主视”、“俯视”、“左视”绘图状态，并分别将其复制、粘贴到“三视图”中生成 3 个线框图（此时还不是三视图），如图 10.66 所示。如定位不准，可移动线框图使其“长对正、高平齐”。

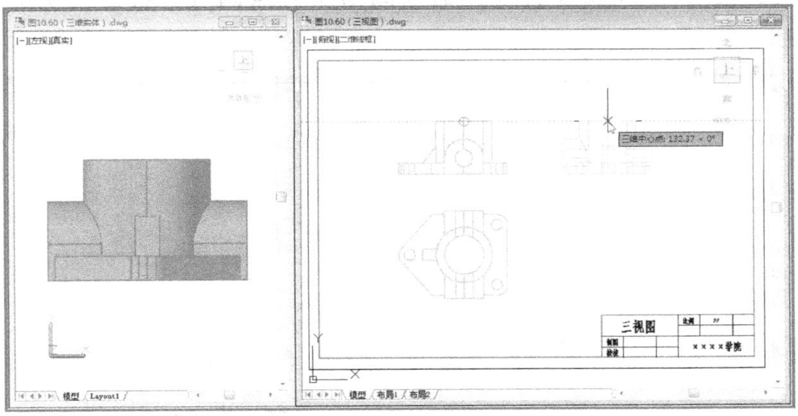

图 10.66　复制、粘贴生成 3 线框图

说明：粘贴生成的 3 个线框图的大小与三维实体的实际大小相同，其与复制时三维实体的显示大小和视觉样式无关。

⑤ 在布局中转化。

关闭三维实体图，单击绘图区下面“布局 1”选项卡进入布局（即进入图纸空间），在图形处双击可激活布局窗口（图形外显示粗线框即表示被激活），如图 10.67 所示。

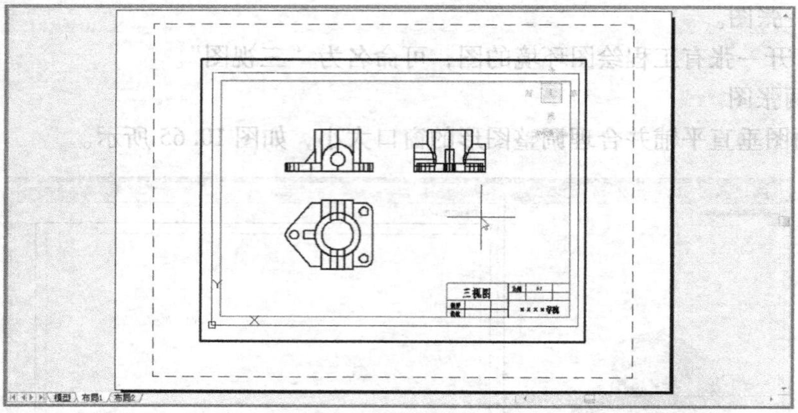

图 10.67　激活“三视图”的布局窗口

操作“轮廓”命令：从菜单栏中选择“绘图”⇨“建模”⇨“设置”⇨“轮廓”，可输入命令，按提示选择 3 个线框图为对象，选择其后的命令提示行选项后均按【Enter】键回应，直至命令结束。

说明：在布局中可操作 ZOOM“缩放”命令，按需要调整图形的显示大小。

⑥ 返回模型空间修正获得三视图。

单击绘图区下面“模型”选项卡返回，关闭绘制三维实体所用的图层，然后用合并图层的方法将自动生成的“PH－”图层合并到“虚线”图层，将“PV－”图层合并到“粗实线”图层（此时三视图中所有粗实线是一个整体，所有虚线是一个整体，可操作“分解”命令将其分解），最后用 LINE（直线）命令画出所有点画线，获得三视图，如图 10.68 所示。

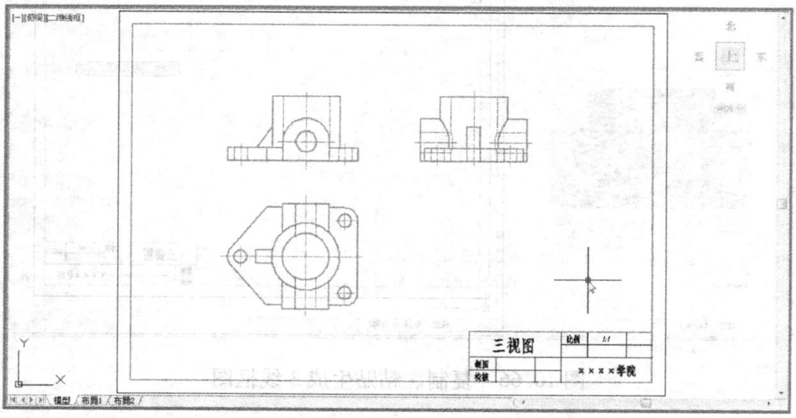

图 10.68　在模型空间修正获得三视图

说明：从三维实体生成其他基本视图和剖视图的方法与此相同。

10.8.2　由三维实体生成轴测图

在 AutoCAD 中操作“轮廓”和“UCS”命令等可从三维实体生成轴测图，其具体操作步骤如下。

① 打开三维实体。

打开三维实体图，然后设置“西南等轴测”或其他所需的方位（即视图状态）为当前。

② 在布局中转化。

单击绘图区下面“布局 1”（Layout1）选项卡进入布局，双击激活布局窗口（显示粗线框即表示被激活），如图 10. 69 所示。

操作“轮廓”命令：从菜单栏中选择“绘图”⇨“建模”⇨“设置”⇨“轮廓”，可输入命令，按提示选择需要转化的三维实体为对象，选择其后命令提示行的选项后均按【Enter】键回应，直至命令结束，AutoCAD 将生成与三维实体重合的立体线框图（立体线框图有可见线框和不可见线框两个对象）。

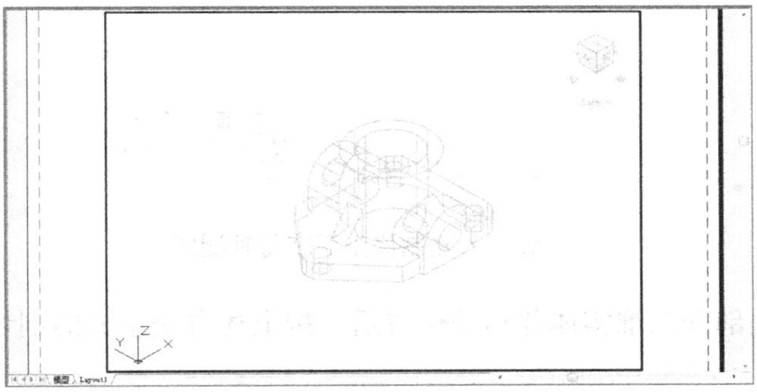

图 10. 69　激活“三维实体”布局窗口

③ 返回模型空间进一步转化。

单击绘图区下面“模型”选项卡返回，可先移出三维实体，再移出立体线框图中可见线框对象，如图 10. 70 中左边的图（其是要转化的轴测图对象），然后擦除立体线框图中不可见线框，如图 10. 70 中间的图。

操作 UCS 命令：在命令提示行输入“UCS”，再选择“视图”选项，AutoCAD 直接结束命令并将可见立体线框图转化为正等轴测图，如图 10. 70 右边的图。

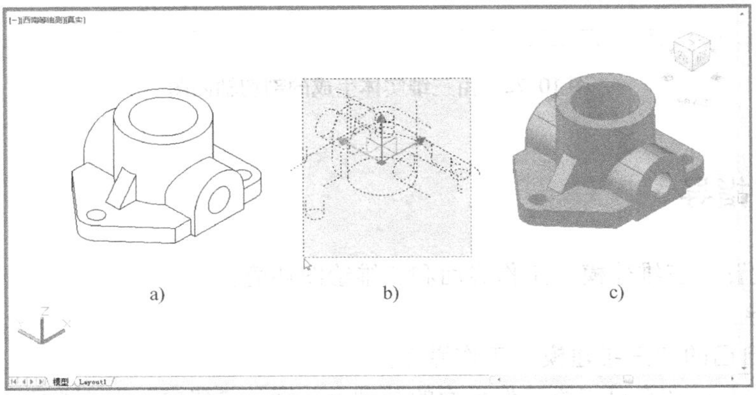

图 10. 70　移出三维实体，擦除不可见线框，在模型空间进一步转化
a）左边的图　b）中间的图　c）右边的图

④ 复制修正后获得轴测图。

先将轴测图复制、粘贴到选定的二维图中，然后用“分解”命令分解，再用合并图层的方法将复制轴测图时自动生成的“PV -”图层合并到“粗实线”或所希望的图层，这样就获得轴测图。图 10.71 所示是将该轴测图复制到了对应的“三视图”图形文件中。

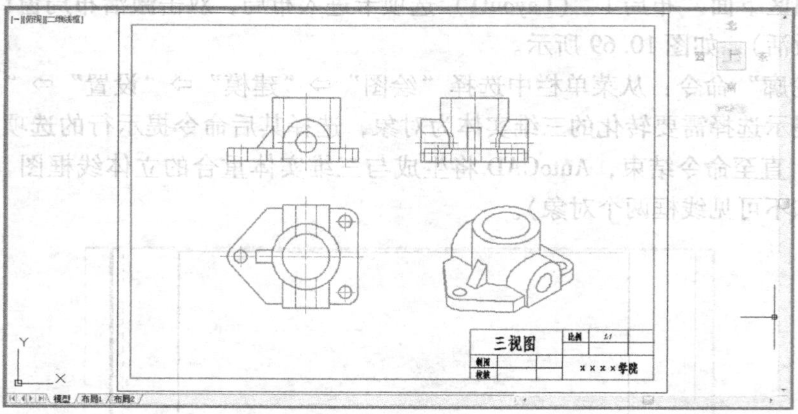

图 10.71　复制修正后获得轴测图

图 10.72 所示是剖开三维实体并移动位置后，按上述方法生成的剖切轴测图。

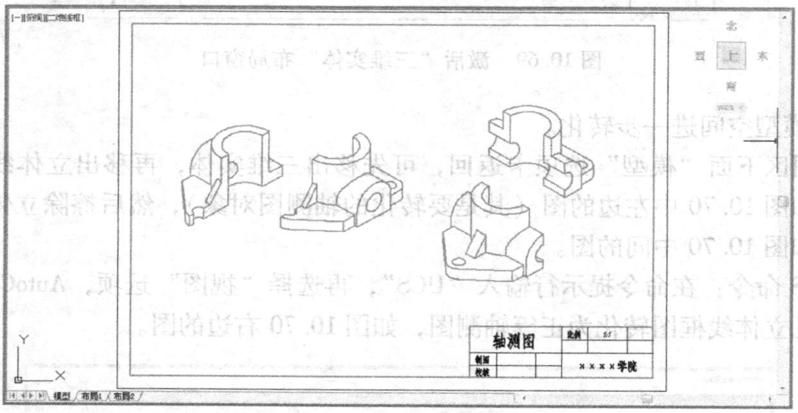

图 10.72　由三维实体生成的剖切轴测图

上机练习与指导

练习 1：设置“三维建模”工作界面和三维绘图环境。

练习 1 指导：

（1）创建自己的“三维建模”工作界面。

常用的方法是：在自己二维工作界面的基础上，增加“建模”“实体编辑”“视图”“视觉样式”“动态观察”“视口”6 个工具栏，并在“工作空间”工具栏下拉列表中保存。

（2）设置三维绘图环境。

三维绘图环境设置比二维绘图环境的设置要简单得多，一般仅需设置以下 3 项：

① 用“选项”对话框修改 4 项默认的系统配置（同 2.1 节所述的工程绘图环境）。

② 选中状态栏上“极轴”“对象捕捉”“对象追踪”“线宽”和“3DOSNAP”5 项模式，并增加“中点”和“象限点”固定对象捕捉模式和“边中心”三维对象捕捉模式。

注意：一定要将极轴“增量角”设置为“90”度，否则三维绘图中移动定位会出现问题。

说明：状态栏上 3DOSNAP（“三维对象捕捉”）默认的模式是“顶点”和“面中心”。

③ 创建 1 个“三维实体”图层，设线宽为“0.5”，设颜色为“9”号色（钢材料颜色）或其他醒目的颜色（如 32 号色）。

练习 2：掌握基本三维实体的创建。

练习 2 指导：

按 10.2 节所述依次练习：

（1）用实体命令创建各种方位基本体的三维实体。

（2）用“拉伸”的方法创建常见的 3 种方位直柱体的三维实体。

（3）用“扫掠”的方法创建弹簧和特殊柱体的三维实体。

（4）用“放样”的方法创建台体和沿横截面生成的渐变三维实体。

（5）用“旋转”的方法创建各种方位的回转体。

注意：创建三维实体的过程中，应根据需要实时进行动态观察。

练习 3：掌握布尔命令的操作创建组合体的三维实体。

练习 3 指导：

（1）按 10.3.1 小节所述创建图 10.41 所示叠加类组合体的三维实体（扫 10.3.1 小节二维码 10.1 看视频）。再创建图 10.42 所示叠加类组合体的三维实体。

（2）按 10.3.2 小节所述创建图 10.43 所示切割类组合体的三维实体（扫 10.3.2 小节二维码 10.2 看视频）。

（3）按 10.3.3 小节所述创建图 10.44 所示综合类组合体的三维实体。

注意：创建三维实体的过程中，应根据需要实时进行动态观察。

练习 4：用复制、粘贴的方法创建轴承座三维实体，创建后用多视口同时显示轴承座的三视图和三维实体。

练习 4 指导：

按 10.6 节所述练习：

（1）用复制、粘贴的方法创建轴承座三维实体（扫 10.6 节二维码 10.4 看视频）。

（2）用“显示视口对话框”命令创建“工程绘图 4 视口”，显示轴承座的三视图和三维实体。

练习 5：按尺寸 1∶1 精确创建图 5.27 所示机件的三维实体。

练习 5 指导：

（1）新建一张图。

用“新建”命令新建一张图，设置三维绘图环境。

（2）分解画出三维实体的各部分。

将该物体可分为 4 部分叠加，设相应的视口为当前，用“拉伸”的方法分别画出圆柱和三棱柱，再用“拉伸”的方法结合“差集”画出另外两部分，如图 10. 73a 所示。

（3）完成物体的三维实体。

操作“移动”命令将各部分移动至正确位置，然后操作“并集”命令将各部分合并为一个实体，再切割出上下通孔“ϕ36”完成创建，效果如图 10. 73b 所示。

> 提示：三维实体创建中，在等轴测状态中移动定位是最直观和快捷的方法，可捕捉实体上所需要的点或借助辅助线定位。

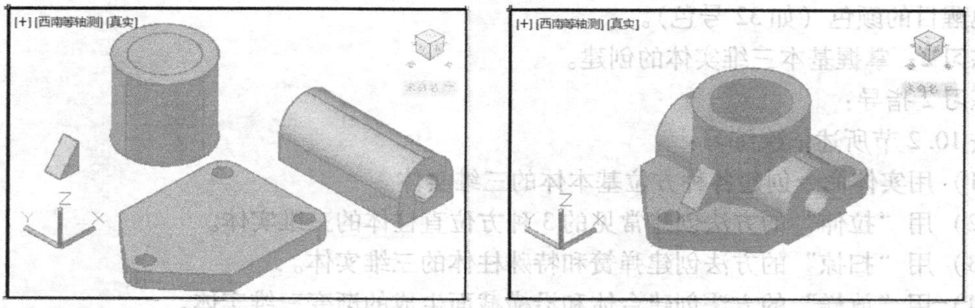

a)　　　　b)

图 10. 73　创建图 5. 27 所示机件的三维实体

a）分解画出各部分的三维实体　b）定位并合并，切通孔完成

练习 6：按尺寸 1:1 精确创建图 7. 9 所示机件的三维实体。

练习 6 指导：

（1）新建一张图。

用“新建”命令新建一张图，设置三维绘图环境。

（2）分解画出三维实体的各部分。

将该物体分为 4 部分叠加，设相应的视口为当前，用“拉伸”的方法分别画出 U 形柱和三棱柱，再用“拉伸”的方法结合“差集”画出另外两部分，如图 10. 74a 所示。

（3）完成物体的三维实体。

操作“移动”命令将各部分移动至正确位置，在“俯视”状态下将三棱柱进行镜像式复制（镜像两次），然后操作“并集”命令将各部分合并为一个实体，再切割出前后通孔“ϕ20”完成创建，效果如图 10. 74b 所示。

（4）剖切机件的三维实体。

按主视图和左视图的剖切位置剖开该机件的三维实体（扫 10. 4. 3 小节二维码 10. 3 看视频）。

练习 7：按尺寸 1:1 精确创建图 7. 10 所示机件的三维实体。

练习 7 指导：

（1）新建一张图。

用“新建”命令新建一张图，设置三维绘图环境。

（2）分解画出三维实体的各部分。

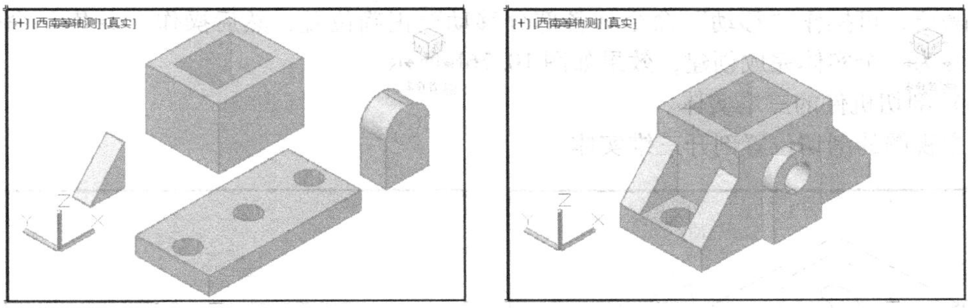

a)　　　　　　　　　　　　b)

图 10.74　创建图 7.9 所示机件的三维实体

a）分解画出各部分的三维实体　b）定位镜像，合并，切通孔完成

将该物体分为 2 部分叠加，设相应的视口为当前，用“旋转”的方法直接画出机件主体，再用“拉伸”的方法结合“差集”画出另一部分，如图 10.75a 所示。

（3）完成物体的三维实体。

操作“移动”命令将各部分移动至正确位置，然后操作“并集”命令将两部分合并为一个实体完成创建，效果如图 10.75b 所示。

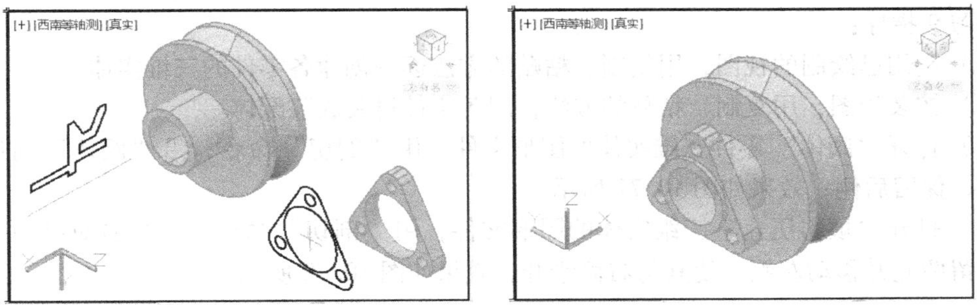

a)　　　　　　　　　　　　b)

图 10.75　创建图 7.10 所示机件的三维实体

a）分解画出各部分的三维实体　b）定位并合并，完成

（4）剖切机件的三维实体。

按主视图的剖切位置剖开该机件的三维实体。

练习 8：按尺寸 1:1 精确创建图 7.11 所示机件的三维实体。

练习 8 指导：

（1）新建一张图。

用“新建”命令新建一张图，设置三维绘图环境。

（2）分解画出三维实体的各部分。

将该物体分为两部分叠加，设相应的视口为当前，用“拉伸”的方法结合“差集”依次画出，如图 10.76a 所示。

注意：创建中间部分时，组合柱体拉伸的高度要输入“20”，其上的 3 个孔均为通孔。

（3）完成物体的三维实体。

若需要，可操作“移动”命令将各部分移动至正确位置，然后操作“并集”命令将两部分合并为一个实体完成创建，效果如图 10.76b 所示。

（4）剖切机件的三维实体。

按主视图的剖切位置剖开三维实体。

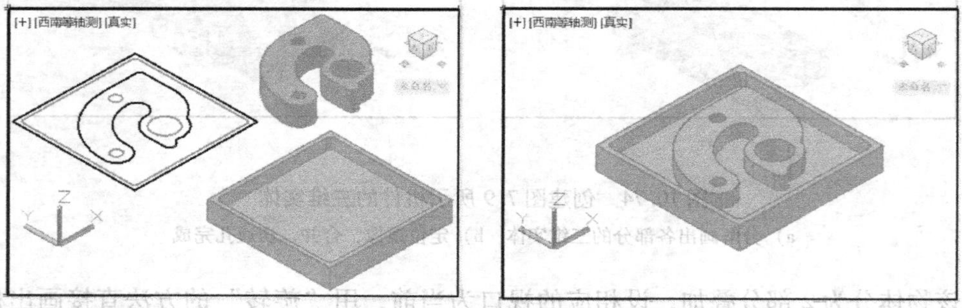

a) b)

图 10.76 创建图 7.11 所示机件的三维实体

a）分解画出各部分的三维实体 b）定位并合并，完成

练习 9：按 10.7 节所述，创建“G1/2″阀”的零件和装配体的三维实体。

练习 9 指导：

（1）利用已绘制的视图，用复制、粘贴的方法逐一创建各零件的三维实体。

（2）按装配图，用复制、粘贴的方法，用各零件拼装成装配体。

（3）打开“阀体”零件三维实体的图形文件，用“剖切”命令，沿“阀体”前后对称面剖切，保留后侧，效果如图 10.77 所示。

（4）打开“填料压盖”三维实体的图形文件，用“剖切”命令，沿左右对称面剖切实体，保留两侧并移动左侧，使其与右侧错开，效果如图 10.78 所示。

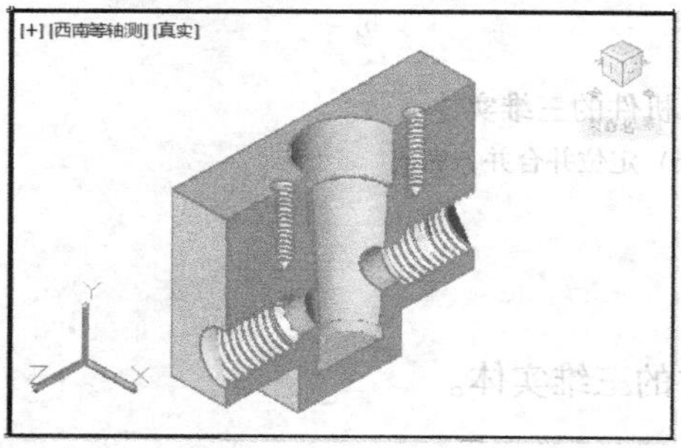

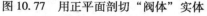

图 10.77 用正平面剖切“阀体”实体

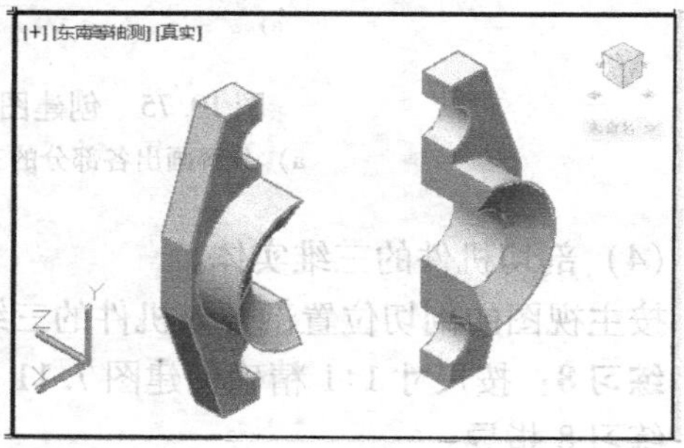

图 10.78 用侧平面剖切“填料压盖”实体

练习 10：按 10.8 节所述练习，掌握由三维实体生成视图和轴测图的相关技术。

练习 10 指导：

（1）打开三维实体图，按 10.8 节所述由三维实体生成三视图。

（2）打开三维实体图，按 10.8 节所述由三维实体生成轴测图。

参考文献

[1] 曾令宜. AutoCAD 2012 工程绘图技能训练教程[M]. 北京：高等教育出版社，2014.

[2] 全国技术产品文件标准化技术委员会. 技术产品文件标准汇编 技术制图卷[S]. 北京：中国标准出版社，2009.

[3] 全国技术产品文件标准化技术委员会. 技术产品文件标准汇编 机械制图卷[S]. 北京：中国标准出版社，2009.

[4] 国家质量监督检验检疫总局. 产品几何技术规范（GPS）技术产品文件中表面结构的表示法[S]. 北京：中国标准出版社，2007.

[5] 国家质量监督检验检疫总局. 产品几何技术规范（GPS）表面结构 轮廓法 表面粗糙度参数及其数值[S]. 北京：中国标准出版社，2009.

[6] 国家质量监督检验检疫总局. 产品几何技术规范（GPS）极限与配合 第1部分 公差、偏差和配合的基础[S]. 北京：中国标准出版社，2009.